化学腐蚀下
深部巷道围岩
力学响应与安全控制

刘永胜 ◎ 著

西南交通大学出版社
·成 都·

图书在版编目（CIP）数据

化学腐蚀下深部巷道围岩力学响应与安全控制 / 刘永胜著. —成都：西南交通大学出版社，2017.11

ISBN 978-7-5643-5932-4

Ⅰ. ①化… Ⅱ. ①刘… Ⅲ. ①化学腐蚀－影响－地下工程－巷道－围岩应力（地下工程）－研究 Ⅳ. ①TU94

中国版本图书馆 CIP 数据核字（2017）第 294787 号

化学腐蚀下深部巷道围岩力学响应与安全控制

刘永胜　著

责任编辑　柳堰龙
封面设计　何东琳设计工作室
出版发行　西南交通大学出版社（四川省成都市二环路北一段 111 号 西南交通大学创新大厦 21 楼）
发行部电话　028-87600564　028-87600533
邮政编码　610031
网　　址　http://www.xnjdcbs.com
印　　刷　四川煤田地质制图印刷厂
成品尺寸　170 mm × 230 mm
印　　张　14
字　　数　251 千
版　　次　2017 年 11 月第 1 版
印　　次　2017 年 11 月第 1 次
书　　号　ISBN 978-7-5643-5932-4
定　　价　68.00 元

前言

随着社会发展、经济建设、能源开采以及国家安全的新需求，我国的地下空间开发不断走向深部已成必然趋势。深部岩体由于自身结构、变形形式和所处复杂地质环境等特点，其物理力学响应及破坏形式与浅部岩体相比具有显著的不同。高地温、高地应力、高渗流及化学腐蚀的多场耦合环境是影响深部岩体性能和稳定性的重要因素，也是诱发地下工程灾害的根本原因。因此，开展上述复杂环境下深部岩体力学性能研究及其稳定性控制是当前非常迫切的科学任务。

本书是作者及其课题组近年来在国家自然科学基金资助下所取得的研究成果基础上撰写而成的。书中运用了实验室与现场测试、模型试验相结合，理论分析与数值计算相补充的方法开展了化学腐蚀下深部岩体和力学响应与安全控制技术研究，主要内容包含：

（1）分析了深部地下岩体力学的性能特点，推导了温度-应力-渗流耦合方程。研究表明：岩体的渗流场水头分布 $H=H(x,y,z,t)$ 与温度场的分布 $T=T(x,y,z,t)$ 密切相关，温度通过影响岩体的渗透系数而影响渗流场，温度梯度本身也影响水流的运动，而且温度梯度越大，对渗流场的影响也越大；渗流与温度相互影响，渗流速度越大对温度场的影响越大。

（2）开展了化学腐蚀下岩体的质量测试、抗压强度、抗拉强度、细观力学性能等物理力学性能试验。试验表明化学腐蚀会造成岩体质量损伤，削弱各项力学强度，且随化学腐蚀的 pH、腐蚀时间的增长，强度降低越明显。开展了化学腐蚀下岩石的动态力学性能试验，得到了纯动态、一维动静组合和三维动静组合的应力应变曲线，分析了 pH、冲击气压、腐蚀时间、轴压和围岩对岩石动态性能的影响关系。

（3）根据能量守恒和一维应力波理论，进行了一维动静组合作用下围岩力学响应过程中的能量耗散研究，得到了入射能、透射能、反射能和吸收能与平均应变率的关系。结果表明：随着平均应变率的增大，入射能量、反射能量及吸收能量逐渐增大，透射能量变化与应变率关系并不显著。

（4）基于损伤理论和本书试验方案，分析动态损伤因子的表达形式，建立了化学腐蚀-温度-应力耦合下的动态损伤本构模型，通过理论分析结果与试验曲线的比较，说明了该理论本构方程的科学性。

（5）基于 DIC 全过程监测技术开展了深部巷道开挖卸荷的相似模型试验，得到了巷道开挖过程变形、位移云图，监测到了巷道围岩裂纹起裂、扩展过程。试验发现巷道的初期开挖卸荷对巷道断面的变形破坏影响明显，随着开挖深度的增加，巷道变形趋于平缓。

（6）开展了化学腐蚀下巷道开挖的数值模拟，得到了化学腐蚀下巷道围岩的变形、应力等，并计算了测点的位移。通过以上计算可知，开挖过程中的最大应力出现在巷道的底部及顶部位置，这与理论上的情况相吻合。

（7）从化学腐蚀对岩石的作用机理、能量转化规律、分区破裂形成的角度研究了深部岩体的破坏机理，介绍了深部化学腐蚀下岩体分区破裂区的半径和宽度。进行了化学腐蚀作下岩体的稳定性分析，给出了稳定性验算的计算公式，提出了适合化学腐蚀下巷道岩体的支护方式。

全书内容共分为 8 章，第 1 章综述了深部地下工程围岩的力学特点，包含了围岩所处的工程环境、变形破坏的特点和深部巷道围岩的基本控制技术，最后提出本书的研究内容；第 2 章阐述了深部地下工程的多场耦合，推导了温度-应力-渗流的耦合机理方程，并对深部地下工程的施工难点进行了分析；第 3 章开展了化学腐蚀对岩石质量、抗压强度、抗拉强度、细观力学性能试验，并进行了试验结果分析；第 4 章开展了化学腐蚀作用下岩石的纯动态力学性能、一维动静组合和三维动静组合力学性能试验，分析了 pH、酸化时间、应变率等对岩石动态力学性能的影响，进行了动静组合作用下岩石的能量耗散规律研究；第 5 章建立了化学腐蚀-温度-应力耦合下的动态损伤本构模型；第 6 章包含巷道围岩变形的现场测试、化学腐蚀下巷道开挖的模型试验和数值计算；第 7 章为化学腐蚀下围岩的破坏机理和分区破裂形成；第 8 章为化学腐蚀下围岩的安全控制，介绍了化学腐蚀下巷道围岩支护设计和支护形式。

本书的在撰写过程中，参考了许多深部岩体力学相关著作和论文。参考文献的内容给予了本书撰写充分的启迪、支撑，为此作者表示衷心感谢！对辛勤耕耘在深部岩体力学、岩土工程技术领域的专家、学者表示由衷的钦佩和谢意，没有众多学者的辛勤劳动，就没有本书撰写的动机和存在的基础。由于参考文献数量较多，若在本书中标注有遗漏，敬请谅解。本书的顺利出版得到了众多单位和个人的大力支持：丰城矿务局建新煤矿提供了本书巷道变形监测的数据和试件原样；岩石细观力学试验得到了中国科学院武汉岩土力学研究所周辉研究员的大力帮助；岩石的动静组合试验得到了中南大学资源与安全工程学院宫凤强教授的大力支持；理论分析和现场实验得到了安徽理工大学孟祥瑞教授、徐颖教授的悉心指导。研究生陈章林、高栋、杨猛猛、刘旺、董新玉、吴云、吕少勇、李进、邹家宇对于本书中的实验试验操作的具体实施、书稿的整理、图表的处理等做了大量的工作，在此一并表示深切的感谢！

深部地下空间建设方兴未艾，前景极具魅力。同时深部岩体力学的研究也是一项长期而艰巨的任务。力学理论体系不断深入、岩土工程技术标准日益更新，应用范围不断拓宽，给岩土工程科研工作者带来了无限挑战。由于作者知识水平欠缺，在撰写过程中参阅的资料有限，书中可能存在不妥和不足，欢迎有关专家、学者及所有读者批评指正。

刘永胜

2017 年 9 月

目录

第1章 绪 论

1.1 引 言

我国是目前世界上最大的煤炭生产国和消费国，煤炭资源量占国内化石能源总量的 95%。根据国民经济发展对能源需要的预测，我国煤炭最低的需求量 2020 年为 2 100 Mt，2050 年为 2 700 Mt。到 2050 年，煤炭将占一次能源需求比例（不含生物质能量）的 55%左右。由于我国石油、天然气等能源紧缺，因此从某种意义上来说，煤炭在今后几十年内仍将是我国的重要能源。

根据第 3 次全国煤炭资源勘测结果，我国埋深 2 000 m 以内的煤炭资源总量约为 5.57 万亿吨，其中埋深超过 1 000 m 的煤炭资源量约为 2.86 万亿吨，占总量的 51.34%。我国煤炭资源分布与区域经济发展水平、消费需求极不适应。从煤炭资源的地理分布看，在昆仑山—秦岭—大别山一线以北保有煤炭资源储量占 90%，且集中分布在山西、陕西、内蒙古 3 省（区）[1]。煤炭资源分布地域广阔，煤层赋存条件多样，地质条件也极其复杂。目前我国 1 000 m 以内浅煤炭资源量中可靠储量仅有 9 169 亿吨，且主要分布于新疆、内蒙古、山西、贵州和陕西 5 省（区）[2]。而经济社会发展水平高，能源需求量大的东部地区（含东北）煤炭资源量仅为全国保有资源储量的 6%。中东部地区的浅部煤炭资源已近枯竭，但深部煤炭资源还相对丰富；华东地区的煤炭资源储量 87%集中在安徽省和山东省；中南地区煤炭资源的 72%集中在河南省[3]。华北聚煤区东缘深部资源潜力巨大，河北、山东、江苏、安徽省深部资源量为浅部资源量的 2 ~ 4 倍。东北及华北聚煤区拥有蒙东（东北）、鲁西、两淮、河南、冀中等 5 个大型亿吨级煤炭基地（全国共 13 个）。

由于近年来的大规模开采，一些地区的浅部煤炭资源已近枯竭，煤矿开采每年将以 8 ~ 10 m 的速度向深部递增。目前已有江苏、山东、河南、河北、黑龙江等省多个大型煤矿的采深超过 1 000 m[4]。随着开采深度的日益增大，深部井的数量不断增多。表 1-1 为全国各省主要深部矿井数量统计情况。由表 1-1 知，目前全国深部煤矿以山东、河南和河北 3 省占多数，3 省深部矿井数量达到 80 个，占全国深部矿井数量的 57.97%。目前我国煤矿矿井正以 8 ~ 12 m/a 的平均速度向深部延伸，中东部地区的延伸速度为 10 ~ 25 m/a。已有深部煤矿的省份，尤其是山东、河南、安徽、河北等中东部省区国有重点煤矿目前的平均采深在 600 m 以上，按照 10 ~ 25 m/a 的延伸速度，在未来 10 年内普遍进入深部开采，并且未来我国深部煤矿数量及产能所占比例越来越大。

表 1-1　全国主要深部矿井数量分布统计[5]

省份	矿井数量/个			比例/%
	开采深度 800~1 000 m	开采深度 1 000~1 200 m	开采深度 >1 200 m	
江苏	3	3	7	9.42
河南	19	8	0	19.57
山东	10	8	11	23.91
黑龙江	11	5	0	11.59
吉林	0	2	2	2.90
辽宁	6	5	0	7.97
安徽	14	0	0	10.14
河北	15	3	2	14.49

1.2　深部岩体力学的基本任务

1.2.1　深部地下工程的环境特点

深部与浅部开采的明显区别在于深部岩石所处的特殊环境，即“三高一扰动”的复杂力学环境。“三高”主要是指高地应力、高地温、高岩溶水压，“一扰动”主要是指强烈的开挖扰动。

（1）高地应力：进入深部开采以后，仅由重力引起的垂直原岩应力（约 20 MPa）通常已超过工程岩体的抗压强度，而由于工程开挖所引起的应力集中（大于 40 MPa）则远大于工程岩体的抗压强度。资料表明[6]，深部岩体形成时间久远，形成过程中留有远古构造运动的痕迹，其中存有构造应力场或残余构造应力场，二者的叠合累积为高应力。因而在深部岩体中形成了异常的地应力场，据南非地应力测定，在深部 3 500 ~ 5 000 m，地应力水平为 95 ~ 135 MPa，属于高地应力。

（2）高地温：测量结果显示，越往地下深处地温越高。地温梯度为 30 ~ 50 °C/km，一般取 30 °C/km。有些地区如断层附近或导热率高的异常局部地区，地温梯度有时高达 200 °C/km。岩体在超出常规温度环境下，表现出的力学、变形性质与普通环境条件下具有很大差别[7]。地温可使岩体热胀冷缩破碎，而且岩体内温度变化 1 °C 可产生 0.4 ~ 0.5 MPa 的地应力变化。岩体温度升高产生的地应力变化对工程岩体的力学特性会产生显著的影响。

（3）高岩溶水压：进入深部开采后，随着地应力及地温的升高，同时将会伴随着岩溶水压的升高，当采深大于 1 000 m 时，其岩溶水压将高达 7 MPa，甚至更高。岩溶水压的升高，使矿井突水灾害更严重。深部开采高井深环境（开采深度大于 500 m）将使煤炭提升和排水的技术困难加大，成本上升，管理更加困难。

（4）开挖扰动：进入深部开采后，在承受高地应力的同时，大多数巷道要经受巨大的回采空间引起强烈的支承压力作用，使受采动影响的巷道围岩压力是原岩应力的数倍，甚至近十倍，从而造成在浅部表现为普通坚硬的岩石，在深部可能表现出软岩大变形、大地压和难支护的特征；浅部的原岩体大多处于弹性应力状态，而进入深部以后则可能处于塑性状态，即由各向不等压的原岩应力引起的压、剪应力超过岩石的强度，造成岩石的破坏。

1.2.2　深部岩体变形破坏特点

1. 围岩分区与破裂

浅部巷道围岩状态通常可分为松动区、塑性区和弹性区 3 个区域，其本构关系可以采用弹塑性力学理论进行推导求解。然而，研究表明，深部巷道围岩产生膨胀带和压缩带，或称为破裂区和未破坏区交替出现的情形，且其宽度按等比数列递增，这一现象被称为区域破裂现象。现场实测研究也证明了深部巷道围岩变形力学的拉压区域复合特征。因此，深部巷道围岩的应力场更为复杂。深部的岩石在受到较大外部压力的影响下，就会表现出较为容易破裂的特点，且上述破裂现象主要发生于围岩区域的压缩带以及膨胀带当中。上述两个区域所发生的破裂严重程度通常还会随着所受到压力的提升产生范围的扩大，并且范围扩大的速度亦随着压力的提升而提升。因此可以发现，对于深部岩石层的研究不仅应当考虑岩石本身所具有的特性，还需要考虑与机械作用力之间的关系，以便于防止破裂情况的产生。

2. 深部岩体动力响应的突变性

浅部岩体破坏一般是渐进的，且在临近破坏时经常表现出变形加剧现象，破坏前兆明显。在深部工程条件下，岩体破坏则具有强烈的冲击破坏性质，其动力响应的破坏过程往往是突发、无前兆的突变过程。在巷道中该过程表现为大范围巷道的突然坍塌和失稳，在工作面中该过程则表现为顶板的突然大面积冲击来压。深部与浅部岩体破坏形式如图 1-1 所示。

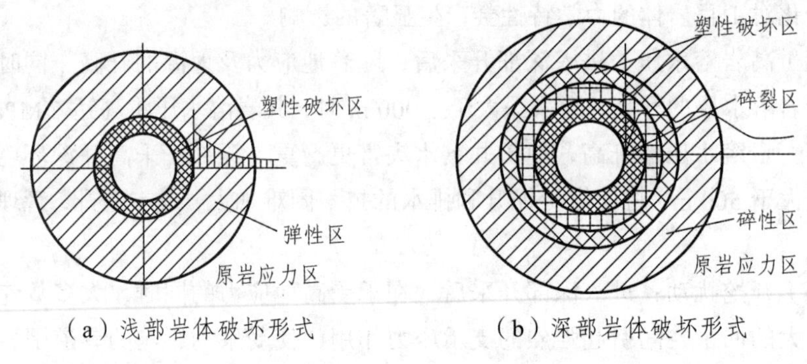

（a）浅部岩体破坏形式　（b）深部岩体破坏形式

图 1-1　深部和浅部岩体破坏形式

3. 深部岩体的大变形和强流变性

岩体变形具有两种完全不同的趋势：① 岩体表现为持续的流变特性，变形较大但仍保持连续，如煤矿中有些巷道 20 余年底臌不止，累计底臌量达数十米。② 有的岩体并未发生明显变形但破碎却十分发育，按传统的关于破坏和失稳的概念，这样的岩体不再具有承载能力，而实际上深部破碎岩体却具有再次稳定的能力，有的巷道还不得不在破碎岩（煤）体中掘进开挖（如沿空掘巷）。因此，已破坏巷道围岩和支护相互作用达到二次稳定问题是深部岩体力学有别于浅部岩体力学的重要特征之一。

4. 深部岩体的脆-延性转化

岩石在不同围压下表现出不同的峰后特性，脆-延转化即岩石在低围压下表现为脆性，在高围压下转化为延性或韧性的行为。在浅部（低围压）开采中岩石破坏以脆性为主，通常没有或仅有少量永久变形或塑性变形，而进入深部开采以后，由于岩体处于“三高”和“一扰动”的作用环境之中，表现出的实际是其峰后强度特性。在高围压作用下，岩石可能转化为延性，破坏时其永久变形量通常较大。因此，随着开采深度增加，岩石已由浅部脆性力学响应转化为深部潜在的延性力学响应行为。

Karman[8]首次用大理岩进行了不同围压条件下的压缩试验，Parterson[9-11]在室温下也对大理岩进行了一系列试验研究，发现随着围岩增大，岩石变形行为由脆性向延性转变的特性，如图 1-2 所示。

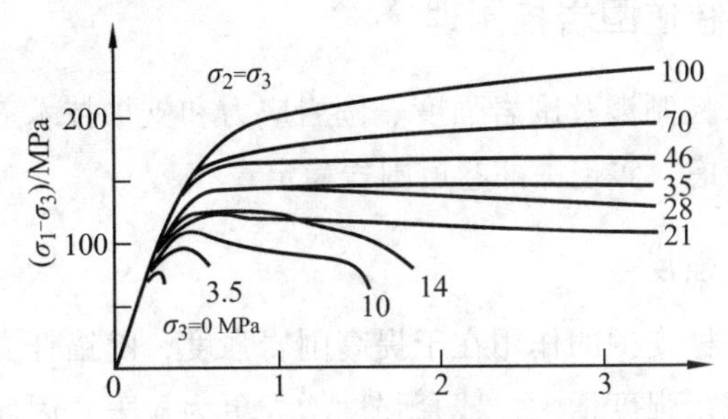

图 1-2　不同围压下大理石的脆性-延性转化现象

Mogi[12-13]发表过类似的试验结果，并指出脆-延转化通常与岩石强度有关。由图 1-2 可见，岩石破坏时在不同围压水平上表现出不同的应变值，当岩石发生脆性破坏时，通常不伴有或仅伴有少量的永久变形或塑性变形，当岩石呈延性破坏时，其永久应变通常较大，因此有人建议用岩石破坏时的应变值作为脆-延转化判别标准，如根据 Heard[14]的建议，如果岩石发生破坏时的应变值为 3%～5%，就可视为岩石发生了脆-延转化。Singh[15]则从应力和强度的角度提出了脆-延转化条件，根据大量实验数据，他认为脆-延转化条件为[16]：

$$\sigma_1/\sigma_3=(3\sim5.5)\text{ 和 }\sigma_c/\sigma_3=(0.5\sim1.25)$$

式中：σ_1、σ_3分别为最大、最小主应力；σ_c为岩石的单轴抗压强度。总之，脆-延转化是岩石在高温和高压作用下表现出的一种特殊的变形性质，如果说浅部低围压下岩石破坏仅伴有少量甚至完全没有永久变形的话，则深部高围压条件下岩石的破坏往往伴随有较大的塑性变形。目前的研究大多集中在脆-延转化的判断标准上，而对于脆-延转化的机理却研究较少，还没有比较成熟的成果。

5. 深部岩体开挖岩溶突水的瞬时性

浅部煤层开采中，矿井水主要来源是第四系含水层或地表水通过采动裂隙网络进入采场和巷道。矿井水水压小，渗水通道范围大，基本服从岩体等效连续介质渗流模型，涌水量也可根据岩体的渗透率张量进行定量估算，因此突水预测预报尚具可行性。而深部的状况却十分特殊：① 随着采深加大，承压水位高，水头压力大。② 由于采掘扰动造成断层或裂隙活化，而形成渗流通道相对集中，矿井涌水通道范围窄，使奥陶系岩溶水对巷道围岩和顶底板造成严重的突水灾害。另外，突水经常发生在采掘工作结束后的一段时间内，具有明显的瞬时突发性和不可预测性。

1.2.3 深部巷道围岩控制理论

深部巷道围岩控制涉及围岩强度、围岩应力和支护技术三大因素，所以应从这三个方面来考虑，实现深部巷道围岩稳定：

1. 提高围岩强度

破碎围岩中锚杆支护的作用在于提高围岩强度，随锚杆支护强度提高，锚固体极限强度、残余强度增大，残余强度增大更为显著，因此采用高强锚杆支护可显著提高围岩的承载能力。研究表明，在一定范围内支护阻力与围岩变形量呈负指数关系，提高支护阻力可大大减少围岩变形量，有利于巷道围岩稳定。由于深部巷道围岩比较破碎，采用围岩注浆加固可明显改善围岩力学参数、充填裂隙、提高岩体强度和锚杆锚固力，并且可以封闭水源、隔绝空气，保护围岩免受风化。注浆材料可选用化学类、水泥类、高水速凝材料等。注浆对象主要是软弱、破碎围岩。

2. 减小巷道围岩应力

合理布置巷道，从时间、空间减少采动支承应力对巷道作用的强度和次数，减小围岩应力、采动支承应力对巷道围岩破坏；合理设计煤柱尺寸，既要保持煤柱稳定，又要使巷道受到的集中应力尽可能小，将巷道布置在应力降低区内。对于深部巷道来说，采取应力转移、减小浅部围岩应力是减小巷道围岩变形量、保持巷道良好维护状态的重要技术途径。

3. 采用合理的锚杆支护技术

（1）高强度、大延伸量锚杆支护：阻止深部回采巷道围岩发生较大变形既不经济也不合理。高强度锚杆支护可提供较大的支护阻力，控制围岩塑性区及破碎区发展、降低塑性区流变速度，提高支护阻力可以大大减小围岩变形；大延伸量锚杆支护允许围岩有一定变形，降低围岩应力、减少锚杆载荷，防止锚杆破断，改善巷道维护状况。

（2）增大锚杆预紧力：增大锚杆预紧力显著减小深部巷道围岩强度弱化、减小围岩塑性区及破碎区的范围，提高深部巷道稳定性。

（3）改善锚索性能：目前煤矿锚索使用的钢绞线直径有 15.24 mm、17.8 mm

两种，延伸率 W_s=3.5%。锚索直径偏小，强度不够，延伸量更小，不能适应围岩较大变形，难以避免破断失效。通过应用新材质、增大锚索直径，提高锚索的延伸量和破断载荷，使锚索适应深部巷道围岩大变形。

1.2.4　深部围岩支护技术

以上深部岩巷围岩支护理论需要通过相应的技术措施才能实现。通过一系列技术开发、现场试验和工程示范应用，在系统总结的基础上，提出如下关于深部岩巷围岩支护技术措施体系。

1. 围岩应力状态恢复改善措施

关于巷道开挖后围岩应力状态的恢复与改善措施，目前能够做到的就是通过给锚杆和锚索施加足够高的预紧力，通过喷射混凝土面层的应力扩散作用，对巷道自由面主动施加一定的表面应力。表面应力必须达到一定的量值，应力太低难以起到对围岩应力状态的有效恢复与改善作用，因此，将预应力施加到合理量值就成为这一技术措施有效性的关键。这包括两个方面：一是需要将锚杆、锚索的预紧力施加到合理量值：二是喷射混凝土面层必须具备足够的抗弯刚度，能够起到应力的有效扩散作用。传统的风动扳手和风动锚杆钻机等机具由于其额定扭矩太小（一般不超过 200 N · m），所以能够给锚杆施加的最大预紧力一般只有 20 kN，而根据物理与数值模拟研究结果，对深部岩巷Ⅱ类围岩，要维护巷道的稳定，需要对锚杆施加 100 kN 左右的预紧力才能满足要求。试验表明，100 kN 的预紧力相当于施力机具的扭矩要在 1 000 N · m 左右，需要研究开发专用的锚杆高预紧力施加机具。因此，笔者开发研制了专门用于深部岩巷支护锚杆预紧力施加的 MQS90J2 型气动锚杆安装机。为了提高喷层的抗弯刚度，实现围岩表面应力的均匀扩散，采用了以下关键技术措施：增加喷层厚度，在喷层中布设内外双层钢筋网和螺纹钢格栅拱架，形成钢筋混凝土结构。与普通混凝土喷层相比，以内外双层钢筋网和螺纹钢格栅为骨架的喷射混凝土面层除了具有较高的抗弯强度和刚度外，能够承受更大的围岩变形而不易开裂，具有更强的变形适应能力。这是将隧道支护技术移植发展后应用于煤矿深部岩巷支护的一项技术进步。

2. 围岩增强与固结修复措施

如上节所述，深部岩巷开挖后围岩承受的最大差应力为 4 ~ 5 倍围岩强度，因而高应力与低强度之间的矛盾尤为突出，这在浅部巷道中是无法想象的，所以必须采取强力支护手段增强围岩，大大提高围岩的固有抗剪强度。目前从技术上能够实现、经济上可行的围岩增强措施主要是强力锚固支护（包括超强锚杆和高预应力锚索）和高强高韧的注浆补强。超强锚杆是选用Ⅳ、Ⅴ级螺纹钢作为杆体材料经过热轧工艺加工而成的，锚杆杆体材料屈服应力在 540 MPa 以上、杆体抗拉强度在 200 kN 以上。研究表明，对Ⅱ类围岩，当预应力达到 100 kN 时，维持巷道稳定所需的最终锚固力约为 200 kN，这就是在深部岩巷支护中需要采用超强锚杆支护的原因。超强锚杆增强围岩的机理在于通过强大的轴向抗力严格限制围岩沿巷道自由面法向和裂隙滑移面法向的张开变形，通过强大的横向抗力抵御围岩沿滑移面切向的剪切变形，提高围岩的固有抗剪强度 c 值和 ϕ 值。所以，超强锚杆起的是增强围岩的作用。通过现场试验监测与数值模拟结果的对比可以说明，采用高预应力超强锚杆支护后，Ⅱ、Ⅲ类围岩的 c 值和 ϕ 值能够提高 20% ~ 30%（Ⅱ类围岩提高的幅度大于Ⅲ类围岩提高的幅度），弹性模量大约能够提高 20%。高强高韧注浆就是将高强度高韧性的注浆材料注入围岩裂隙中，使破裂区围岩得到固结，损伤区围岩得到修复，其作用也是提高围岩的固有抗剪强度。高强高韧是对注浆材料强度变形性能的根本要求，关于高强需要满足两方面的技术指标：① 注浆材料结石体 24 h 单轴抗压强度不小于 8 MPa，28 d 单轴抗压强度不小于 30 MPa，28 d 龄期黏结力 $c \geqslant 5$ MPa。② 注浆材料与围岩裂隙面具有良好的黏结性能，两者黏结后 28 d 龄期沿裂隙面法向的抗拉强度大于等于 2 MPa，沿裂隙面切向的黏结力 $c \geqslant 5$ MPa。关于高韧的基本要求是 28 d 龄期的峰前最大应变为 3% ~ 5%，峰后应变在 2%以上，峰后 2%的应变范围内应力跌落幅度小于 20%。只有使用满足以上强度变形要求的材料进行注浆，才能使补强加固后的围岩体能够抵抗深部高地应力的作用而保持长期稳定。以上两种措施需根据围岩类型合理搭配采用。对完整性和坚硬性均好或较好的围岩（一般为Ⅰ、Ⅱ级围岩，少数Ⅲ级围岩），应以超强锚杆支护为主，注浆所起的是补强加固作用，是辅助性的。对这类围岩来说，巷道开挖后裂隙扩展有一个过程，因而需要把握正确的注浆时机，若注浆过早，由于深部裂隙尚未得到扩展，浆液难以渗透到足够的深度，只能对近表破碎的围岩进行固结，难以起到修复损伤的作用，因而补强加固的效果不明显。对Ⅰ级围岩，适宜的注浆时间应为巷道开挖后 50 ~ 60 d；对Ⅱ级围岩，适宜的注浆时间应为巷道开挖后 30 ~ 40 d。对完整性差或完整性好但极软弱的围岩（多数Ⅲ级围岩和所有的Ⅳ、Ⅴ级围岩），应以注浆固结为主，锚杆支护为辅。对这类围岩，注浆对围岩起到固结增强作用，能够大大改善围岩的完整性，显著提高围岩强度，巷道开挖后应尽早注浆，甚至需在开挖工作面超前注浆。对Ⅲ、Ⅳ级围岩，施作注浆补强的时机应根据巷道两帮收敛变形量来决定，一般当巷道两帮的收敛变形量在 70 ~ 80 mm 时，破裂损伤区的厚度相应扩大到 3 ~ 4 m，这时需要施作注浆补强。

3. 应力转移与承载圈扩大控制措施

所谓应力转移与承载圈扩大控制措施就是在巷道开挖后通过高预应力超强锚杆、高强高韧注浆、预应力锚索几种支护加固措施在时间上的有序安排与空间上的合理交错，控制破裂损伤区的扩展范围及其破裂损伤的程度，将控制应力峰值转移到距离巷道表面一定距离的更深部位的围岩中，最终将锚杆锚固增强区、注浆固结修复区和深部围岩稳定区联结成一个具有“三明治”结构的共同承载整体，将围岩承载圈扩大到预期的厚度，将巷道变形控制在允许的范围，实现巷道围岩的长期稳定。预应力锚索的施作时间要看巷道收敛变形量的大小和变形的速率，当巷道两帮的收敛变形量为 90 ~ 100 mm，破裂损伤区厚度相应扩大到了 4 ~ 5 m 时，这时需要施作预应力为 120 ~ 150 kN、长度为 6 ~ 8 m 的锚索。对Ⅱ、Ⅲ级围岩一般是先注浆后施作锚索；而对Ⅳ、Ⅴ级围岩，应在浅孔注浆后施作锚索，然后应尽快施作深孔注浆，应选用上述高强高韧的注浆材料。

4. 分步联合支护理念及其技术措施

上述几个方面的技术措施应根据具体的围岩类别联合应用，分步实施。对深部岩巷Ⅰ级围岩，采用高预应力超强锚杆支护实现围岩应力状态的恢复改善和围岩增强，即能控制其稳定；对Ⅱ级围岩，除了采用高预应力超强锚杆支护外，还需采用滞后注浆固结修复破裂损伤区围岩，需要将应力状态恢复、围岩增强和破裂损伤修复 3 项对策并用；对Ⅲ级围岩，需要在Ⅱ级围岩的支护措施基础上辅助以巷道断面形状的优化，并在高预应力超强锚杆的基础上增加预应力锚索，使巷道表面应力状态得到进一步恢复与改善，锚杆锚固区围岩进一步得到增强，同时还能将锚杆锚固区与深部围岩联为一体，实现应力峰值向深部的转移和围岩承载圈的扩大；而对Ⅳ、Ⅴ级围岩，还需在Ⅲ级围岩的对策基础上，采用施工临时支护措施：在工作面施工超前注浆锚杆对破碎围岩进行预固结和预增强，并架棚支护。临时支护的作用一方面是为了防止工作面冒顶、片帮，控制施工安全；另一方面可随着围岩变形对围岩表面施加被动应力，与锚杆锚索共同形成围岩应力状态恢复改善的联合支护体系，使围岩表面的侧限压力达到更高的水平，通过分步联合支护措施实现围岩稳定和施工安全的有效控制。

1.3 化学腐蚀对深部巷道围岩影响研究进展

通常而言，岩体在空气、海洋水、地下水等化学环境下发生化学反应和腐蚀作用，并使其岩体特性发生变化的现象称为化学腐蚀。随着深井开采、核废料安全储存等问题逐渐成为当前不可忽视的课题，深部岩石的多场耦合效应也受到了研究者的重视和关注。国际合作 DECOVALEX 计划指导委员会是由美国能源部等 11 个西方国家的有关能源、核废料管理部门联合资助设立的组织。该组织就多场耦合下的岩石力学问题，在全球开展了大量的实验室研究、现场测试和数值分析，取得了相当多的研究成果。2003 年我国中科院武汉岩土力学研究所加入国际 DECOVALEX 组织，大大地促进了我国多场耦合条件下岩石力学问题的研究进展。目前，我国关于多场耦合下的岩石力学问题研究主要集中于：岩石的温度-渗流-应力（THM）耦合、渗流-应力-化学（HMC）耦合、温度-渗流-应力-损伤（THMD）耦合以及温度-渗流-应力-损伤（THMC）耦合的试验研究、模型建立和数值计算。贺玉龙[17]就深部围岩的 THM 耦合问题开展了岩体温度和有效应力对岩石孔隙度、渗透性以及地下水物性影响的实验，根据三场两两耦合实验，研究各因素的耦合机理，建立了三场耦合数学模型，并得到了三场两两耦合的 6 个耦合强度量化参数。韦四江[18]开展了深井巷道围岩的 THM 耦合作用研究，建立了耦合条件下的深井围岩的应力-应变关系，并提出增加径向支护力或在巷道壁敷设隔热材料以提高深井围岩的稳定性的措施。张玉军[19-20]将 Barton-Bandis 模型和 Oda 的裂隙张量理论应用于饱和-非饱和裂隙岩体中热-水-应力耦合过程中，研制了相应的二维有限元程序，并比较计算了多组有、无裂隙岩体中的应力场、渗流场和温度场的分布及变化情况。计算结果表明由于不连续面的存在减弱了母岩的刚度和增大了其透水能力，使得裂隙岩体中的应力集中程度降低和渗流速度提高，从而热源产生的热量可较快地被水流传输到周围区域中去，岩体中的温度和负孔隙水压力量值也相对较低。陶玉奇[21]建立了含瓦斯煤的 THM 模型，并经二次开发将耦合模型嵌入多物理场耦合分析软件中进行数值计算，通过比较模拟结果与一维瓦斯渗流算例的解析解，证明了该瓦斯煤 THM 耦合模型及数值计算方法的可靠性。在岩石的温度-渗流-应力-损伤（THMD）的耦合方面。朱万成[22]对岩体的 THM 模型进行了综述，并提出了以声发射（或微震）为基础的岩石开挖损伤区（EDZ）的损伤变量表征方法。李连崇、唐春安等[23-24]从岩石的细观非均匀性特点出发，应用损伤力学、热力学和渗流力学理论，建立了岩体温度-渗流-应力-损伤耦合数值模型，采用声发射（AE）技术探讨了岩石材料的细观结构损伤及其诱发的材料力学性能演化机制，将该模型嵌入 RFPA 程序进行了温度-渗流-应力耦合作用下井筒近场围岩的稳定性计算，得到的岩体破坏过程、应力分布、AE 特性及渗流特性变化与现场标定结果吻合较好。谭贤君等[25]在各位学者对三场耦合模型研究工作的基础上，结合所在团队已有的盐岩试验资料，以及对含夹层盐岩储气库气体渗透规律研究的成果，推导了含夹层盐岩储气库在地应力、气体压力和温度联合作用下的温度-渗流-应力-损伤耦合数学模型。2005 年至 2007 年，中科院武汉岩土力学研究所的冯夏庭研究员先后研制了应力-水流-化学（HMC）耦合的岩石单轴压缩细观力学试验装置和应力-水流-化学耦合的岩石破裂过程细观力学加载系统等实验系统。随后，冯夏庭研究员等[26-28]利用自行研制的试验系统开展了应力-水流-化学耦合下的岩石破裂细观力学试验，建立了岩石破裂过程的弹塑性和应力-渗流耦合细胞自动机模型，并对岩体开挖损伤区进行了程序校验模拟研究。近期，冯夏庭与 John A. Hudson 等 DECOVALEX 成员[29-31]以典型地下实验室试验为基础，进行了岩体开挖损伤区的温度-水流-应力-化学（THMC）耦合效应研究，分析了损伤区的形成与演化机制规律，分析结晶岩开挖损伤区温度-水流-应力-化学耦合作用行为，并建立了岩体的弹性、弹塑性、黏弹塑性 THMC 分析模型，开发高效的数值分析软件系统。通过与其他研究小组的成果相互对比，获得了比较准确模拟结晶岩开挖损伤区的 THMC 模型。

1.4　本书的主要研究内容

本书根据我国深部地下工程的发展趋势，尤其是煤炭开采向深部扩展的趋势，进行了深部地下工程的地质环境特征分析，简要论述了深部地下工程具有“多场耦合”“三高一扰”的地质和环境特征；模拟深部地下水的化学腐蚀，配制了化学腐蚀溶液，开展了化学腐蚀下围岩的基本物理力学性能实验，得到了化学腐蚀对围岩的质量、力学性能的影响因素；进行了化学腐蚀下岩石的动态力学实验和动静组合性能实验，研究了应变率、横向轴压、围压对深部岩石的性能影响，并分析动静组合下试件的能量耗散规律；开展了深部巷道开挖的变形现场测试和相似模型试验，基于 DIC 技术对深部巷道开挖卸荷的应力场进行了全程监测，得到了巷分建立了多场耦合下的岩石的损伤本构模型；研究了深部多场耦合作用下巷道围岩的控制和支护技术。

参考文献

[1] 马蓓蓓，鲁春霞，张雷. 中国煤炭资源源开发的潜力评价与开发战略[J]. 资源科学，2009，31（2）：224-229.

[2] 毛节华，许惠龙. 中国煤炭资源分布现状和远景预测[J]. 煤田地质与勘探，1999，27（6）：1-4.

[3] 王永，王佟，康高峰，等. 中国可供性煤炭资源潜力分析[J]. 中国地质，2009，36（8）：845-852.

[4] 张农，李希勇，郑西贵，等. 深部煤炭资源开采现状与技术挑战[C]//全国煤矿千米深井开采技术会议论文集. 北京：中国煤炭工业协会，2013.

[5] 蓝航，陈东科，毛德兵. 我国煤矿深部开采现状及灾害防治分析[J]. 煤炭科学技术，2016，44（1）：39-46.

[6] 何满潮，彭涛. 高应力软岩的工程地质特征及变形力学机制[J]. 矿山压力与顶板管理，1995（2）：8-11.

[7] 何满潮，郭平业. 深部岩体热力学效应及温控对策[J]. 岩石力学与工程学报，2013，32（12）：2377-2392.

[8] Karman，Tvon. Festigkeitsversuche unter allseitigem Druck[J]. Zeitdver Deutscher Ing，1911（55）：1749-1757.

[9] Paterson M S. Experimental deformation and faulting in Wombeyan marble[J]. Bull Geol Soc Am，1958（69）：465-467.

[10] Paterson M S. Experimental rock deformation-the brittle field[M]. Berlin：Springer，1978.

[11] 周宏伟，谢和平，左建平. 深部高地应力下岩石力学行为研究进展[J]. 力学进展，2005，35（1）：91-99.

[12] Mogi K. Deformation and fracture of rocks under confining pressure：elasticity and plasticity of some rocks[J]. Bull Earthquake Res Inst Tokyo Univ，1965（43）：349-379.

[13] Mogi K. Pressure dependence of rock strength and transition from brittle fracture to ductlle flow[J]. Bull Earthquake Res Inst Tokyo Univ，1966（44）：215-232.

[14] Heard H C. Trausition from brittle fracture to ductile flow in Solenhofen limestone as a function of temperature, confining pressure, and interstitial fluid pressure[J]. Rock Deformation, 1960: 193-226.

[15] Singh J. Strength of rocks at depth[C]//Rock at Great Depth. Rotterdam: A A Balkema, 1989: 37-44.

[16] Simpson C. Deformation of granitic rocks across the brittleductile transition[J]. J Struct Geol, 1985 (7): 503-511.

[17] 贺玉龙. 三场耦合作用相关试验及耦合强度量化研究[D]. 成都：西南交通大学，2003.

[18] 韦四江，勾攀峰，马建宏. 深井巷道围岩应力场、应变场和温度场耦合作用研究[J]. 河南理工大学学报，2005，24（5）：251-254.

[19] 张玉军. 一种模拟热-水-应力耦合作用的节理单元及数值分析[J]. 岩土工程学报，2005，27（3）：207-274.

[20] 张玉军. 裂隙岩体的热-水-应力耦合模型及二维有限元分析[J]. 岩土工程学报，2006，28（3）：288-293.

[21] 陶玉奇. 含瓦斯煤 THM 耦合模型及煤与瓦斯突出模型研究[D]. 重庆：重庆大学，2009.

[22] 朱万成，魏晨慧，唐春安. 岩体开挖损伤区的表征及热-流-力耦合模型：研究现状于展望[J]. 自然科学进展，2008，18（9）：968-978.

[23] 李连崇，杨天鸿，唐春安，等. 岩石破裂过程 TMD 耦合数值模型研究[J]. 岩土力学，2006，27（10）：1727-1731.

[24] 李连崇，唐春安，杨天鸿，等. 岩石破裂过程 THMD 耦合数值模型研究[J]. 计算力学学报，2008，25（6）：764-769.

[25] 谭贤君，陈卫忠，杨建平. 盐岩储气库温度-渗流-应力-损伤耦合模型研究[J]. 岩土力学，2009，30（12）：3633-3641.

[26] 冯夏庭，丁梧秀. 应力-水流-化学耦合下岩石破裂全过程的细观力学试验[J]. 岩石力学于工程学报，2005，24（9）：1465-1473.

[27] 周辉，冯夏庭. 岩石应力-水里-化学耦合过程研究进展[J]. 岩石力学与工程学报，2006，25（4）：855-864.

[28] 潘志鹏，冯夏庭，周辉. 开挖损伤区进场模型 THM 耦合过程的 BMT 模拟[J]. 岩石力学与工程学报，2007，27（12）：2532-2540.

[29] 鲁祖德，丁梧秀，冯夏庭，等. 裂隙岩石的应力-水流-化学耦合作用试验研

究[J]. 岩石力学与工程学报. 2008，27（4）：796-804.

[30] Markus Olin，Merja Tanhua Tyrkko，etc. Thermo-Hydro-Mechanical-Chemical（THMC） Modelling of the Bentonite Barriers in Final Disposal of High Level Nuclear Waste[C]//Proceedings of the COMSOL Conference. 2008，Hannover.

[31] John A，Hudson A，Backstrom J，etc. Characterising and modeling the excavation damaged zonein crystalline rock in the context of radioactive waste diposal[J]. Environ Geol，2009（57）：1275-1297.

第 2 章　深部地下工程的环境特征

2.1　深部地下工程的多场耦合概述

2.1.1　引言

深部开采与浅部不同。首先，由于深部地应力升高，深部围岩在强度和变形性质上与浅部显著不同。浅部围岩大多处于弹性状态，进入深部以后，由于围岩内赋存的高地应力与其本身低强度之间的突出矛盾，巷道开挖后二次应力场引起的高度应力集中导致近表围岩受到的压剪应力超过围岩强度，围岩很快由表及里进入破裂碎胀和塑性扩容状态，极易出现大变形而整体失稳。其次，随着开采深度的增加，地下水渗透压力相应增大，巷道开挖后近表围岩内孔隙水压力大幅降低，导致巷道近场围岩有效应力增大，致使围岩应力进一步超过岩体强度，从而加剧近表围岩的破坏失稳。我国煤系地层的多数岩石为泥质胶结，遇水后必然发生软化，有些岩石中含有蒙托石等黏土矿物，遇水将发生膨胀。这些都将加剧围岩的破坏与变形。另外，深井开采时，地下水中的腐蚀性离子，如 Cl^-、HCO_3^-、SO_4^{2-}等浓度增加，这些离子将使深井围岩剥落，并降低其强度和刚度。再次，随着开采深度的增加，地温升高。巷道开挖后，由于通风在距离巷道表面一定深度围岩内产生较大的温度梯度和附加应力，围岩产生离层，对围岩破裂扩展带来不可忽视的影响。如果考虑季节性的温度变化造成的损伤累积对围岩离层的影响，围岩的破裂扩展程度将更为加剧。深井围岩处于多场耦合的复杂环境中，温度、地应力、渗流、化学腐蚀以及岩体本身的初始裂隙等都是影响围岩稳定性的重要因素，且它们相互作用，相互耦合，形成了深部岩体复杂的多场耦合效应。深部地下工程的多场耦合如图 2-1 所示[1]。

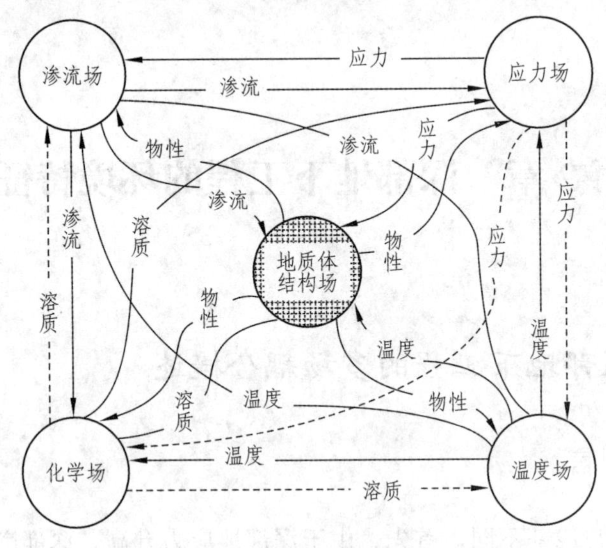

图 2-1　地下工程的多场耦合示意图

2.1.2　温度-应力耦合

随着巷道埋深的增加，围岩温度明显升高，通风作用引起巷道表面围岩产生较大温差和温度应力，对围岩破裂产生的影响已经不能忽视。随着工程实践和理论研究的深入，人们逐渐认识到高温巷道开挖后，岩体内部温度场与应力场之间将会产生耦合作用，而且是通过岩体内温度分布发生改变而联系起来的。两者的耦合作用具体表现在[2-4]：① 温度场的改变影响应力场。岩体内温度场的改变在影响岩体的物理力学性质，导致某些岩石随温度升高弹性模量和强度减小的同时，还将产生热应力，引起巷道围场应力场的变化，进而影响巷道的位移场和破碎区、塑性区和弹性区的分布。② 应力场的改变影响温度场。在应力场作用下，岩体骨架的变形会引起导热系数的变化，岩体骨架的应变率对温度场的分布也会产生一定影响。高温作用下岩石的破坏强度是巷道热力耦合作用研究的重要组成部分。国内外学者[5-7]对岩石的强度和温度的关系进行试验研究，结果表明，随着温度的升高，岩石的抗压强度逐渐下降，其降低趋势与温度大小及岩石的种类密切相关。

根据文献[8]，岩石单轴抗压强度、弹性模量、泊松比以及内聚力与温度的关系分别如下：

$$\sigma_1=\sigma_0-k_1T_1 \tag{2.1}$$

$$E_1=E_0-k_2T_1$$

$$\mu_1=\mu_0-k_3T_1 \tag{2.2}$$

$$c_1=\frac{1-\sin\phi}{2\cos\phi}\sigma_1$$

式中：T_1 为温度（°C）；σ_1、E_1、μ_1、c_1 分别为温度为 T_1 时的抗压强度、弹性模量、泊松比和内聚力；σ_0、E_0、μ_0 分别为温度为 0 °C 时的抗压强度、弹性模量及泊松比；k_1、k_2、k_3 分别为温度对抗压强度、弹性模量及泊松比的影响系数；ϕ 为内摩擦角。

深部岩体温度较高，通常通过通风调节巷内温度。巷内和围岩体产生热交换，使围岩温度场分布发生改变，由此产生的热应力影响围岩体的应力分布。对于围岩热传导问题，作如下假设[8-9]：

（1）围岩为均质各向同性导热体，各方向导热性能都相同。

（2）温度只沿巷道径向方向变化，走向方向上无温差。

（3）巷道为半径为 a 圆形水平巷道，巷道内温度呈稳态分布，恒定为 T_a，受巷道内温度影响的围岩体的半径为 R，此处岩体温度为原岩温度 T_R，处于原岩应力状态，且 $R \geqslant a$。

（4）巷道在开挖之前，温度为原岩温度 T_R，即围岩初始温度为 T_R。

设原岩应力为各个方向大小相等的载荷 q_2，圆形巷道表面设置各个方向大小相等的支护阻力为 q_1。因此，围岩应力场的求解就成为内半径 a，温度为 T_a，外半径为 R，温度为 T_R 的厚壁圆筒形成的热应力场与原岩应力为 q_2，支护阻力为 q_1 的均布载荷下固体力学应力场的叠加问题，如图 2-2 所示。

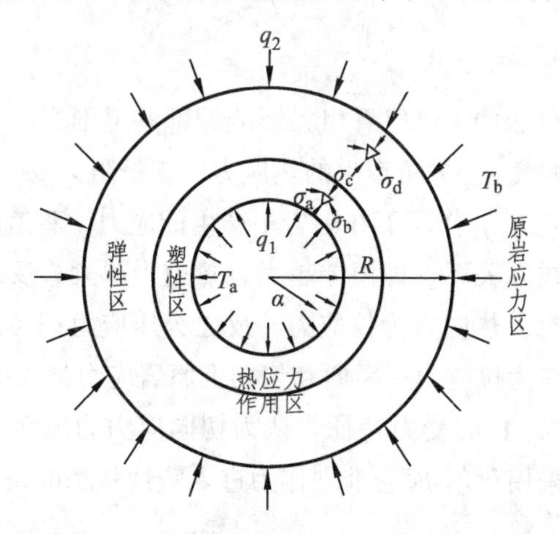

图 2-2　深部巷道围岩热-力耦合示意图

围岩体稳定热传导方程为：

$$\frac{\mathrm{d}^2T(r)}{\mathrm{d}r^2}+\frac{1}{r}\frac{\mathrm{d}T(r)}{\mathrm{d}r}=0 \tag{2.3}$$

边界条件：

$$T(r)=\begin{cases}T_a, & r=a\\ T_R, & r=R\end{cases} \tag{2.4}$$

联立式（2.3）和式（2.4）得到围岩温度场分布：

$$T(r)=T_a-\Delta T\frac{\ln r-\ln a}{\ln R-\ln a} \tag{2.5}$$

$$\Delta T{=}T_a-T_b \tag{2.6}$$

岩体在变温过程中，其热应力为：

$$\sigma_T=E_a\Delta T\left(1-\frac{\ln r-\ln a}{\ln R-\ln a}\right) \tag{2.7}$$

式中：a 为岩石的线胀系数。

根据弹性力学中平面应变问题求解得到热-固耦合作用下应力场解析解为：

$$\sigma_r=\sigma_T-\frac{q_1a^2}{r^2}-\left(1-\frac{a^2}{r^2}\right)q_2 \tag{2.8}$$

$$\sigma_\theta=\sigma_T+\frac{q_1a^2}{r^2}-\left(1+\frac{a^2}{r^2}\right)q_2 \tag{2.9}$$

$$\tau_{r\theta}=\tau_{\theta r}=0 \tag{2.10}$$

由式（2.7）~（2.10）可以看出，影响深部巷道围岩应力场变化的因素包括三部分：由温度的变化 ΔT 所产生的热应力；支护阻力 q_1 作用下在围岩内所产生的应力；原岩应力 q_2 作用下在围岩中产生的应力。巷道内外存在的温差与其产生的热应力呈线性关系，即温差越大，热应力越大，反之则越小；当温差为正值即温度升高时，热应力为拉应力，反之为压应力；径向方向上支护阻力为压应力，切向方向为拉应力；径向和切向上原岩应力都为压应力。

根据侧压系数为 1 的受力特征，认为切向应力为最大主应力，而径向应力为最小主应力；采用莫尔-库仑准则作为进入塑性状态的条件，则起始塑性条件为：

$$\sigma_\theta{=}\xi\sigma_r+\sigma_{\mathrm{s}} \tag{2.11}$$

式中：$\xi=\dfrac{1+\sin\phi}{1-\sin\phi}$；$\sigma_{\mathrm{s}}$为岩石单轴抗压强度，$\sigma_{\mathrm{s}}=\dfrac{2c\cos\phi}{1-\sin\phi}$；$\phi$为内摩擦角；$c$为内聚力。

塑性区内静力平衡方程为：

$$\sigma_{\theta\mathrm{p}}=\frac{\mathrm{d}(r\sigma_{r\mathrm{p}})}{\mathrm{d}r} \tag{2.12}$$

边界条件为：

$$r=a\Rightarrow\sigma_{r\mathrm{p}}=q_1 \tag{2.13}$$

可得塑性区内应力分量为：

$$\sigma_{r\mathrm{p}}=\frac{1}{\xi}\left(\frac{\xi\sigma_{\mathrm{s}}}{-\xi+1}+Dr^{\xi-1}\right) \tag{2.14}$$

$$\sigma_{\theta\mathrm{p}}=\frac{\sigma_{\mathrm{s}}}{-\xi+1}+Dr^{\xi-1} \tag{2.15}$$

$$D=\left(\xi q_1+\frac{\xi\sigma_{\mathrm{s}}}{\xi-1}\right)\frac{1}{a^{\xi-1}} \tag{2.16}$$

塑性区内的应力、应变、位移关系为：

$$\varepsilon_r=\frac{\mathrm{d}u}{\mathrm{d}r}=\frac{\varphi(1+\mu)}{E}\left(\sigma_{r\mathrm{p}}-\sigma_{\theta\mathrm{p}}\right) \tag{2.17}$$

$$\varepsilon_\theta=\frac{u}{r}=\frac{\varphi(1+\mu)}{E}\left(\sigma_{\theta\mathrm{p}}-\sigma_{r\mathrm{p}}\right) \tag{2.18}$$

$$\varphi=\frac{1}{r^{\xi+1}}\left[\frac{-2q_2+Ea\Delta T}{C\left(\dfrac{1}{\xi}+1\right)}\right]^{\frac{\xi+1}{\xi-1}} \tag{2.19}$$

式中：φ为塑性模数。

岩体在弹塑性交界点处，应满足：$r=R_{\mathrm{p}}$；$\sigma_{\theta\mathrm{p}}=\sigma_\theta$；$\sigma_{r\mathrm{p}}=\sigma_r$。可得塑性圈半径$R_{\mathrm{p}}$及位移为：

$$R_{\mathrm{p}}=\left[\frac{-2q_2+Ea\Delta T}{D\left(\dfrac{1}{\xi}+1\right)}\right]^{\frac{1}{\xi-1}} \tag{2.20}$$

$$u=\left(1-\frac{1}{\xi}\right)\frac{(1+\mu)}{E}\frac{D}{r}R_{\mathrm{p}}^{\ \xi+1} \tag{2.21}$$

$$D=\left(\xi q1+\frac{\xi\sigma_{\mathrm{s}}}{\xi-1}\right)\frac{1}{a^{\xi-1}} \tag{2.22}$$

由上式可以看出，塑性圈半径及位移不仅与岩体力学性质有关，而且与原岩应力 q_2、巷道半径 a、巷道内外温差 ΔT 及支护阻力 q_1 有关。

2.1.3 渗流-应力耦合

岩石内部孕育了从微观（微裂纹）到细观（晶粒）再到宏观（节理面）的各种尺度的缺陷[10]。这些地质缺陷的存在破坏了岩体的整体性，不仅大大改变了岩体的力学性质，也严重影响了岩体的渗透特性。在各类岩体工程的建设和运营过程中，特别是在深部高地应力和强渗透水压和化学腐蚀和复杂环境中，开挖造成应力集中、卸荷、渗流等因素的影响下，岩体中原有的微裂纹发育扩展成宏观裂纹、裂缝，造成岩体开裂甚至破碎，破碎岩体裂隙的渗透率要远比孔隙的渗透率高，从而造成岩体工程渗流突变而引发重大灾害事故。因而岩体应力–渗流耦合问题引起了人们对的高度重视。

岩体的渗流-应力耦合规律是当前岩石力学界研究的热点[11-12]，其耦合的基本方程如下[13-15]：

1. 应力场的基本方程

在总应力下，介质的平衡方程为：

$$\frac{\partial\sigma_{ij}}{\partial x_j}-f_{xi}=0,\ i,j=1,2,3 \tag{2.23}$$

式中：x_j 为三个坐标方向；f_{xi} 为 x_i 方向的体积力。

将有效应力公式（2.21）代入式（2.23），可得用有效应力和孔隙压力表示的平衡方程：

$$\frac{\partial\sigma_{ij}}{\partial x_j}-\frac{\partial p}{\partial x}-f_{xi}=0 \tag{2.24}$$

同时，介质变形的几何方程为：

$$\varepsilon_{ij}=\frac{1}{2}\left(u_{i,j}+u_{j,i}\right) \tag{2.25}$$

对于弹性问题，由广义胡克定律，应力应变之间满足本构方程：

$$\sigma_{ij} = D_{ijkl}\varepsilon_{kl} \tag{2.26}$$

将本构方程（2.25）、几何方程（2.24）代入平衡方程（2.23）可得用位移表示的弹性情况下的平衡方程：

$$G\nabla^2 u_i - (\lambda + G)\frac{\partial \varepsilon_{\mathrm{v}}}{\partial x_i} - \frac{\partial p}{\partial x_i} + f_{xi} = 0, i = 1,2,3 \tag{2.27}$$

式中：λ、G 为拉梅常数；ε_{v} 为体积变形，且有 $\varepsilon_{\mathrm{v}} = -\left(\frac{\partial u_i}{\partial x_i} + \frac{\partial u_j}{\partial x_j} + \frac{\partial u_k}{\partial x_k}\right)$；其他各符号含义同前。

同时，在位移边界上应满足位移边界条件：

$$u = \overline{u} \tag{2.28}$$

在应力边界上应满足应力边界条件：

$$\left.\begin{aligned} l\sigma_x + m\tau_{xy} + n\tau_{xz} + \overline{f_x} = 0 \\ l\tau_{xy} + m\sigma_y + n\tau_{yz} + \overline{f_y} = 0 \\ l\tau_{xz} + m\tau_{yz} + n\sigma_z + \overline{f_z} = 0 \end{aligned}\right\} \tag{2.29}$$

式中：l、m、n 为边界外法线的方向余弦。

为后面讨论方便，将有效应力公式（2.21）、平衡方程（2.24）和应力边界（2.29）分别写成矩阵形式（2.30）、式（2.31）和式（2.32）：

$$\{\sigma\}=\{\sigma'\}+\{M\}p \tag{2.30}$$

$$[L]^{\mathrm{T}}\{\sigma\} - \{f\} = 0 \tag{2.31}$$

$$[n]^{\mathrm{T}}\{\sigma\} - \{\overline{f}\} = 0 \tag{2.32}$$

式中：

$$\{M\}=\{1,1,1,0,0,0\}^{\mathrm{T}} \tag{2.33}$$

$$[L] = \begin{bmatrix} \frac{\partial}{\partial x} & 0 & 0 & \frac{\partial}{\partial y} & 0 & \frac{\partial}{\partial x} \\ 0 & \frac{\partial}{\partial y} & 0 & \frac{\partial}{\partial x} & \frac{\partial}{\partial z} & 0 \\ 0 & 0 & \frac{\partial}{\partial z} & \frac{\partial}{\partial y} & 0 & \frac{\partial}{\partial x} \end{bmatrix} \tag{2.34}$$

$$[n] = \begin{bmatrix} l & 0 & 0 & m & 0 & n \\ 0 & m & 0 & l & n & 0 \\ 0 & 0 & n & 0 & m & l \end{bmatrix} \tag{2.35}$$

2. 渗流场的基本方程[16-17]

地下水运动的基本规律是 Darcy 定律，1856 年，法国工程师 H. Darcy 通过试验测得装满砂土的圆筒中渗流速度和水力坡度之间的关系，也即 Darcy 定律：

$$v=-ki \tag{2.36}$$

式中：v 为渗流速度（m/s）；k 为渗透系数（m/s），反映介质渗透性的强弱；i 为水力坡度，即沿单位流程 s 的水头损失率，无量纲，且有 $i=\mathrm{d}h/\mathrm{d}s$；$h$ 称为水头（m），且有：

$$h=\frac{p}{y_{\mathrm{w}}}+z+\frac{\mu^2}{2g} \tag{2.37}$$

式中：第一项称为压力水头，其中为 p 为孔隙压力（Pa），γ_{m} 为水的容重（$\mathrm{N/m^3}$）；式中第二项称为势水头，z 为位置高度（m）；第三项称为渗流速度水头，由于岩体中，渗流速度一般很小，该项可以忽略不计。

将式（2.36）代入式（2.37）并将问题扩展到三维，可得到用孔隙压力表示的 Darcy 定律：

$$v_i=-\frac{1}{\gamma_{\mathrm{w}}}k_{ij}\frac{\partial p}{\partial x_j} \tag{2.38}$$

式中：k_{ij} 为介质的渗透系数张量。

Darcy 定律描述了岩体中流体运动的基本规律，在此基础上，还可以推导出地下水的运动必须满足的连续方程，从空间渗流场中任取一点（x，y，z），并取以该点为中心，侧面平行于坐标平面的微小长方体为代表体元（图 2-3），设其边长分别为 $\mathrm{d}x$、$\mathrm{d}y$、$\mathrm{d}z$，记单位时间内分别与 x、y、z 垂直的平面的渗流量为 q_x、q_y、q_z，则有：

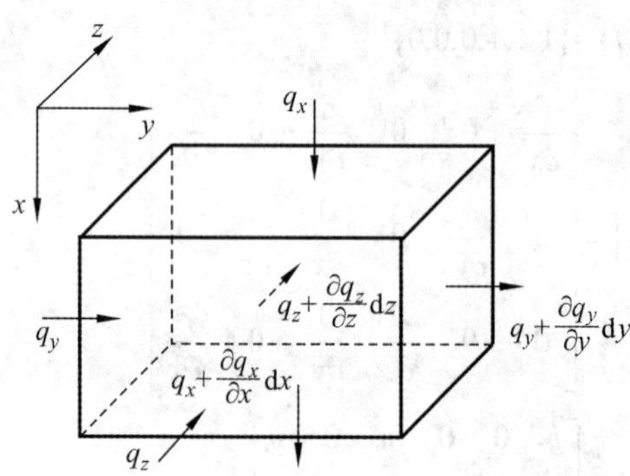

图 2-3　渗流连续性示意图

$$\begin{cases} q_x = v_x \mathrm{d}y\mathrm{d}z \\ q_y = v_y \mathrm{d}x\mathrm{d}z \\ q_z = v_{xz} \mathrm{d}x\mathrm{d}y \end{cases} \tag{2.39}$$

进而有 dt 时间内从微元体流出的水的体积 ΔQ 为：

$$\Delta Q = \left[\left(q_x + \frac{\partial q_x}{\partial x}\mathrm{d}x\right) - q_x + \left(q_y + \frac{\partial q_y}{\partial y}\mathrm{d}y\right) - q_y + \left(q_z + \frac{\partial q_z}{\partial z}\mathrm{d}z\right) - q_z\right]\mathrm{d}t \tag{2.40}$$

将式（2.39）代入式（2.40），即得：

$$\Delta Q = \left(\frac{\partial v_x}{\partial x} + \frac{\partial v_x}{\partial x} + \frac{\partial v_x}{\partial x}\right)\mathrm{d}x\mathrm{d}y\mathrm{d}z\mathrm{d}t \tag{2.41}$$

同时，dt 时间内介质内孔隙的改变量 ΔV_{v} 为：

$$\Delta V_{\mathrm{v}} = \Delta n \mathrm{d}x\mathrm{d}y\mathrm{d}z \tag{2.42}$$

式中：Δn 为介质孔隙度的改变量。

$$\Delta n = \frac{p}{S} + \alpha\varepsilon_{\mathrm{v}} \tag{2.43}$$

式中：S 为介质的储藏系数，α 为孔隙压力系数。

将式（2.42）代入式（2.43），并注意到 $\varepsilon_{\mathrm{v}} = -\left(\frac{\partial u}{\partial x} + \frac{\partial v}{\partial y} + \frac{\partial w}{\partial z}\right)$，可得：

$$\Delta V_{\mathrm{v}} = \left[\frac{p}{S} - \alpha\left(\frac{\partial u}{\partial x} + \frac{\partial v}{\partial y} + \frac{\partial w}{\partial z}\right)\right]\mathrm{d}x\mathrm{d}y\mathrm{d}z \tag{2.44}$$

由渗流连续性条件：

$$\Delta V_{\mathrm{v}} = \Delta Q \tag{2.45}$$

可得渗流的连续性方程：

$$\frac{\partial v_x}{\partial x} + \frac{\partial v_y}{\partial y} + \frac{\partial v_z}{\partial z} = \frac{1}{S}\frac{\partial p}{\partial t} - \alpha\frac{\partial}{\partial t}\left(\frac{\partial u}{\partial x} + \frac{\partial v}{\partial y} + \frac{\partial w}{\partial z}\right) \tag{2.46}$$

Biot（1941）[18]对上述方程进行了简化假设：当介质的瞬时压缩应变与最后压缩相比可以忽略不计时，值非常大，作为理想化的处理，认为 $S \to \infty$，且 $\alpha \to 1$，此时上述方程可简化为：

$$\frac{\partial v_x}{\partial x} + \frac{\partial v_y}{\partial y} + \frac{\partial v_z}{\partial z} = -\frac{\partial}{\partial t}\left(\frac{\partial u}{\partial x} + \frac{\partial v}{\partial y} + \frac{\partial w}{\partial z}\right) \tag{2.47}$$

将 Darcy 定律代入式（2.47）可得渗流连续方程：

$$\nabla\left[\frac{1}{\gamma_{\mathrm{w}}}k_{ij}\nabla p\right]=\frac{\partial}{\partial t}\left(\frac{\partial u}{\partial x}+\frac{\partial v}{\partial y}+\frac{\partial w}{\partial z}\right)\tag{2.48}$$

Darcy 定律和渗流连续性方程反映了渗流的一般规律，没有涉及地下水流动的初始状态和边界状态，对于一个含水层，其水头的时空分布不能由这些微分方程唯一确定，必须根据问题的实际情况加上适当的边界条件和初始条件才能最终通过求解微分方程来确定水头的时空分布。

边界条件是指渗流区域的边界上的水力特征，即边界上孔隙压力分布或边界上流入（或流出）含水层的水流速度分布变化情况，一般而言，渗流边界条件有下面三类：

（1）第一类边界条件为边界上孔隙压力分布情况已知，称为孔隙压力边界条件，可以写为：

$$p\Big|_{r_1}=p(x,y,z,t)\,(x,y,z)\in\boldsymbol{\Gamma}_1\tag{2.49}$$

（2）第二类边界为边界上的流速已知，称为流速边界条件，记为：

$$-\frac{1}{\gamma_{\mathrm{m}}}k_{ij}\frac{\partial p}{\partial n}|r_2=v_{\mathrm{n}}\tag{2.50}$$

式中：v_{n} 为边界上外法线方向上的流速，一般而言，边界上的流速很难直接测出，最常用的第二类边界条件是隔水条件，即已知边界 $\boldsymbol{\Gamma}_2$ 上 v_{n}（x，y，z，t）=0，此时边界条件可记为：

$$\frac{1}{\gamma_{\mathrm{m}}}k_{ij}\frac{\partial p}{\partial n}|r_2=0\tag{2.51}$$

（3）第三类边界条件为混合边界条件，是指含水层边界的内外孔隙压力差和流速之间保持一定的线性关系，即：

$$p(x,y,z,y)+\alpha\frac{\partial p(x,y,z,t)}{\partial n}\in=\beta(x,y,z)\notin\boldsymbol{\Gamma}_3\tag{2.52}$$

式中，α 、β 为已知的常数。

渗流的初始条件通常是第一类边界条件，即流场在开始时刻 t=0 时渗流区域内的孔隙压力 $p_0(x,y)$ 分布情况，初始条件一般可表示为：

$$p\Big|_{t=0}=p_0(x,y)\,(x,y,z)\in\boldsymbol{D}\tag{2.53}$$

3. 渗流场-应力场的耦合方程[17]

联立应力场平衡方程（2.27），渗流场连续方程（2.48），并考虑渗透系数张量与应力之间的耦合关系通式（2.23），可得到用位移表示的两场耦合方程组：

$$\begin{cases} G\nabla^2 u_i - (\lambda + G)\dfrac{\partial \varepsilon_{\mathrm{v}}}{\partial x_i} - \dfrac{\partial p}{\partial x_i} + f_{xi} = 0 \ , \quad i = 1,2,3 \\ \nabla\left[\dfrac{1}{\gamma_{\mathrm{m}}} k_{ij} \nabla p\right] = \dfrac{\partial}{\partial t}\left(\dfrac{\partial u}{\partial x} + \dfrac{\partial v}{\partial y} + \dfrac{\partial w}{\partial z}\right) \\ K_{ij} = K_{ij}^0(\sigma, p) \end{cases} \tag{2.54}$$

同时，在边界上，还应满足位移边界[式（2.28）]，应力边界[式（2.29）]，渗流场的孔隙压力边界[式（2.49）]，流速边界[式（2.50）]。

2.1.4　渗流-应力-化学耦合

岩体是由岩石矿物颗粒或晶体相互胶结在一起的各向异性材料，内部存在着初始层理和裂隙。这些微裂隙的存在，将直接影响岩体材料的力学性质。另外，在隧道或采矿等深部地下工程中，高地应力的围岩中常常伴有水的渗入，而水中常常又伴有各种不同浓度的化学药剂，这些离子的存在将改变岩体内部结构中的相关性质，同时地下水渗流、高地应力、地下水的化学腐蚀相互耦合，形成复杂的耦合效应[19-20]。

岩体的耦合作用涉及固体力学、损伤力学、流体力学、物理化学等基础学科与众多工程科学，主要包括固体介质和其中传输的流体的多物理场之间的耦合作用，其控制方程中包含了场与场之间的耦合作用项，本构方程中包含了多物理场与物理量之间的相互作用关系。力学场、渗流场、化学场之间的相互作用、相互耦合使得多场耦合变得复杂，其中某一物理场的本构规律和控制方程的形式受其他物理场的作用而发生改变。地下水与岩土体之间的相互作用，一方面改变岩土体的物理、化学及力学性质，另一方面也改变自身的物理、力学性质及化学组分。地下水的渗流对岩土体产生三种作用：物理作用、化学作用和力学作用。物理作用包括润滑作用、软化和泥化作用、结合水的强化作用；化学作用有地下水与岩土体之间的离子交换、溶解作用、水化作用、水解作用、溶蚀作用、氧化还原作用、沉淀作用以及超渗透作用等；力学作用主要通过孔隙静水压力和空隙动水压力作用对岩土体的力学性质施加影响。耦合中的各场之间的相互作用、相互影响如下：

（1）渗流场与力学场的相互耦合作用：就固体介质或固体力学而言，流体在其中的存在与传输，涉及许多方面，流体的物理作用与化学作用导致固体骨架力学特性的改变，这是最常见的一类问题。渗流场对应力场的作用主要表现为固体的变形受到有效应力控制、裂隙的张开度和刚度与流体压力相关。应力场对渗流场的作用为流体传输性态取决于多固体介质骨架性态，即孔隙、裂隙的宏观结构特征及其连续性态；也取决于流体的性态，即流体的黏度。从物理角度分析，固体应力场对流体的作用，使得固体骨架孔隙裂隙变小，或闭合，或形态改变，从而导致渗透系数的改变；另一类是固体应力场导致固体骨架的破裂，发生永久变形与塑性破坏。它可能产生两个方面的作用，一个是单纯的渗透系数的变化，另一个是流体的传输不再是达西流，而变为非达西流，甚至湍流。

（2）化学场与应力场的相互耦合：化学场对应力场的影响则是通过化学反应导致力学参数的改变，以及变形性能的改变等，如：弹性模量、泊松比和黏聚力等随着化学反应的弱化。地下水的化学作用，使岩体的某一种颗粒，甚至很多成分参与化学反应而产生其他弱化的化学物。应力场对化学场的影响表现为化学场变化引起的变形、损伤及破裂，可能引起水岩接触面积的变化，引起溶质迁移路径变化从而影响化学场。由于孔隙流体值和浓度变化等改变介质力学参数，在研究中需要采用相应的化学动力学计算，找出溶液值和浓度的变化对力学参数的影响规律。

（3）化学场与渗流场的相互耦合：化学腐蚀对渗流影响最大的是流体的物理化学溶解、冲刷，它直接导致固体介质骨架的孔隙裂隙形态的大小、连通状况的变化，甚至导致固体骨架的完全溶解。这种作用还表现为对流体密度与黏度的影响。通过矿物的溶解和沉淀改变多孔介质的孔隙率，从而影响渗流场的运动特性。渗流场对化学场的影响表现为流体的压力、流速、饱和度以及水分变化对固气溶解、沉淀和溶质阻滞的影响。其实，深部地下工程环境非常复杂，存在多种物理场、化学场、应力场的耦合，如温度场、损伤场，每一种场均都会对岩石的性能产生影响，并且与其他场形成耦合场。

2.2 深部地下工程的温度-应力-渗流耦合分析

2.2.1 岩体温度对渗流影响的机理分析

随着开采深度的增加，岩体的温度会相应的地增加，深度每增加 100 m，温度会上升 3 ~ 5 °C，常规情况下地温梯度为 30 °C/km，在深部开采 1 000 m 以下，岩体的温度将会在 30 ~ 40 °C，造成作业环境恶化、通风降温困难。以往岩体开挖周围岩体的渗流场分析与温度场分析往往是分开进行的，考虑两者之间的相互影响的分析很少。虽然一些学者考虑渗流的一维导热方程的解析解为基础，分析了岩体渗流随水头、渗透系数变化对围岩稳定温度场的影响，但实际工程应用受到限制。为了比较客观地反映渗流场与温度场之间的相互作用关系，研究深部岩体中围岩温度场和渗流场耦合分析的数学模型及其数值计算方法具有重要的实用价值。

为研究深部岩体的多场耦合模型，提出的岩体渗流场和温度场耦合分析数学模型的基本假定为：

（1）岩体渗流视为连续介质渗流。

（2）岩体中的渗流通过携入和带出岩体中的热量，来影响岩体温度场的分布；岩体温度场通过改变岩体渗透系数及温度梯度引起的水流运动，来影响岩体渗流场的分布。

（3）温度的变化不引起水的相变。

岩体的渗透系数不仅是裂隙介质的特征函数，也是表征通过岩体流动的特征函数。岩体的渗透系数与流体的运动黏滞系数成反比，而流体的运动黏滞系数又是温度的函数。水的运动黏滞系数可按经验公式计算：

$$v=\frac{0.017\,75}{1+0.033T+0.000\,221T^2} \tag{2.55}$$

式中：v 为水的运动黏滞系数（cm^2/s）；T 为温度（°C）。

由式（2.55）可以看出，水温对水的运动黏滞系数影响较大，0 °C 时的运动黏滞系数为 100 °C 时运动黏滞系数的近 7 倍。由上面的分析可知：一方面，岩体的渗透系数是温度的函数，温度场通过影响岩体的渗透系数而影响渗流场的分布；另一方面，温差形成的温度势梯度也会造成水的流动。温度对水流运动的影响采用温度梯度的经验表达式，有：

$$q_T=-D_T\frac{\partial T}{\partial x} \tag{2.56}$$

式中：q_T 为温度梯度引起的水流通量；D_T 是温差作用下的水流扩散率；$\frac{\partial T}{\partial x}$ 为温度沿一维坐标轴方向的梯度。

将式（2.56）推广到三维情况，并代入渗流的连续性方程，可得温度影响下的岩体渗流场基本方程为：

$$\Delta(K\nabla H)+\Delta(D_T\nabla T)+Q_H=S_s\frac{\partial H}{\partial t} \tag{2.57}$$

式中：$H=H(x,y,z,t)$为渗流场的水头分布；$K=K(x,y,z)=K(T)$是岩体各向同性渗透系数，是温度的函数；T为温度；Q_H为岩体渗流的源项；S_s为储水率；t为时间坐标；Δ为梯度算子。

式（2.57）展开为：

$$\begin{aligned}&\frac{\partial}{\partial x}\left(K\frac{\partial H}{\partial x}\right)+\frac{\partial}{\partial y}\left(K\frac{\partial H}{\partial y}\right)+\frac{\partial}{\partial z}\left(K\frac{\partial H}{\partial z}\right)+\frac{\partial}{\partial x}\left(K\frac{\partial T}{\partial x}\right)\\&+\frac{\partial}{\partial y}\left(K\frac{\partial T}{\partial y}\right)+\frac{\partial}{\partial z}\left(K\frac{\partial T}{\partial z}\right)+QH=S_s\frac{\partial T}{\partial t}\end{aligned} \tag{2.58}$$

由式（2.58）可以看出，岩体的渗流场水头分布$H=H(x,y,z,t)$与温度场的分布$T=T(x,y,z,t)$密切相关。一方面，温度通过影响岩体的渗透系数而影响渗流场；另一方面，温度梯度本身也影响水流的运动，而且温度梯度越大，对渗流场的影响也越大，式（2.58）反映了岩体温度场对渗流场的影响机理。

2.2.2 岩体应力对渗流影响的机理分析

孔隙介质内的渗流场是在工程上至关重要，应力对岩体的渗透率影响主要是通过裂隙岩体产生的有效隙宽的变化而影响岩体的渗透性，应力和渗流压力往往是岩土工程稳定性分析中的主要荷载[17]。渗流场中具有两个重要的特征量，即流速v和水头H，它们之间的相互关系为$v=v(x,y,z)$，$H=H(x,y,z,t)$。

由渗流各向同性介质的定律得到：

$$v=k\cdot J=-k\frac{\partial H}{\partial s} \tag{2.59}$$

式中：k为渗透系数；J为水力坡降。

根据微元的水量平衡条件，可导出渗流场的基本微分方程为：

$$S_s\frac{\partial H}{\partial t}=k\Delta^2H=w \tag{2.60}$$

常见的边界条件为：

$$H=\overline{H}(t) \tag{2.61}$$

$$q_{\mathrm{n}} = -k\frac{\partial H}{\partial n} = \overline{Q} \tag{2.62}$$

初始条件为：

$$\begin{cases}(H)_{t_0} = H(t_0) \\ (q)_{t_0} = q(t_0)\end{cases} \tag{2.63}$$

上面各式中：S_{s} 为储水率；w 为水源强度；S_H 为第一类边界条件，即给定水头的边界条件；S_q 为第二类边界条件，即给定流速的边界条件。

首先建立应力渗流模型，假定每个单元内部的水头差累积在单元的节点上，则单元内的水头成为常量，渗流水头分布场就成为单元为常量的分布模式；而渗流流速则由各单元节点的流速表征，根据单元节点流速的一致性，导出法向流速公式为：

$$\begin{aligned}&v_{\mathrm{n}}^{(1)} = C_H(H_1 - H_2)\\&C_H = k^{(1)}k^{(2)}/(h_1k^{(2)} + h_2k^{(1)})\end{aligned} \tag{2.64}$$

式中：$k^{(1)}$ 和 $k^{(2)}$ 分别为该节点相邻单元的渗透系数；h_1 和 h_2 为相邻点到单元的垂直距离。最终通过加权余量法建立的应力对渗流场的支配方程为：

$$\underset{\sim}{V}_H \underset{\sim}{H} + \underset{\sim}{K}_H \dot{\underset{\sim}{H}} = \underset{\sim}{R}(t) \tag{2.65}$$

$$\underset{\sim}{V}_H = \sum_j \left(\underset{\sim}{C_e^*}\right)^T \int_{S_j} \underset{\sim}{D}_H \,\mathrm{d}S\, \underset{\sim}{C_e^*} \sum_e C_e^T \int_{S_H^e} C_H^{(1)} \mathrm{d}S\, \underset{\sim}{C}_e \tag{2.66}$$

$$\underset{\sim}{K}_H = \sum_e \underset{\sim}{C}_e^T S_{\mathrm{s}} \mathrm{d}S\, \underset{\sim}{C_e} \tag{2.67}$$

$$\underset{\sim}{R}(t) = \sum_e \underset{\sim}{C}_e^T \left[\int_{Q_e} w\mathrm{d}\Omega + \int_{S_H^e} C_H^{(1)} \mathrm{d}S\overline{H} + \int_{S_H^e} \overline{Q}\mathrm{d}S\right] \tag{2.68}$$

$$\begin{aligned}&\begin{cases}\underset{\sim}{D}_H = \begin{bmatrix} C_H & -C_H \\ -C_H & C_H \end{bmatrix} \\ \quad C_H^{(1)} = k_1/h_1\end{cases}\\&C_H = k^{(1)}k^{(2)}/(h_1k^{(2)} + h_2k^{(1)})\\&\underset{\sim}{H} = \left[H_1, H_2, \cdots, H_n\right]^{\mathrm{T}}\end{aligned} \tag{2.69}$$

式（2.69）为不稳定渗流的有限元法算式。其中 $\dot{\underset{\sim}{H}} = \frac{\partial H}{\partial t}$，常用向后差分格式，即在 $\Delta t_i = t_i - t_{i-1}$ 时段内，有：

$$\frac{1}{2}\left[\left(\frac{\partial H}{\partial t}\right)_{t_i}+\left(\frac{\partial H}{\partial t}\right)_{t_{i-1}}\right]=\frac{H_i-H_{i-1}}{\Delta t_i}$$

将 t_i 和 t_{i-1} 代入式（2.69）后相加，得：

$$\left(\underset{\sim}{V}_H+\frac{2}{\Delta t_i}\underset{\sim}{K}\right)\underset{\sim}{H}(t_i)+\left(\underset{\sim}{V}_H-\frac{2}{\Delta t_i}\underset{\sim}{K}\right)\underset{\sim}{H}(t_{i-1})=\underset{\sim}{R}(t_i)+\underset{\sim}{R}(t_{i-1}) \quad (2.70)$$

对于稳定渗流场，$\dot{H}=0$，则式（2.69）变为：

$$\underset{\sim}{V}_H\underset{\sim}{H}=\underset{\sim}{R} \quad (2.71)$$

对于各向异性的渗流场，若渗流场主轴为 x'、y'、z' 相应的渗透系数为 k_x'、k_y'、k_z'，整体坐标轴为 x、y、z，则 Darcy 定律表示为：

$$\underset{\sim}{v}'=\begin{Bmatrix}v_x'\\v_y'\\v_z'\end{Bmatrix}=-\begin{bmatrix}k_x'&0&0\\0&k_y'&0\\0&0&k_z'\end{bmatrix}\begin{Bmatrix}\dfrac{\partial H}{\partial x'}\\\dfrac{\partial H}{\partial y'}\\\dfrac{\partial H}{\partial z'}\end{Bmatrix}$$

$$=-\begin{bmatrix}k_x'&0&0\\0&k_y'&0\\0&0&k_z'\end{bmatrix}\begin{bmatrix}\dfrac{\partial x}{\partial x'}&\dfrac{\partial y}{\partial x'}&\dfrac{\partial z}{\partial x'}\\\dfrac{\partial x}{\partial y'}&\dfrac{\partial y}{\partial y'}&\dfrac{\partial z}{\partial y'}\\\dfrac{\partial z}{\partial x'}&\dfrac{\partial z}{\partial y'}&\dfrac{\partial z}{\partial z'}\end{bmatrix}\begin{Bmatrix}\dfrac{\partial H}{\partial x}\\\dfrac{\partial H}{\partial y}\\\dfrac{\partial H}{\partial z}\end{Bmatrix}$$

$$=-\begin{bmatrix}k_x'&0&0\\0&k_y'&0\\0&0&k_z'\end{bmatrix}\begin{bmatrix}l_1&m_1&n_1\\l_2&m_2&n_2\\l_1&m_3&n_3\end{bmatrix}\begin{Bmatrix}\dfrac{\partial H}{\partial x}\\\dfrac{\partial H}{\partial y}\\\dfrac{\partial H}{\partial z}\end{Bmatrix}=\underset{\sim}{k}'\underset{\sim}{T}\frac{\partial H}{\partial \underset{\sim}{x}} \quad (2.72)$$

设坐标轴方向的流速 $\underset{\sim}{v}=\left[v_z,v_y,v_z\right]$，它可由 $\underset{\sim}{v}'$ 转化得到，即

$$\underset{\sim}{v}=\underset{\sim}{T}^T\underset{\sim}{v}'=-\underset{\sim}{T}^T\underset{\sim}{k}'\underset{\sim}{T}\frac{\partial H}{\partial x} \quad (2.73)$$

其中，$\underset{\sim}{k}$ 为渗透张量：

$$\underset{\sim}{k}=\begin{bmatrix} k_{xx} & k_{xy} & k_{xz} \\ k_{yx} & k_{yy} & k_{yz} \\ k_{zx} & k_{zy} & k_{zz} \end{bmatrix} =\begin{bmatrix} l_1 & m_1 & n_1 \\ l_2 & m_2 & n_2 \\ l_1 & m_3 & n_3 \end{bmatrix}^{\mathrm{T}} \begin{bmatrix} k'_x & 0 & 0 \\ 0 & k'_y & 0 \\ 0 & 0 & k'_{yz} \end{bmatrix} \begin{bmatrix} l_1 & m_1 & n_1 \\ l_2 & m_2 & n_2 \\ l_1 & m_3 & n_3 \end{bmatrix}^{\mathrm{T}} \tag{2.74}$$

l_i、m_i、n_i（i=1，2，3）分别为渗透主轴 x'、y'、z' 在整体坐标轴中的方向余弦：

$$\frac{\partial H}{\partial \underset{\sim}{x}}=\begin{bmatrix} \frac{\partial H}{\partial x} & \frac{\partial H}{\partial y} & \frac{\partial H}{\partial z} \end{bmatrix}^{\mathrm{T}}$$

设单元外法线方向为 $\vec{n}$，流过节点的法向流速为 v_n，它可以由 $\underset{\sim}{v}$ 的投影求得，即：

$$v_{\mathrm{n}}=v_i n_i=-k_{ij}\frac{\partial H}{\partial x_j}n_i=-k_{ij}\frac{\partial H}{\partial n}n_j n_i \tag{2.75}$$

式中：n_i（i=1，2，3）为该单元外法线在整体坐标中的方向余弦。

根据单元流速的一致性，可求出相邻单元为不同渗透张量 $\underset{\sim}{k}^{(1)}$ 和 $\underset{\sim}{k}^{(2)}$ 的节点流速 $v_{\mathrm{n}}^{(1)}$ 为：

$$\begin{aligned} v_{\mathrm{n}}^{(1)} &= \frac{(n_i k_{ij}^{(1)} n_j)(n_i k_{ij}^{(2)} n_j)}{(h_1 k_{ij}^{(2)}+h_2 k_{ij}^{(1)})n_i n_j}(H_1-H_2) \\ &= C_H(H_1-H_2) \end{aligned} \tag{2.76}$$

$$\begin{cases} C_H=\dfrac{(n_i k_{ij}^{(1)} n_j)(n_i k_{ij}^{(2)} n_j)}{(h_1 k_{ij}^{(2)}+h_2 k_{ij}^{(1)})n_i n_j} \\ C_H^{(1)}=\dfrac{n_i k_{ij}^{(1)} n_j}{h_1} \end{cases} \tag{2.77}$$

将式（2.76）取代式（2.71），代入式（2.64）和（2.70），即构成渗透系数为各向异性、非均匀分布的不稳定和稳定的渗流场支配方程。

倘若孔隙介质中夹有不连续裂隙渗水通道，其渗透主系数为 k_{s1}、k_{s2}、k_{n}，根据裂隙渗流理论中的立方定律，即单宽流量 q 与隙宽 b 成三次式，即：

$$\left.\begin{aligned} q &= \frac{\rho g b^3}{12\mu} J_{\mathrm{f}} \\ \vec{v}_\rho &= -k_{\mathrm{f}} \vec{J}_{\mathrm{f}} \\ k_f &= \frac{\rho g b^2}{12\mu} \end{aligned}\right\} \tag{2.78}$$

则有 $k_{\mathrm{s1}} = k_{\mathrm{s2}} = k_{\mathrm{f}}$ ，k_{n} 很小，通常取 $k_{\mathrm{n}} = 0$ ，式中 $\vec{J}_{\mathrm{f}}$ 为水力坡降，n_1 、s_1 、s_2 为裂隙面的局部坐标即该裂隙面的外法线和两个正交的切线方向；μ 为裂隙水流运动黏滞系数；g 为重力加速度。

对裂隙单元之间的节点，C_H 计算公式可改写成为：

$$C_H = k_{\mathrm{f}}^{(1)} k_{\mathrm{f}}^{(2)} / (h_1 k_{\mathrm{f}}^{(2)} + h_2 k_{\mathrm{f}}^{(1)}) \tag{2.79}$$

对裂隙单元 1 与孔隙块体元 2 之间的节点：

$$C_H = \frac{k_{\mathrm{n}}^{(1)} (n_i k_{ij}^{(2)} n_j)}{(h_1 k_{ij}^{(2)} n_i n_j + h_2 k_{\mathrm{n}}^{(1)})} \tag{2.80}$$

若 $k_{\mathrm{n}}^{(1)} = 0$ ，则 $C_H = 0$ 。

2.2.3 岩体渗流对温度影响的机理分析

在一维导热的情况下，岩体内存在渗流时，热流量包括两部分，一部分是由于岩体本身的热传导作用，等于 $-\lambda \frac{\partial T}{\partial x}$ ；另一部分是由渗流夹带的热量，等于 $c_{\mathrm{w}} \gamma_{\mathrm{w}} v T$ ，因此，热流量为：

$$q_x = c_{\mathrm{w}} \gamma_{\mathrm{w}} v T - \lambda \frac{\partial T}{\partial x} \tag{2.81}$$

式中：q_x 为沿一维坐标轴 x 方向的热流量；T 为温度；c_{w} 为水的比热；γ_{w} 为水的容重；v 为渗流速度；λ 为岩石的导热系数。因此，在单位时间内流入单位体积的净热量为：

$$-\frac{\partial q_x}{\partial x} = -c_{\mathrm{w}} \gamma_{\mathrm{w}} \frac{\partial (vT)}{\partial x} + \frac{\partial}{\partial x} (\lambda \frac{\partial T}{\partial x}) \tag{2.82}$$

这个热量必须等于单位时间内岩石温度升高所吸收的热量，故：

$$c\gamma \frac{\partial T}{\partial t} = -c_w \gamma_w \frac{\partial (vT)}{\partial x} + \frac{\partial}{\partial x} (\lambda \frac{\partial T}{\partial x}) \tag{2.83}$$

式中：c 为岩石的比热，γ 为岩石的容重。

将式（2.83）推广到三维导热的情况下，并考虑汇源项 Q_T，可得考虑渗流影响的岩体三维导热方程如下：

$$c\gamma\frac{\partial T}{\partial t}=\frac{\partial}{\partial x}(\lambda\frac{\partial T}{\partial x})+\frac{\partial}{\partial y}(\lambda\frac{\partial T}{\partial y})+\frac{\partial}{\partial z}(\lambda\frac{\partial T}{\partial z})- c_{\mathrm{w}}\gamma_{\mathrm{w}}\left[\frac{\partial(v_xT)}{\partial x}+\frac{\partial(v_yT)}{\partial y}+\frac{\partial(v_zT)}{\partial z}\right]+Q_T \tag{2.84}$$

式中：v_x、v_y 和 v_z 为渗流速度沿三维坐标轴 x、y 和 z 方向的分量；其余符号意义同前。

由式（2.84）可以看出，岩体温度场的分布 $T=T(x,y,z)$ 与渗流场的分布有密切关系；渗流速度越大，对温度场的影响越大。而渗流场的分布又由渗流场的水头的分布 $H=H(x,y,z,t)$ 决定，即 $v=v(H)$。式（2.84）反映了岩体渗流场对温度场的影响机理。

2.3　深部地下工程的施工难点

2.3.1　深部地下工程施工的工程事故

深部地下工程施工过程中的事故经常发生，尤其是深部矿井开采。2016 年 4 月 3 日，新疆维吾尔自治区喀什地区莎车县天利煤矿发生一起重大顶板事故，造成 10 人死亡。虽然事故的直接原因是煤矿开采的管理责任，但开采巷道的顶板塌落，也与深部地下工程的高地应力有关；2011 年 11 月 3 日，河南义马千秋煤矿煤矿重大冲击地压事故，遇难矿工 10 人，伤 64 人。千秋煤矿煤层埋深 800 m，属于深部地下工程。2005 年 12 月 2 日，河南新安煤矿发生特大透水事故，35 人死亡，7 人下落不明。每一件地下工程的事故都是一个惨痛的教训，管理缺失是导致上述事故的根本原因，但深部地下工程复杂的环境也是造成事故发生的重要因素。

2.3.2　深部地下工程的“三高一扰”

1. 高地应力[21]

深部开采以后，如果只考虑自重应力的作用，原岩应力为 20 MPa 左右，而地层一般都经历过强烈的构造运动，故在煤系地层中赋存了较高的构造应力，以致于一般情况下原岩应力高于岩体自重引起的应力，在进行工程开挖后，近表围岩的围压卸荷幅度达到 20 MPa，周向应力升高 2 ~ 3 倍，这两个方向应力的一降一升产生了围岩的高应力与低强度之间的突出矛盾，围岩受到的应力远远超过其强度，必然导致围岩开挖后的快速劣化，裂隙由表及里快速萌生与扩展，很快导致一定范围内的围岩破坏失稳进入峰后或残余强度阶段，超出围岩强度的应力向深部转移，导致开挖扰动引起的二次应力影响区和围岩破裂损伤区的范围远远超过浅部巷道[22-23]。

2. 高岩溶水压和高渗透压力

进入深部以后，岩溶水压也在不断升高，在采深大于 1 000 m 的深部，其岩溶水压将高达 7 MPa，甚至更高，岩溶水压的升高，使得矿井突水灾害更为严重。同时，围岩体处于很高的水头压力作用下，孔隙水压力也很高。开挖后，在裂隙发育且连通性好的地段，近表围岩的孔隙水压力产生很大的落差，孔隙水压力值由开挖前的几兆帕降为与大气压力相等，骨架的有效应力大大增加，超过岩体的强度，导致围岩表面的裂隙向深处扩展。

3. 高地温[24]

随着开采深度的增加，地温也在不断升高，温梯度一般为 30 ~ 50 °C/km，超出常规温度环境下，岩体表现出的力学、变形性质与普通环境条件下具有很大差别。同时，巷道开挖后，由于通风造成距巷道表面一定深度的围岩内部产生较大的温度梯度，形成温度应力，也将对围岩稳定造成某种程度上的不利影响，随着开采深度的增加，这种不利因素的影响越发加剧。

4. 开挖扰动

进入深部开采后，除了承受高地应力以外，许多巷道要承受硕大的回采空间引起强烈的支承压力作用，使受采动影响的巷道围岩压力数倍、甚至近十倍于原岩应力，从而造成原本坚硬的岩石却可能表现出软岩大变形、大地压、难支护的特征。

2.3.3 深部开采灾害原因

1. 巷道围岩变形大

进入深部以后，在高地应力以及采掘扰动力等的作用下，浅部表现为普通坚硬的岩石，在深部可能表现出大变形、难支护的软岩特征。在深部开采条件下，由于围压较大，工程开挖后，非常简单的一次支护已经不能满足工程稳定性要求，必须采用二次支护或联合支护措施才能实现工程的稳定性[25-28]。

2. 瓦斯涌出量多[25-26]

在深部开采的条件下，瓦斯运移通道却不畅通，在井下施工过程中，释放到巷道或工作面内，从而造成瓦斯气体含量急剧增大；而当煤岩体中积聚了大量的气体能量时，工程的扰动会使得瓦斯气体猛烈释放，从而煤岩层结构瞬时破坏而产生煤与瓦斯突出。同时，由于地温较大，很容易引起煤层自燃，从而导致瓦斯事故的发生。国内外煤与瓦斯突出的预测方法有以下几种：① 微震技术预测突出的危险性。② 煤层温度状况预测突出的危险性。③ 电磁辐射强度预测突出危险。④ 煤层中涌出的氦或氡体积分数的变化预测突出。⑤ 神经网络方法进行突出预测。防突出的区域性措施：① 优先开采保护层。对于具有突出危险的煤层群，需要预先开采无突出危险或者危险性较小的煤层，使有突出危险的煤层卸压，使其减弱或者失去突出的危险。② 煤层开采前瓦斯预先抽排，可以消除高地应力，提高煤层的透气性，从而在回采前消除突出。③ 煤层注水。注水以后，煤的力学性能发生了变化，可以使得地应力分布均匀，减小瓦斯的压力梯度，降低了弹性潜能，使瓦斯释放的速度变小，减小了突出释放弹性潜能的功率水平。

3. 突水事故隐患大

在高承压水的作用下，煤岩层内部积聚了大量的液体能量，当能量聚集到一定程度，在开挖扰动作用下突然倾出，就会造成突水事故的发生。① 做好矿井地质、水文地质勘查与观测工作，全面掌握矿井充水条件。② 采掘前的钻孔探水。③ 断水路、隔绝水源，主要是采用水闸门阻绝水源、采用水闸墙阻断水源、采用注浆堵水及采用密闭水泵房，避免淹井时排水系统失效。

4. 岩爆（冲击地压）频发[27-28]

在深部岩体中修建巷道工程，往往面临着突发性岩爆灾害的威胁，使得地下工程变得极不稳定。当深部岩体处于高地应力和高水压及化学腐蚀耦合环境场之中时，其力学特性不仅与岩石本身的矿物成分和微结构有关，而且与其所处的耦合环境有关，只考虑单一物理场下的岩石力学特性已不能用来研究深部巷道岩体的岩爆灾害问题。

进入深部以后，不仅仅是自重应力的增大，地层中还赋存了较高的构造应力，从而在煤岩体积聚了大量的固体能量，在工程施工扰动下，积聚的能量释放出来，当能量大于矿体失稳和破坏所需要的能量，岩石瞬时爆裂并弹射出来，造成整个煤岩系统失去结构稳定性，发生岩爆或称冲击地压。我国冲击地压可以分为三类：煤体压缩型冲击地压、顶板断裂型冲击地压和断层错动型冲击地压。

采取积极主动的预防措施和强有力的施工支护，确保岩爆地段的施工安全，将岩爆发生的可能性及岩爆的危害降到最低。在高应力地段施工中可采用以下技术措施：

（1）在施工前，针对已有勘测资料，首先进行概念模型建模及数学模型建模工作，通过三维有限元数值运算、反演分析以及对隧道不同开挖工序的模拟，初步确定施工区域地应力的数量级以及施工过程中哪些部位及里程容易出现岩爆现象，优化施工开挖和支护顺序，为施工中岩爆的防治提供初步的理论依据。

（2）在施工过程中，加强超前地质探测，预报岩爆发生的可能性及地应力的大小。采用上述超前钻探、声反射、地温探测方法，同时利用隧道内地质编录观察岩石特性，将几种方法综合运用判断可能发生岩爆高地应力的范围。

（3）打设超前钻孔转移隧道掌子面的高地应力或注水降低围岩表面张力超前钻孔可以利用钻探孔，在掌子面上利用地质钻机或液压钻孔台车打设超前钻孔。必要时，若预测到的地应力较高，可在超前探孔中进行松动爆破或将完整岩体用小炮震裂，或向孔内压水，以避免应力集中现象的出现。

（4）在施工中应加强监测工作，通过对围岩和支护结构的现场观察、通过对辅助洞拱顶下沉、两维收敛以及锚杆测力计、多点位移计读数的变化，可以定量化地预测滞后发生的深部冲击型岩爆，用于指导开挖和支护的施工，以确保安全。

（5）在开挖过程中采用“短进尺、多循环”，采用光面爆破技术，严格控制用药量，以尽可能减少爆破对围岩的影响并使开挖断面尽可能规则，减小局部应力集中发生的可能性。

（6）及时加强施工支护工作。对于存在岩爆风险的巷道，支护的方法是在爆破后立即向拱部及侧壁喷射钢纤维或塑料纤维混凝土，再加设锚杆及钢筋网。必要时还要架设钢拱架和打设超前锚杆进行支护。衬砌工作要紧跟开挖工序进行，以尽可能减少岩层暴露的时间，减少岩爆的发生和确保人身安全，必要时可采取跳段衬砌。同时应准备好临时钢木排架等，在听到爆裂响声后，立即进行支护，以防发生事故。

5. 作业环境温度较高

深部开采的条件下，千米深井的平均地温可达 30 ~ 40 °C，作业环境恶劣，导致工人劳动率降低，甚至无法工作。目前国内外的矿井降温，主要有两个方面的措施：一是非人工制冷措施，即通过改善通风方式，加大通风量等方式来进行降温，这种措施虽然经济实用，但是降温幅度有限，且受到诸多因素的制约；二是人工制冷降温，此技术可以分为水冷却系统和冰冷却系统，水冷却系统就是矿井空调技术的应用，而冰冷却系统则是将冰块洒向工作面来达到降温的目的。

2.4　本章小结

近年来，随着我国经济持续、稳定增长，对于能源需求量日益增多，使得很多矿井开采的延伸速度在不断加快。目前，我国矿井开采已发展至深部开采阶段，同浅部开采对比，复杂的地下环境是深部开采的重要特征。

（1）研究了深部地下工程的温度-应力耦合、流流-应力和渗流-应力-化学耦合，分别研究了温度对渗流的影响机理、应力对渗流的影响机理，以及渗流对温度的影响机理，研究表明：岩体的渗流场水头分布 $H = H(x,y,z,t)$ 与温度场的分布 $T = T(x,y,z,t)$ 密切相关，温度通过影响岩体的渗透系数而影响渗流场，温度梯度本身也影响水流的运动，而且温度梯度越大，对渗流场的影响也越大；渗流与温度与温度相互影响，渗流速度越大对温度场的影响越大。

（2）深入阐述了深部地下工程的施工难点和及其事故原因，介绍了深部地下工程的“三高一扰”，以及施工过程中经常发生灾害的原因及预防措施。

参考文献

[1] 赵彦东，赵文奎，柯尊乾，等．温度对深井岩石力学性质的影响[J]. 重庆科技学院学报（自然科学版），2010，12（2）：71-73.

[2] 施斌. 论工程地质中的场及其多场耦合[J]. 工程地质学报，2013，21（5）：673-680.

[3] 韦四江，勾攀峰，何学科．基于正交有限元的深井巷道三场耦合分析[J]．黑龙江科技学院学报，2005，15（3）：171-173.

[4] 黎明镜．热力耦合作用下深井巷道围岩变形规律研究[D]．淮南：安徽理工大学，2010.

[5] Wong T E．Effects of temperature and pressure on failure and post-failure

behavior of Westerley granite[J]. Mechanics of Materials，1982（1）：3-17.

[6] 许锡昌. 温度作用下三峡花岗岩力学性质及损伤特性初步研究[D]. 武汉：中国科学院武汉岩土力学研究所，1998.

[7] 许锡昌，刘泉声. 高温下花岗岩基本力学性能初步研究[J]. 岩土工程学报，2000，22（3）：332-335.

[8] 谭云亮，张强. 深部巷道围岩热-固耦合条件下的变形破坏数值分析[J]. 山东科技大学学报（自然科学版），2016，35（2）：29-35.

[9] 施毅，朱珍德，李志敬. 考虑温度效应时深埋硐室围岩变形特性[J]. 水利水电科技进展，2008，28（3）：33-6.

[10] 张强. 深部巷道围岩热-固耦合分析及数值模拟[J]. 煤矿安全，2016，47（4）：203-210.

[11] 杨圣奇. 裂隙岩石力学特性研究及时间效应分析[M]. 北京：科学出版社，2011.

[12] 蒋宇静，李博，王刚，等. 岩石裂隙渗流特性试验研究的新进展[J]. 岩石力学与工程学报，2008，27（12）：2377-2386.

[13] 褚卫江，徐卫亚，苏静波. 变形多孔介质流固耦合模型及数值模拟研究[J]. 工程力学，2007，24（9）：56-94.

[14] 贾善坡. 泥岩渗流应力损伤耦合流变模型、参数反演与工程应用武汉[D]. 武汉：中国科学院武汉岩土力学研究所，2009.

[15] 贾善坡，邹臣颂，王越之. 基于热-流-固耦合模型的石油钻井施工过程数值分析[J]. 岩土力学，2012，33（s2）：321-328.

[16] 杨天鸿，唐春安，朱万成，等. 岩石破裂过程渗流与应力耦合分析[J]. 岩土工程学报，2001，23（4）：489-493.

[17] 张颖. 深部断裂节理岩体中渗流对巷道稳定性的研究[D]. 贵阳：贵州大学，2015.

[18] Biot M A. General theory of three-dimensional consolidation[J]. J Appl Phys，1941（12）：155-164.

[19] 王艳春. 深部软岩温度-应力-化学三场耦合作用下蠕变规律研究[D]. 青岛：青岛科技大学，2013.

[20] 王军祥. 岩石弹塑性损伤 MHC 耦合模型及数值算法研究[D]. 大连：大连海事大学，2014.

[21] 何满潮，谢和平，彭苏萍，等. 深部开采岩体力学研究[J]. 岩石力学与工程

学报，2005，24（16）：2803-2813.

[22] 徐付军. 探讨深部开采面临的主要问题与对策[J]. 科技资讯，2014（22）：101.

[23] 张连明. 深部开采下面临的挑战及解决措施[J]. 科技信息，2015（4）：702.

[24] 何满潮，徐敏. HEMS 深井降温系统研发及热害控制对策[J]. 岩石力学与工程学报，2008，27（7）：1353-1361.

[25] 王宏山. 煤与瓦斯突出防治[J]. 煤炭技术，2008，27（1）：62-64.

[26] 张立海，张业成. 煤矿突水事故防治方法[J]. 中国矿业，2008，17（9）：39-41.

[27] 李文，纪洪广，武玉梁. 深井冲击地压发生机理分析及预测方法研究[J]. 中国矿业，2007，16（7）：105-107.

[28] 潘一山，李忠华，章梦涛. 我国冲击地压分布、类型、机理及防治研究[J]. 岩石力学与工程学报，2003，22（11）：1844-1851.

第3章　化学腐蚀下深部围岩的基本物理力学性能

3.1　岩样试样及其物理成分

岩样为选自南水北调工程某处的砂岩，试验选取红砂岩及大理岩作为研究对象。红砂岩为沉积岩，其组成成分为石英、方解石等；大理岩属于变质岩，主要由方解石和白云石组成，如图 3-1 所示。该岩石主要由石英、斜长石以及岩屑组成。通体呈灰黑色。经矿物成分鉴定，该岩样的矿物为石英 71%、斜长石 5%、岩屑（主要为石英岩和黏土岩）23%、白云母 0.2%、电气石 0.1%、水云母 0.4%及方解石 0.2%，其他矿物小于 0.1%。试件的表面显微图像如图 3-2 所示，试验中采集了试件在不同倍数下的显微图片，从中可以观察出试件表面不同颜色的成分，其中黑色为岩屑和石英，红色成分为长石，白色成分为石英。红砂岩和大理岩各试件的物理性能参数如表 3-1、3-2 所示。

图 3-1　岩石试样

（a）砂岩的 50 倍显微照片

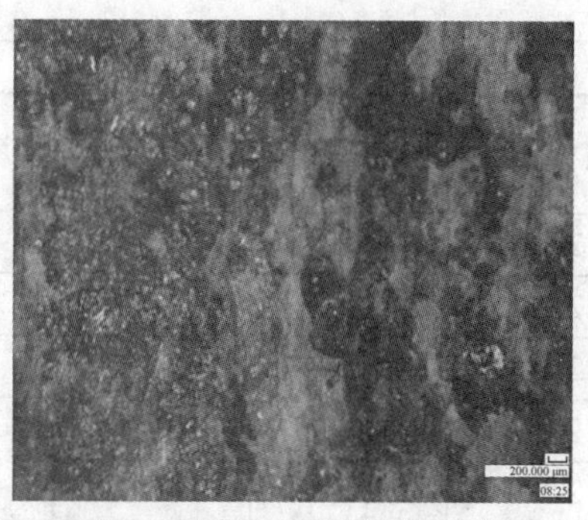

（b）砂岩 100 倍显微照片

（c）砂岩 200 倍显微照片

图 3-2　岩样的光学显微照片

表 3-1　红砂岩原始参数表[1-2]

试样编号	直径/mm	长度/mm	质量/kg	密度/kg/m^3	声波波速/（m/s）	弹性模量/GPa
1-1-1	48.96	99.93	0.445	2 365	2 062	10.05
1-1-2	48.93	99.88	0.441	2 348	2 013	9.51
1-1-3	48.95	100.01	0.447	2 375	1 980	9.31
1-1-4	48.99	100.03	0.446	2 365	1 968	9.16
1-1-5	49.01	100.05	0.447	2 368	1 961	9.1
1-1-6	49.03	100.02	0.447	2 367	2 166	11.1
1-2-1	48.91	24.93	0.11	2 348	1 899	8.46
1-2-2	49.19	25.03	0.114	2 396	2 025	9.82
1-2-3	48.91	25.01	0.109	2 319	1 978	9.07
1-2-4	49.01	24.98	0.111	2 355	2 037	9.77
1-2-5	49.05	25.01	0.109	2 306	1 980	9.04
1-2-6	49.01	24.9	0.108	2 299	1 846	7.83

表 3-2 大理岩原始参数表

试样编号	直径/mm	长度/mm	质量/kg	密度/kg/m^3	声波波速/m/s	弹性模量/GPa
2-1-1	48.71	99.18	0.495	2 678	2 050	11.25
2-1-2	48.67	99.91	0.501	2 695	1 988	10.65
2-1-3	49.09	99.73	0.491	2 601	2 057	11.00
2-1-4	48.97	100.03	0.504	2 675	2 059	11.34
2-1-5	49.05	100.01	0.504	2 666	2 033	11.02
2-1-6	49.03	99.99	0.498	2 637	1 993	10.47
2-2-1	48.35	24.86	0.121	2 650	1 905	9.62
2-2-2	49.19	24.88	0.123	2 601	2 052	10.95
2-2-3	48.41	24.79	0.122	2 673	2 055	11.29
2-2-4	49.09	25.08	0.125	2 633	2 115	11.77
2-2-5	49.02	25.01	0.123	2 605	2 100	11.49
2-2-6	49.09	25.03	0.126	2 659	1 980	10.42

3.2 酸性溶液对岩样腐蚀的表观特征分析

为了研究酸性环境对岩石的物理性能的影响，采用酸性溶液对岩石试件进行浸泡，并分析酸性对岩石表观和质量的影响。酸性溶液浸泡前，红砂岩及大理岩经大岩块取芯切割并打磨后其外表面均匀致密、平整光滑。经酸性溶液浸泡后，大理岩粉状颗粒大量脱落，岩样外表面粗糙，试件尺寸比原岩样略小一圈，随着浸泡试件的增加，大理岩的上表面及侧面出现不同程度的斜截面裂纹，外表面晶体溶蚀后，大理岩岩样颜色略微显暗淡。红砂岩经长时间酸性溶液浸泡后，外表面的薄膜保护层被逐渐融化，外露出新鲜的红砂岩岩样，岩样表面仍均匀紧密，无明显的裂纹产生，岩样外体积变化不明显。

经反复观察发现，岩样在自然发育过程及加工过程中，受到不同的外部环境干扰，导致每个个体存在不同的不均匀性及差异性，经过酸性溶液浸泡后的大理岩呈现出不同的个体差异性，取其中具有代表性的红砂岩及大理岩的岩样浸泡前后效果对比如图 3-3 所示。由图 3-3 可以清晰地看到，经过酸性溶液养护后，试件表面出现了较多的黄色絮状物，这说明溶液中的离子与砂岩中的矿物成分发生了一定的反应并生成了其他物质，这也从表观层面上说明了化学腐蚀对岩石的影响。

（a）红砂岩浸泡效果对比

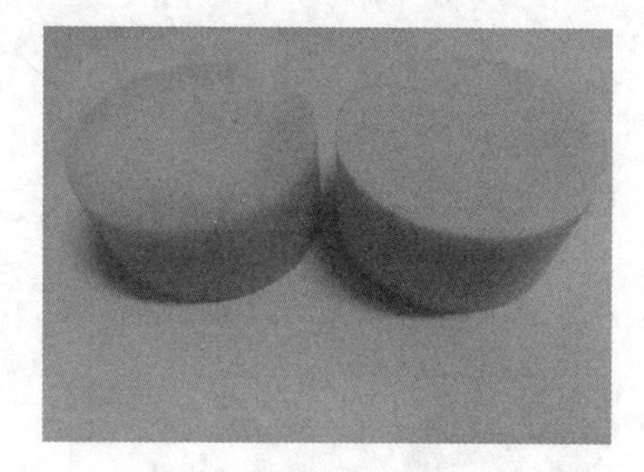

（b）大理岩浸泡效果对比

图 3-3　岩样浸泡效果图

3.3　酸性腐蚀对岩石的质量损伤分析

红砂岩及大理岩经过 30 d 的酸性溶液浸泡后，将岩样进行烘干处理并用电子秤测得浸泡后的质量。与浸泡前岩样的质量进行对比发现，岩样经过酸性溶液长时间浸泡后，其质量出现不同程度的下降，图 3-4 分别为直径 50 mm，高 25 mm 的红砂岩和大理岩的岩样浸泡前后质量的对比图。

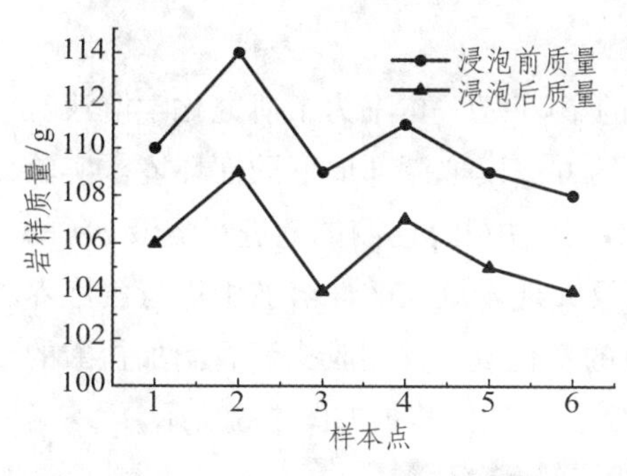

（a）红砂岩浸泡前后质量对比

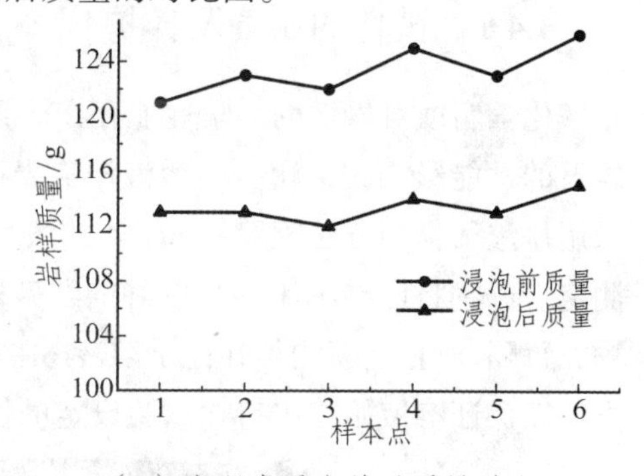

（b）大理岩浸泡前后质量对比

图 3-4　岩样浸泡前后质量对比

图 3-4 表明，经酸性溶液浸泡后的红砂岩及大理岩的质量均呈现不同程度的下降，且大理岩较红砂岩的质量下降更为明显，说明大理岩在酸性溶液下的反应比红砂岩更为激烈。

为了表征岩样在酸性溶液浸泡后质量的损伤程度，定义一个质量损伤因子 D 进行定量描述[3]，令 $D=(m_1-m_2)/m_1$，其中 m_1 为岩样原始质量，m_2 为岩样浸泡后的质量。酸性溶液浸泡后红砂岩及大理岩的质量损伤因子如图 3-5 所示。

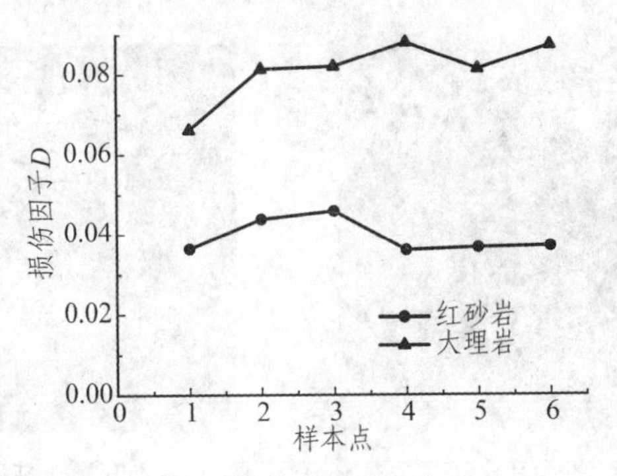

图 3-5　岩样质量损伤因子

观察图 3-5 发现，经过相同时间的酸性溶液浸泡后，大理岩的质量损伤因子大于红砂岩的质量损伤因子，在相同的 pH 酸性条件下，大理岩与酸性溶液发生反应更为激烈，质量损伤量越大；相对而言，红砂岩与酸性溶液反应较为温和，质量损伤量较小。

3.4　岩石的单轴压缩试验

3.4.1　试件的制备及养护

化学腐蚀对岩石的力学性能存在严重的影响[4-9]。本书为了研究化学溶液对岩石的性能影响，采用盐酸溶液浸泡岩样的方法模拟深部地下酸性环境。实验采用盐酸稀释的方法配置好 pH=4 的酸性溶液，并用 pH 测试笔进行溶液 pH 的测定。分别将已经加工并打磨好的红砂岩及大理岩放入酸性溶液中进行浸泡养护，每隔 12 h 重新测得并记录溶液 pH 值的变化量，并用胶头滴管滴加盐酸的方法以保证溶液始终维持在试验设定的恒定值。试件养护如图 3-6 所示。

图 3-6　岩石试件的化学溶液养护

3.4.2　试件分组

试件在化学溶液中养护 60 d 后，取出各个试件，进行单轴压缩试验，试件的分组及加载等情况如表 3-3 所示。

表 3-3　砂岩单轴压缩试验分组情况

试件编号	试件组号	养护情况	养护时间	加载速率
01	一	自然状态	60 d	0.35 kN/s
02	一	自然状态	60 d	0.35 kN/s
03	二	蒸馏水养护	60 d	0.35 kN/s
04	二	蒸馏水养护	60 d	0.35 kN/s
05	三	pH=7 K_2SO_4 溶液	60 d	0.35 kN/s
06	三	pH=7 K_2SO_4 溶液	60 d	0.35 kN/s
07	三	pH=7 K_2SO_4 溶液	60 d	0.35 kN/s
08	四	pH=4 $KHSO_4$ 溶液	60 d	0.35 kN/s
09	四	pH=4 $KHSO_4$ 溶液	60 d	0.35 kN/s
10	四	pH=4 $KHSO_4$ 溶液	60 d	0.35 kN/s
11	五	pH=12 KOH 溶液	60 d	0.35 kN/s
12	五	pH=12 KOH 溶液	60 d	0.35 kN/s
13	五	pH=12 KOH 溶液	60 d	0.35 kN/s
14	六	pH=2 $KHSO_4$ 溶液	60 d	0.35 kN/s
15	六	pH=2 $KHSO_4$ 溶液	60 d	0.35 kN/s
16	七	pH=2 $KHSO_4$ 溶液	90 d	0.35 kN/s
17	七	pH=2 $KHSO_4$ 溶液	90 d	0.35 kN/s

3.4.3　试验加载程序及步骤

岩石单轴压缩试验在华东交通大学结构实验中心进行，加载设备如图 3-7 所示。

试验步骤如下：

（1）将加工好的岩石试件从养护箱中拿出，保证试件表面干燥，除去表面及端面的各种杂质，特别是岩样经酸化后造成表面凹凸不均匀，用砂纸打磨岩石的各个表面。

（2）将岩样水平放置在压力试验机的平台板上，并清除平台板上下板面的杂质，调整岩石的轴心位置与平台板的中心线重合。

（3）启动压力试验机进行预热，保证万能压力试验机的工作环境良好，同时调整面板的下降速率，保证岩样在试验前与试验机的上下面板的中心重合。

（4）持续加载速率为 0.25 kN/s，观察岩石试样压缩破坏过程，记录岩石的最大破坏荷载，根据应力公式 $\sigma_c = P_{max} / A$ 计算单轴抗压强度，并做好相关试验数据的记录工作。

图 3-7　岩石加载试验机

3.4.4　试验数据分析

根据试验前的分组情况，在试验完成以后，将试验数据分为不同的讨论组进行分析总结，便于深入的研究化学溶液对黑色砂岩力学性质的影响。

各不同养护条件下砂岩试件的载荷-位移曲线情况如图 3-8 所示，此讨论是为了将不同情况下的试件的强度变形等力学性质进行对比，分析探讨化学腐蚀对砂岩的影响。

从图 3-8 所示曲线上可以看出，岩石的破坏形态为脆性破坏，曲线大体上分为三个阶段，前面曲线段为压密断，此时，随着载荷的增加，岩石颗粒之间空隙逐渐缩小，岩石的变形与载荷并不表现线性关系；此阶段之后，强度峰值之前为弹性阶段，此时岩石的载荷-位移曲线呈线性变化，到达峰值后，曲线突然下降至，试件也随之破坏，试验中当试件到达峰值时可以听到清脆的岩石破裂声响。随后岩石试件迅速破裂。

通过以上载荷-位移曲线的对照，我们可以看到，在自然状态条件下养护的试件，其强度较高，在不同的养护条件下，试件的强度有所不同。

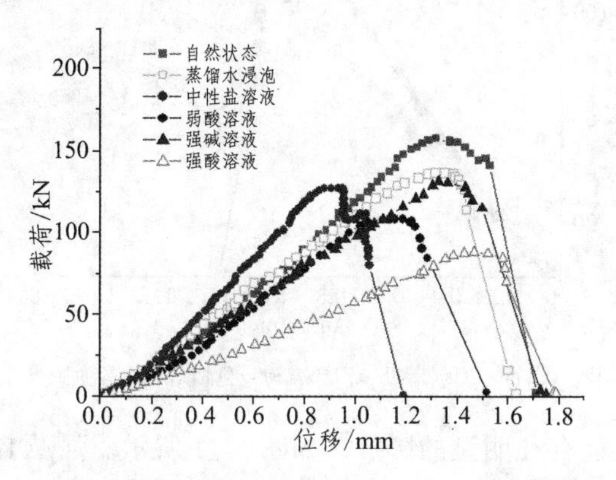

图 3-8　标准试件在不同的化学条件下的荷载-变形曲线

1. 水浸泡对岩石力学性质的影响

有无经过水浸泡的岩石荷载位移曲线如图 3-9 所示。经过蒸馏水浸泡 60 d 后的黑色砂岩试件，其强度有了一定的降低，但是并不是很明显，这也就从试验得出了黑色砂岩属于硬岩的范畴，因为软岩遇水后，其强度降低非常明显。

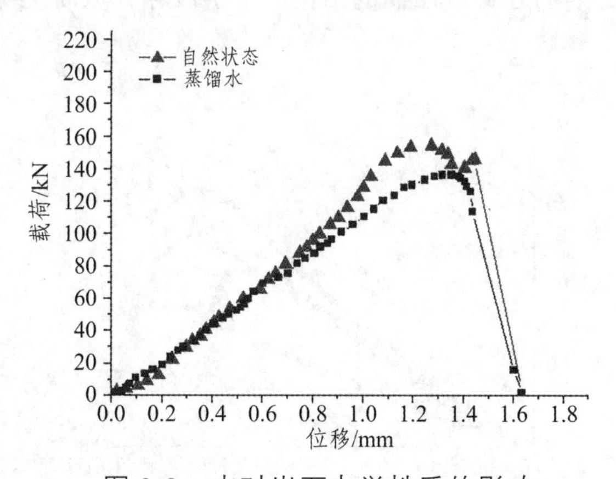

图 3-9　水对岩石力学性质的影响

2. 中性盐溶液对岩石力学性质的影响

图 3-10 为中性盐对岩石性能影响曲线，中性盐溶液和蒸馏水浸泡组相比较，两个组的强度差别不大，这说明了 K^+和 SO_4^{2-}离子中性盐溶液对黑砂岩的强度影响不大。

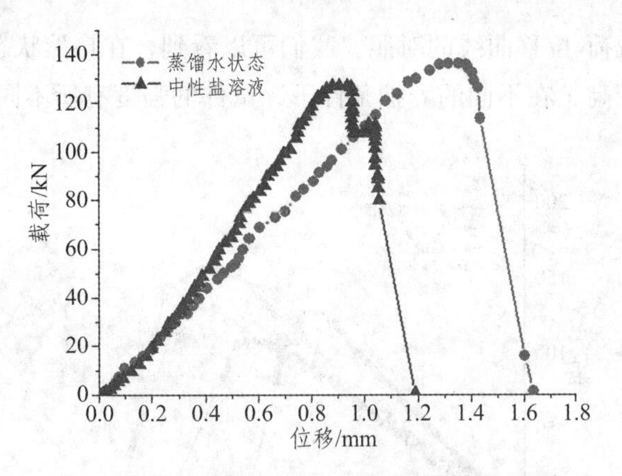

图 3-10　中性盐对岩石力学性质的影响

pH 对岩石的性能存在明显的影响，如图 3-11 所示。强碱 KOH 溶液浸泡的试件和前面两组情况相似，其强度与中性盐溶液和蒸馏水浸泡试件的差别不大，证明强碱溶液的侵蚀对岩石强度改变的影响有限；而图中 pH=2 的 $KHSO_4$ 溶液浸泡试件试验曲线与 pH=4 的 $KHSO_4$ 溶液浸泡试件试验曲线相对于其余养护条件的试件，砂岩的强度有了明显的降低，结合养护溶液中的黄色絮状物，可以得知，酸性条件下，砂岩中的矿物质成分与溶液进行了一系列化学反应，通过发生的化学反应，岩石在微观层面的结构产生了破坏，从而使得其强度有了明显的降低。

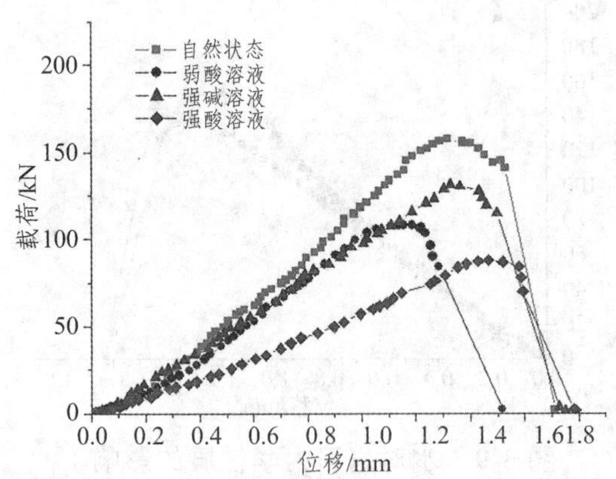

图 3-11　酸碱度对岩石力学性质的影响

3. 化学腐蚀的时效性分析

图 3-12 是岩石试件分别在化学溶液中养护 60 d 和 90 d 的试验结果。由图 3-12 可以看出，不同的养护时间下，酸性环境对岩石力学性质的改变是不同的，

这是因为岩石在长时间的酸性环境养护下，进行化学变化的矿物质更多，从而在更大程度上改变了岩石微结构。

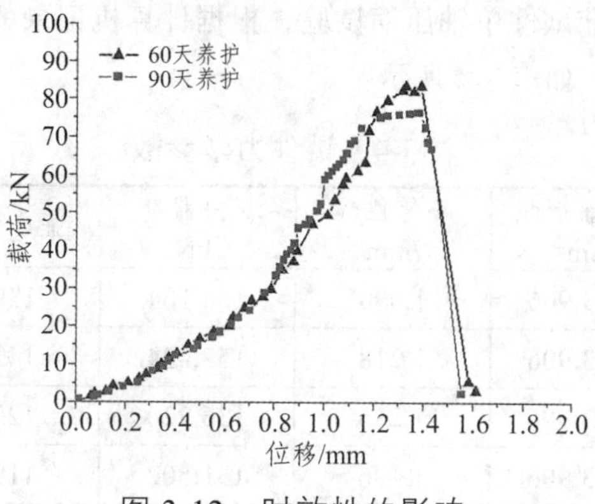

图 3-12 时效性的影响

4. 不同浓度的酸性环境影响

由前文的分析可以得知，酸性条件腐蚀对砂岩的破坏效果最为明显，为此，考虑到酸性条件的 pH 情况，我们对比 pH=2 和 pH=4 的 $KHSO_4$ 溶液的影响情况，分析不同 pH 的酸性溶液对黑色砂岩的影响，载荷-位移曲线对照图如图 3-13 所示。

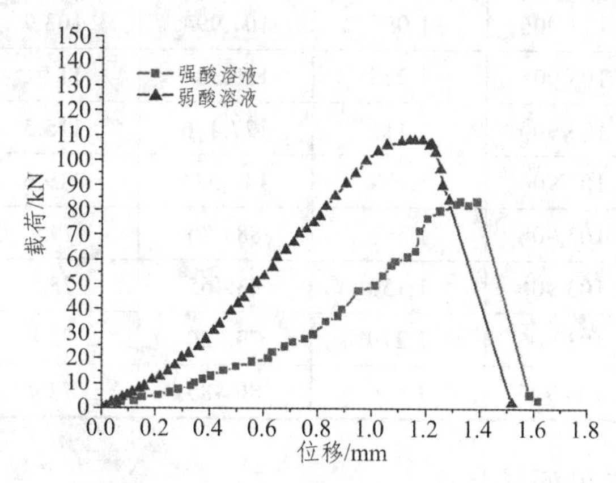

图 3-13 标准试件在不同 pH 酸性溶液下的荷载-变形曲线

由图 3-13 所示曲线的对比可知，强酸条件下的黑色砂岩标准试件，其强度比弱酸养护下的试件降低了大约 1/4，说明在低 pH 条件下试件受到的影响更明显，这是因为，pH=2 的酸性溶液中，H^+的浓度更高，溶液当中溶质与黑色砂岩矿物成分的接触更为频繁，通过溶蚀与化学反应的矿物离子更多，这部分反应后的成分通过溶液的流动，使其溶解在溶液当中，而如果产生的是难溶物，则会以沉淀的形式存在于溶液当中，本试验中 pH=2 的 $KHSO_4$ 溶液的养护器皿中的深黄色絮状物即为反应后的生成物。

通过砂岩的标准试件单轴压缩试验，根据计算机记录的数据，可以得到黑色砂岩的力学参数，如表 3-4 所示。

表 3-4 试件力学参数

试件编号	加载面面积/mm^2	峰值位移/mm	极限载荷/kN	强度/MPa	弹性模量/GPa
01	1 103.906	1.090	154.164	139.6	9.56
02	1 103.906	1.218	157.424	142.6	8.78
03	1 103.906	1.215	136.220	123.4	7.62
04	1 103.906	1.196	131.502	119.1	7.47
05	1 103.906	0.913	125.863	120.5	9.90
06	1 103.906	1.480	115.939	113.5	5.75
07	1 103.906	0.934	127.012	111.5	8.95
08	1 103.906	1.079	115.285	104.4	7.26
09	1 103.906	1.170	119.780	108.5	7.00
10	1 103.906	1.056	107.994	103.9	7.38
11	1 103.906	1.225	129.307	117.1	7.17
12	1 103.906	1.111	127.466	115.5	7.80
13	1 103.906	1.134	132.025	119.6	7.91
14	1 103.906	1.367	88.070	79.8	4.83
15	1 103.906	1.130	83.465	75.6	5.02
16	1 103.906	1.279	79.526	72.1	4.22
17	1 103.906	1.186	80.485	72.9	4.61

3.4.5 试件的破坏形态

研究表明，外部环境不仅会影响岩石的强度，也会改变岩石的破坏形态。岩石是一种典型的非均质材料，普遍包含着不同程度的结构缺陷。当岩体受到压缩荷载的影响后，微裂纹会在缺陷的部位产生并且迅速扩展聚合，进而导致岩体的破坏。本试验所选用的岩样呈现典型的脆性特征，从破裂的力学机制上可以分为三种破裂方式：脆性张拉劈裂破坏，张拉和剪切混合破坏，剪切破坏。

对单轴压缩试验结果得到的岩石破裂形式进行分析：

（1）在自然状态及碱性环境养护的试件破裂后会出现试件沿着轴向有多条劈裂面，表现出明显的脆性张拉破坏特征。

（2）中性盐溶液及弱酸性溶液养护的试件破裂后既有劈裂裂纹，也含有剪切裂纹。

（3）强酸性溶液养护的岩石试件会出现两条剪切裂纹。

岩石试件破裂后的情况如图 3-14 所示。

（a）劈裂及剪切裂纹

（b）多条轴向剪切裂纹

（c）两条剪切裂纹

图 3-14　岩石试件破裂图

3.5　岩石的抗拉试验

岩石的抗拉强度表征岩石所能承受的最大拉应力，与岩石的单轴抗压强度类似，岩石的抗拉强度同样受到不同内在和外在因素的影响[10]。岩样的抗拉强度测定方法有多种，劈裂法为其中主要的方法之一。本试验采用劈裂法对红砂岩及大理岩的单轴抗拉强度进行测定，用于抗拉强度试验的岩样尺寸为直径 50 mm，高 25 mm 的圆柱体试样。沿着圆柱体试样的外直径上施加线性荷载，加载速率 0.25 kN/s，不断增加荷载，直至试样发生破坏。大理岩抗拉劈裂破坏如图 3-15 所示，试验所测得的红砂岩及大理岩的抗拉强度结果见表 3-5。

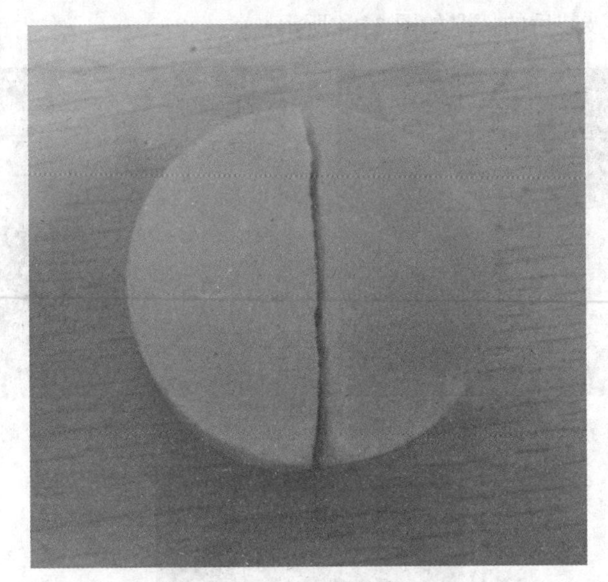

图 3-15　岩石的劈裂破坏

表 3-5　岩样的抗拉强度

岩样抗拉强度/MPa		红砂岩		大理岩	
		自然养护	pH=4	自然养护	pH=4
劈裂抗拉	第一组	4.52	3.95	6.42	5.85
	第二组	4.64	4.17	7.17	5.89
	第三组	4.76	4.27	6.77	5.49
	平均值	4.64	4.13	6.79	5.74

如图 3-15 所示，岩样在压力试验机的作用下发生劈裂破坏，通过压力试验机所测得的试验数据可知，红砂岩的天然抗拉强度在 4.52 ~ 4.76 MPa，其平均值为 4.64 MPa，而大理岩的天然抗拉强度在 6.42 ~ 7.17 MPa，其平均值为 6.79 MPa，大理岩的抗拉强度高于红砂岩的抗压强度。经过 pH=4 的酸性溶液浸

泡 30 d 后，岩样的抗拉强度均呈现不同程度的下降，浸泡后红砂岩的抗拉强度平均值为 4.13 MPa，其抗拉强度较浸泡前下降 10.99%，大理岩经酸性溶液浸泡后其抗拉强度平均值降为 5.74 MPa，较之前下降 15.46%。可见酸性环境对大理岩的抗拉强度的影响比红砂岩更为明显。

3.6　岩石的细观力学性能研究

3.6.1　岩石细观力学加载装置

基于多位学者的研究成果[11-14]，本书开展了岩石的细观力学实验。实验装置可以分为三部分：显微显示系统、实验控制系统和加载系统。该实验装置通过控制系统控制加载速度。加载采用液压加载，最大输出载荷为 50 kN，活塞行程：±5.0 mm，轴向变形测量范围：2.0 mm。通过固定在试件上方的显微镜来全程观测加载过程试件裂纹扩展及试件破坏的全过程，该过程通过显微显示系统显示，并存储图片数据。该实验装置能够得到加载过程的荷载-变形、裂纹发展的全过程等数据。

细观试验在中国科学院武汉岩土力学研究所试验室进行，试验设备为应力－水流－化学耦合过程中岩石全破裂过程的细观力学试验装置[15]。采用的加载设备为葛修润等研制的岩石细观力学加载装置，如图 3-16 所示。

（a）加载装置总图

（b）力学加载仪

图 3-16　岩石细观力学加载装置

3.6.2　试件制作及化学溶液配制

对选取的岩石试件进行细心的切割打磨，分别制作成两种形式：一种为

8 mm×15 mm×30 mm 的完整长方体；另一种是 8 mm×15 mm×30 mm 的长方体打孔试件，如图 3-17 所示。

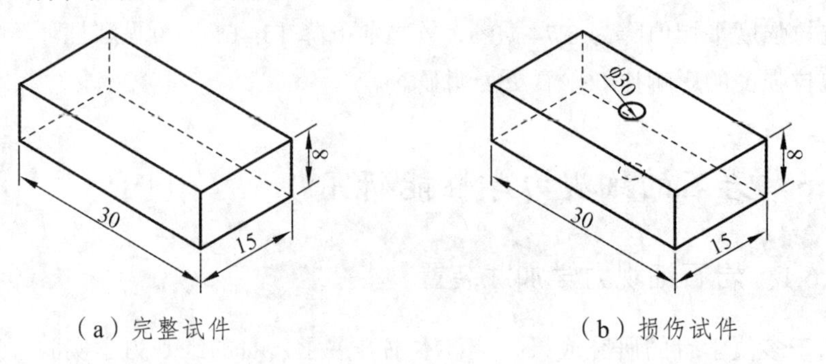

（a）完整试件　　（b）损伤试件

图 3-17　细观力学岩石试件示意图

根据资料及对工程当地地下水的 pH 和化学成分进行分析，由于水质受到季节和周围环境的影响，故不同时期水质是不同的，为了深入的分析化学腐蚀对岩石的最不利影响，因此配制的化学溶液较真实的水质差。化学溶液的配制情况见表 3-6。

表 3-6　化学溶液的配制

化学溶液	溶液浓度/（mol/L）	pH
$KHSO_4$	0.02	4
K_2SO_4	0.02	7

当溶液配制完成后，将打磨过的试件抽真空并作干燥处理（温度 105 °C 条件下烘干 24 h），放置在室内常温（自然状态试件）及浸泡在表中所配制的不同化学溶液或蒸馏水中，待养护 60 d 后，取出试件用纱布擦干溶液，进行单轴压缩试验。加载前的试件图片如图 3-18 所示，试件的养护情况如图 3-19 所示。

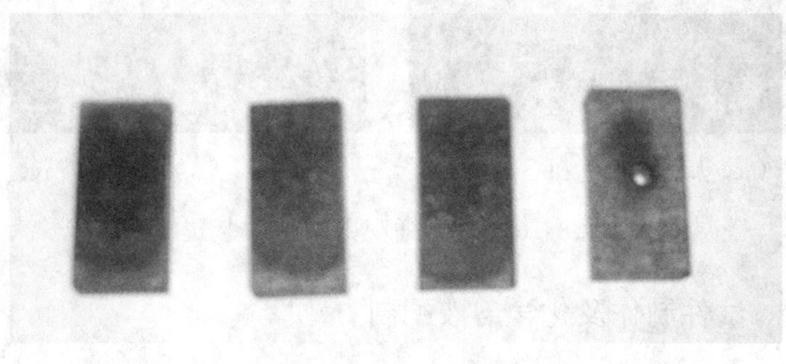

图 3-18　岩石细观力学试件

图 3-19　细观力学实验试件养护条件

3.6.3　试件分组及实验

岩石试验中，岩石试件受节理裂隙等不确定因素的制约，使得其离散性很大，故为了充分研究岩石的力学性质受到化学腐蚀的影响，我们制作了 15 个长方体砂岩试件，又根据养护条件的不同，将 15 个试件分为四个组，如表 3-7 所示。

表 3-7　试件的分组

试件编号	养护情况	加载速率	损伤情况
01	自然状态	0.002 mm/min	完整
02	自然状态	0.002 mm/min	完整
03	自然状态	0.002 mm/min	完整
04	蒸馏水浸泡	0.002 mm/min	完整
05	蒸馏水浸泡	0.002 mm/min	完整
06	蒸馏水浸泡	0.002 mm/min	损伤
07	蒸馏水浸泡	0.002 mm/min	完整
08	$KHSO_4$ 浸泡	0.002 mm/min	完整
09	$KHSO_4$ 浸泡	0.002 mm/min	完整
10	$KHSO_4$ 浸泡	0.002 mm/min	损伤
11	$KHSO_4$ 浸泡	0.002 mm/min	完整
12	K_2SO_4 浸泡	0.002 mm/min	完整
13	K_2SO_4 浸泡	0.002 mm/min	完整
14	K_2SO_4 浸泡	0.002 mm/min	完整
15	K_2SO_4 浸泡	0.002 mm/min	损伤

岩石细观力学试验的试验步骤如下：

（1）将试件安装在试验仪器的加载观测盒中，调整仪器，并使压头压紧试件，保持试件和显微镜垂直。

（2）打开荷载和位移显示系统、图像显示系统和数据图像记录系统，微调显示系统以使图像清晰，便于观测。

（3）启动加压系统，采用手动缓慢加载。

（4）通过计算机对图像和数据进行实时采集，试验中途可以暂停，即保持荷载不变，便于观测试件表面关键部位裂缝的发展变化。

（5）试件破裂后停止加载拆下观测盒，对试件破裂后的断面进行图像采集，以便后续分析。

（6）整理试验数据和图像。

试件的加载图如图 3-20 所示。

图 3-20 岩石细观力学实验加载图

对试件加载前后进行 100 倍的显微放大拍照，取完整试件的加载前后的照片进行比对。如图 3-21 所示。从照片对比可以清晰地看到，岩石破裂的断面上，

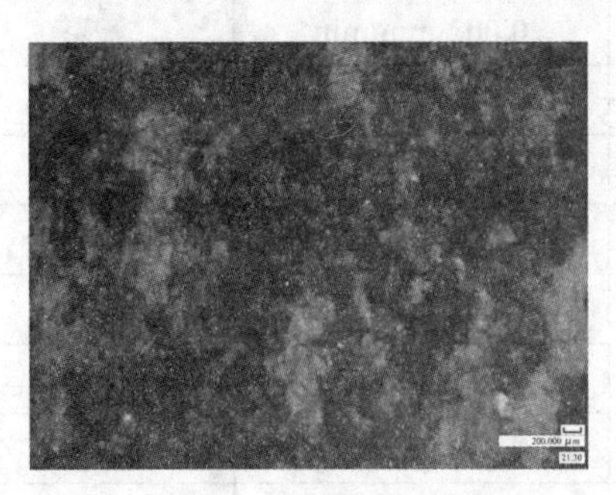

（a）破坏前 100 倍显微照片

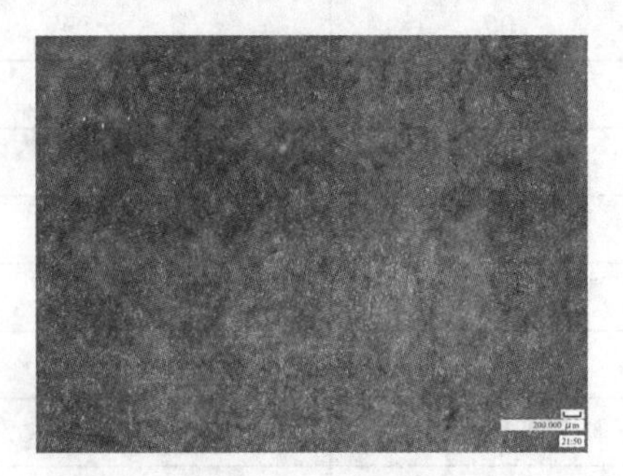

（b）破坏后 100 倍显微照片

图 3-21 试件的显微照片

岩石颗粒呈晶状，晶体的颜色多呈现出白色，层次感较差；而从破裂前岩石表面可以清晰地看到不同颜色的成分组合在一起，层次感较为明显。这符合砂岩破坏的特征。

3.6.4　试验结果及分析

按照表 3-6 的试件分组情况，对试验结果进行处理分析，考虑到问题的深入性，我们从四个方面进行了数据处理对照。

（1）养护条件相同时，各个试件载荷-位移曲线对照如图 3-22 所示。

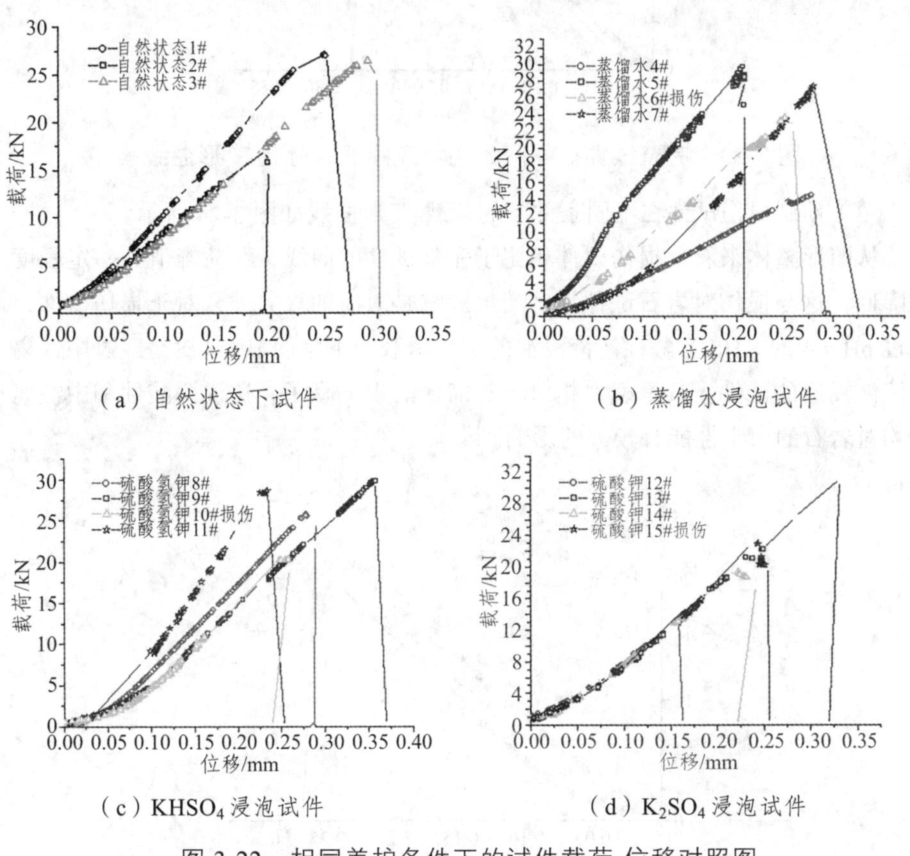

（a）自然状态下试件　　（b）蒸馏水浸泡试件

（c）$KHSO_4$ 浸泡试件　　（d）K_2SO_4 浸泡试件

图 3-22　相同养护条件下的试件载荷-位移对照图

（2）完整砂岩试件在自然状态、蒸馏水浸泡、$KHSO_4$ 溶液浸泡、K_2SO_4 溶液浸泡四种不同养护条件下载荷-位移曲线对照情况，如图 3-23 所示。

通过对不同条件下岩石试件载荷-位移曲线的比较可以看到：在 $KHSO_4$ 浸泡 60 d 后的试件，其峰值载荷对比其他试件有一定程度的降低，并且其峰值位移也有一定的增加。这表明从细观层面上，酸性化学溶液对砂岩的力学性质产生了一定的影响。

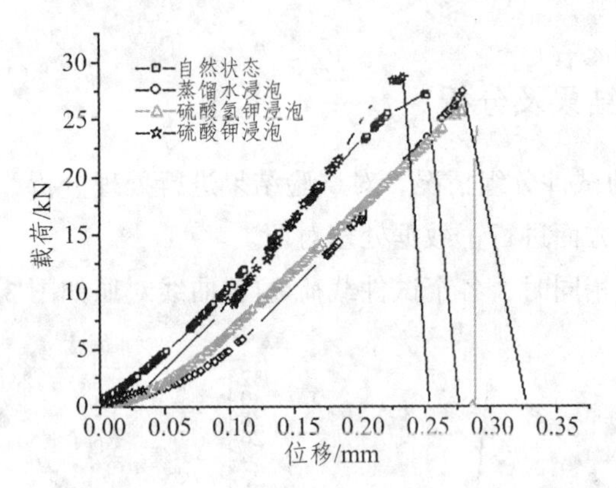

图 3-23　完整试件在不同的化学条件下的荷载-变形曲线

（3）预制损伤试件在不同条件下的荷载-变形曲线如图 3-24 所示。

从图形整体来看，损伤试件相比于完整试件的曲线，载荷峰值有一定程度的降低，这与损伤对岩石试件强度产生影响是对应的。另外，对于损伤试件，经过 pH = 4 的 $KHSO_4$ 酸性溶液浸泡的试件承载力下降明显。其次是经过中性离子溶液浸泡的试件，其承载力相对于蒸馏水的也下降了。这说明酸性和中性离子均对岩石的力学性能有较大的影响。

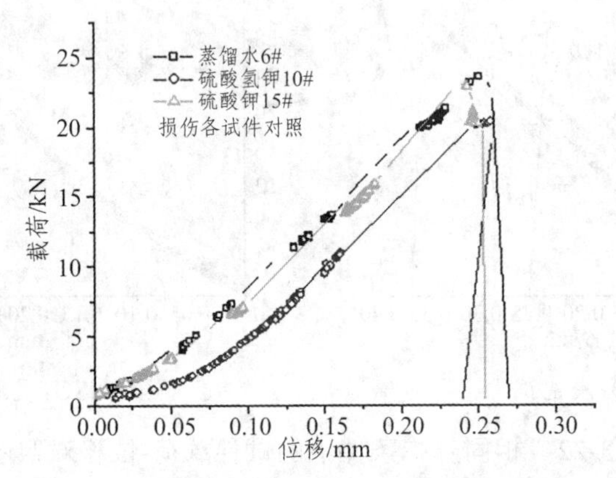

图 3-24　损伤试件的荷载-位移曲线

（4）相同养护条件下，完整试件和损伤试件的曲线对比情况如图 3-25 所示。

由图 3-25 可以看到，当养护条件相同时，完整试件和损伤试件的力学性质对比曲线中，岩石试件的强度有了明显的差别，这表明在工程中，对于存在节理及损伤的岩体，应当充分考虑到其影响，以避免安全事故的发生。

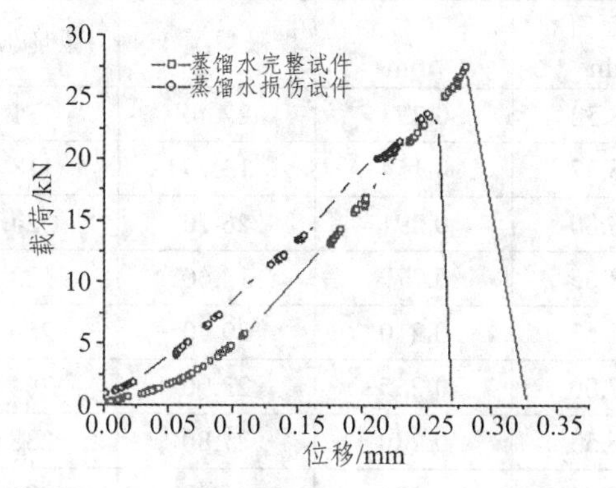

（a）蒸馏水浸泡完整和损伤试件位移-载荷曲线

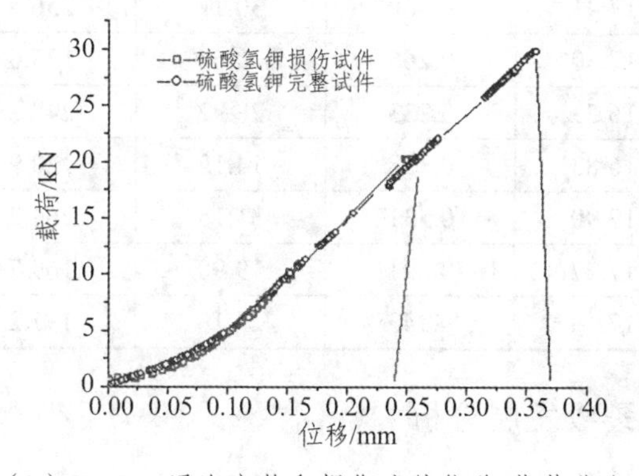

（b）$KHSO_4$ 浸泡完整和损伤试件位移-载荷曲线

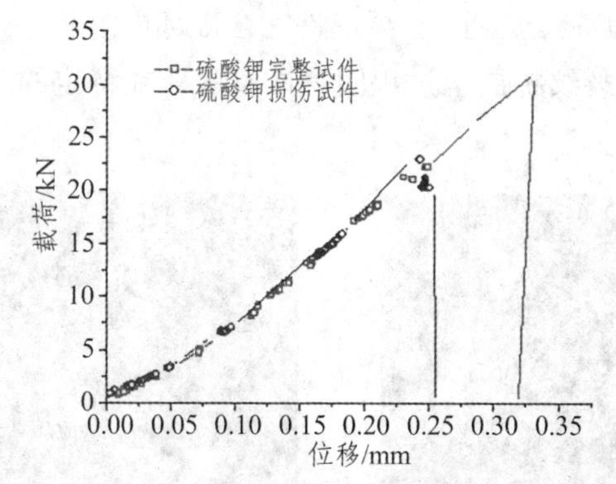

（c）K_2SO_4 浸泡完整和损伤试件位移-载荷曲线

图 3-25　完整试件与损伤试件的荷载-变形曲线对比

通过对上述实验结果的整理，得到各试件的力学参数如表 3-8 所示。

表 3-8　试件力学参数

试件编号	加载面面积/mm^2	峰值位移/mm	极限载荷/kN	强度/MPa	弹性模量/GPa
01	118.52	0.253	27.40	231.2	27.43
02	116.37	0.154	13.79	118.5	23.00
03	118.80	0.291	26.70	224.7	23.16
04	118.65	0.279	14.60	123.0	13.20
05	116.67	0.210	29.90	256.3	36.50
06	117.00	0.255	23.90	204.3	23.95
07	116.53	0.280	27.80	238.6	25.57
08	117.41	0.290	26.00	221.4	22.90
09	117.41	0.360	30.12	256.5	21.25
10	117.30	0.260	20.60	175.6	20.25
11	116.53	0.233	28.92	248.2	31.78
12	116.83	0.158	14.12	120.9	22.90
13	117.90	0.331	31.15	264.2	23.87
14	117.27	0.221	19.90	169.7	23.00
15	117.14	0.243	23.10	197.2	24.35

3.6.5　试件裂纹发展分析

为了较清晰地观测裂纹扩展的全过程，我们选取损伤试件的实时显微图片来说明裂纹的萌生、扩展、贯通，直至试件完全破坏的过程。图 3-26 是在 K_2SO_4 溶液浸泡的损伤试件裂纹扩展全过程图。试验中，在特定的时刻对试件进行拍照，便于后面的分析。

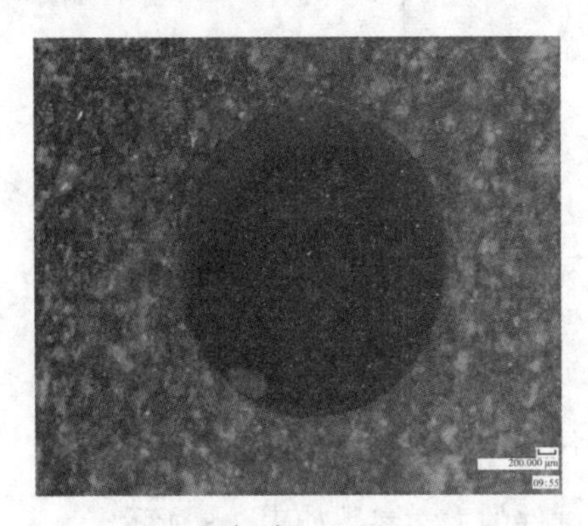

（a）t=0 s

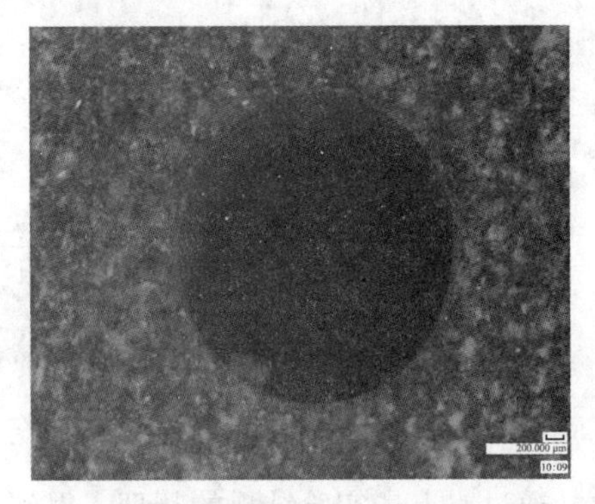

（b）t=1.0 h

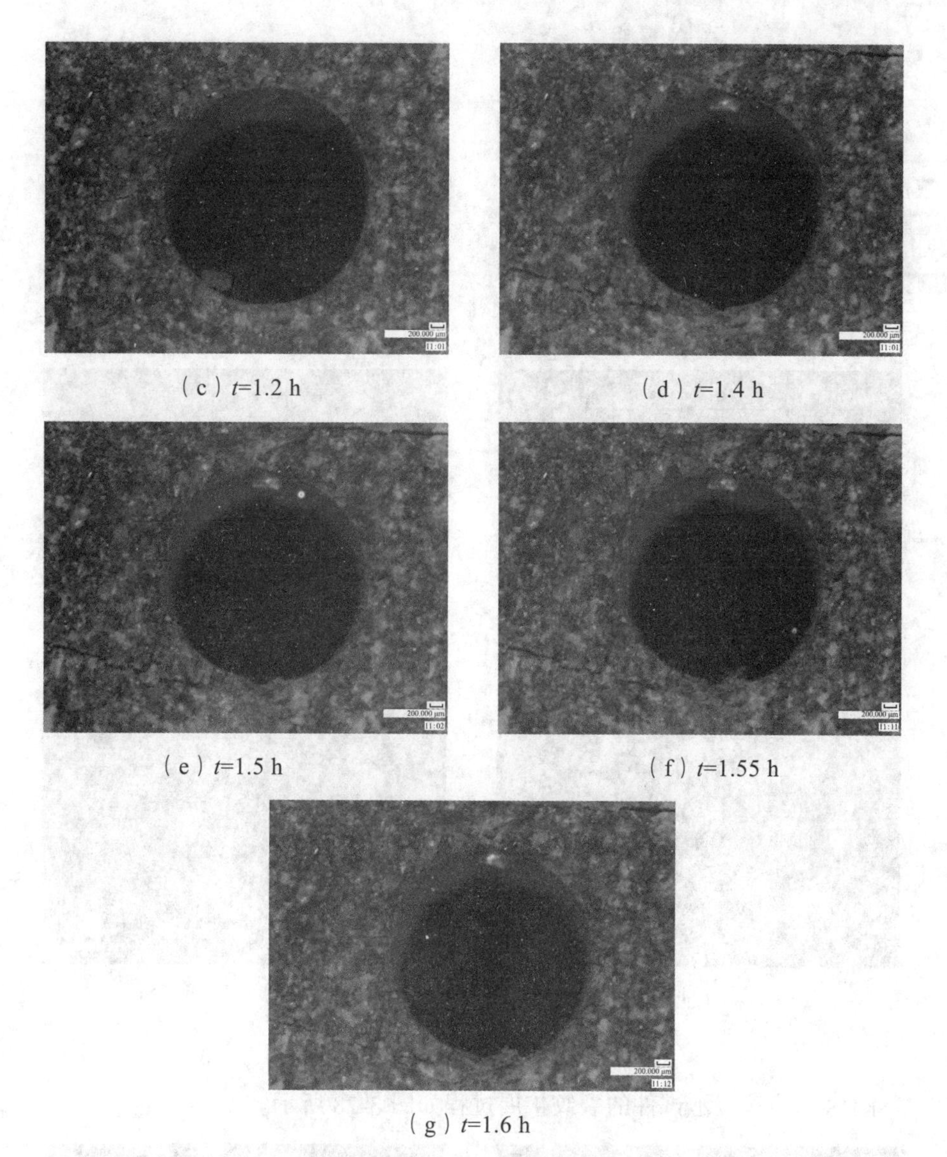

（c）t=1.2 h　（d）t=1.4 h

（e）t=1.5 h　（f）t=1.55 h

（g）t=1.6 h

图 3-26　试件裂纹扩展过程

由图 3-26 可以看到，裂纹首先在孔洞的周围产生，随着载荷的增加，出现了长细裂纹，进而长细裂纹继续发展，变长加粗，而当荷载到达接近峰值时，突然在孔洞上下产生大裂纹，使试件有相对错动的迹象，载荷继续增加，到达峰值时，试件前后面错动，试件被破坏。通过孔洞内壁颗粒的变化，也能够清楚地观察到试件随荷载加大而产生的相对改变[16]。

蒸馏水浸泡试件的裂纹扩展过程如图 3-27 所示。

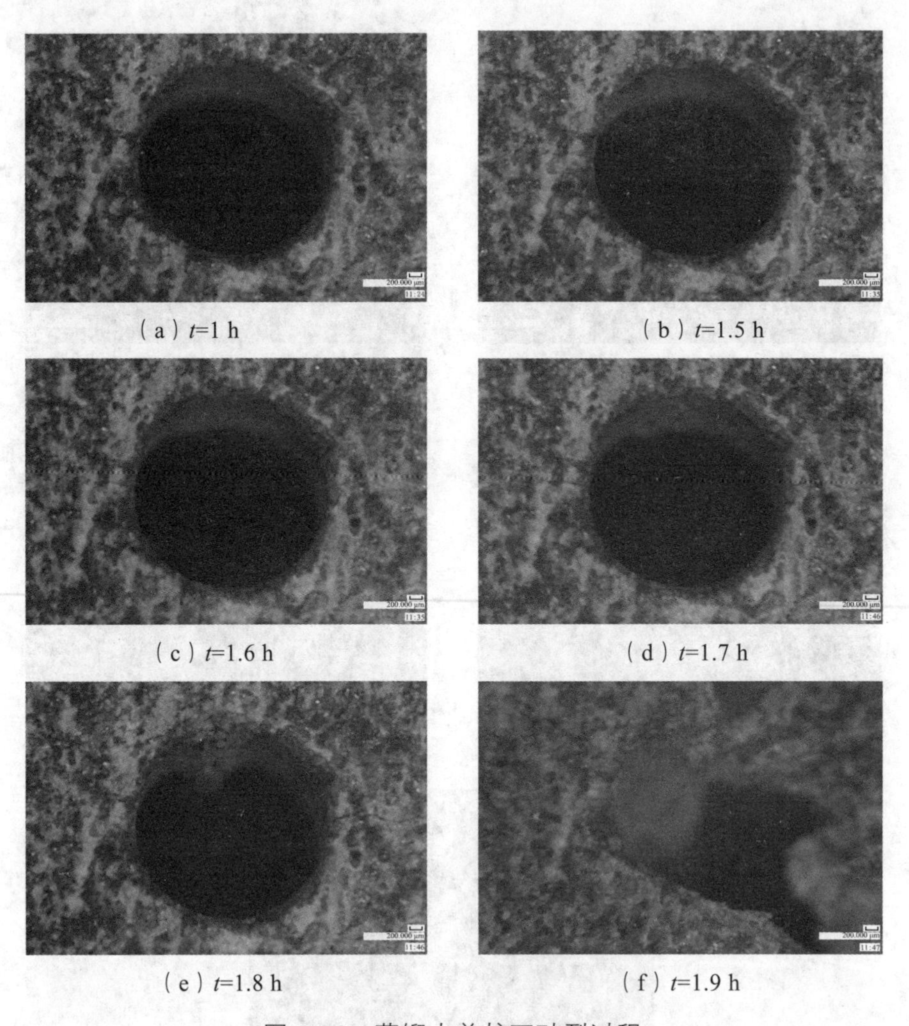

（a）t=1 h　（b）t=1.5 h

（c）t=1.6 h　（d）t=1.7 h

（e）t=1.8 h　（f）t=1.9 h

图 3-27　蒸馏水养护下破裂过程

$KHSO_4$溶液浸泡试件的裂纹扩展过程如图 3-28 所示。

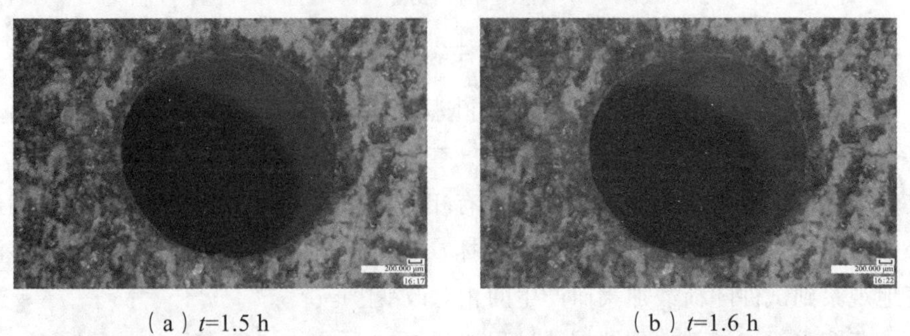

（a）t=1.5 h　（b）t=1.6 h

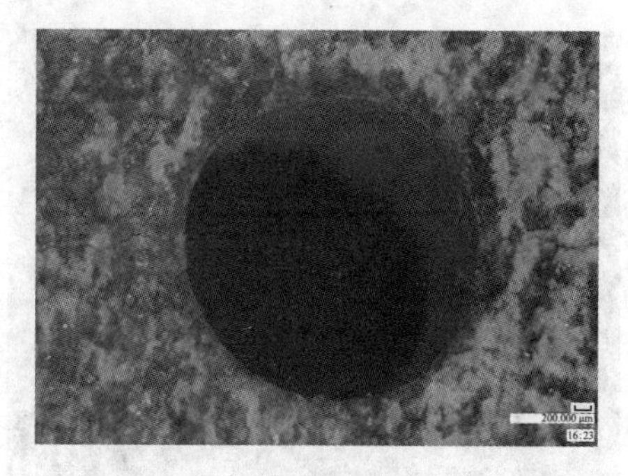

（c）t=1.7 h　　（d）t=1.8 h

图 3-28　$KHSO_4$溶液浸泡试件的裂纹扩展过程

自然状态下试件破裂过程如图 3-29 所示。

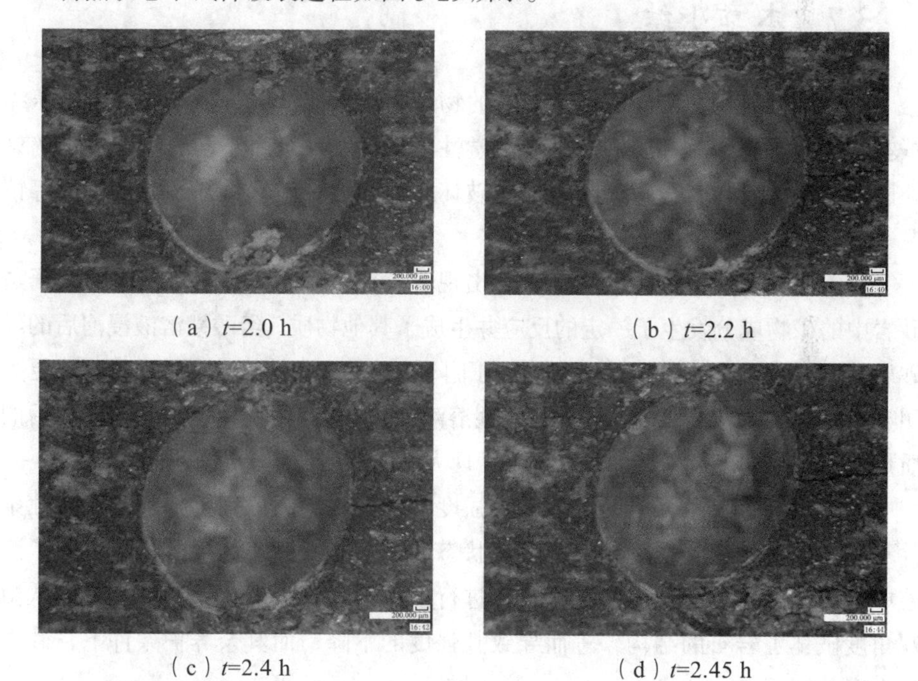

（a）t=2.0 h　　（b）t=2.2 h

（c）t=2.4 h　　（d）t=2.45 h

图 3-29　自然状态下试件裂纹扩展过程

试件破坏的宏观形态如图 3-30 和图 3-31 所示。

通过对几个试件的加载过程进行观测，可以看到试件的微裂纹首先从孔洞的中间部分产生，随着载荷的加大，裂纹逐渐扩展，而此时大体平行的几条裂纹会相互搭接，当加载强度增大到接近试件强度极限时，裂纹贯通形成一条大裂隙，之后伴随剧烈的声响，试件被压坏，试验结束。

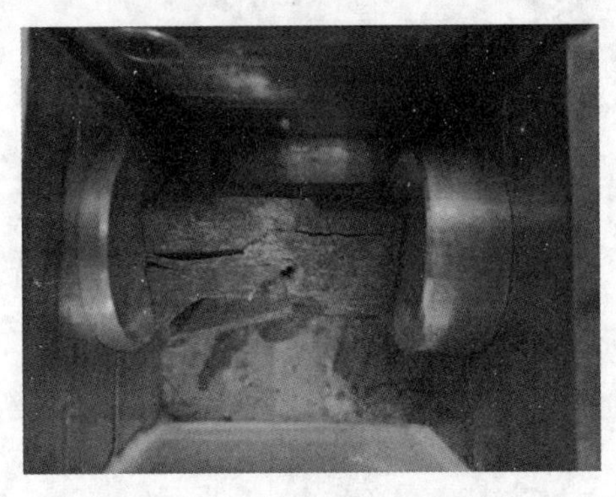

图 3-30 试件破坏的宏观形态

图 3-31 岩样碎裂形态

3.7 本章小结

本章开展了化学溶液腐蚀下岩石的物理力学性能试验、标准试件单轴压缩试验、劈裂抗拉实验和岩石的细观力学性能试验。通过对不同养护条件下的试件试验数据的对比，分析各个试件的破坏峰值强度、破坏特征及峰值位移等情况，本章的主要结论如下：

（1）酸性溶液浸泡后岩样的表观出现了黄色絮状物，说明溶液中的离子与砂岩中的矿物成分发生了一定的反应并生成了其他物质。经酸性溶液浸泡后的红砂岩及大理岩的质量均呈现不同程度的下降，且大理岩较红砂岩的质量下降更为明显。当岩样浸泡 30 d 时，岩样在酸性溶液中基本趋于稳定，并对岩石酸化后的质量损伤因子进行了测定计算，试验发现大理岩较红砂岩的质量损伤更大。

（2）不同养护条件下的试件，其强度特性有一定的差别，特别是在酸性条件下养护的试件，其强度相对于自然状态的试件有了明显的降低，这说明了溶液中的溶质与岩石试件中的矿物成分进行了一系列复杂的化学变化，从而从微观角度破坏了岩石的结构，进而导致其强度的下降，而其余养护条件下，砂岩的强度差别不大。

（3）酸性环境相同，pH 不同的情况下，岩石受到的腐蚀有明显的差别，低浓度条件下，砂岩试件强度要高于高浓度养护的砂岩强度，这是因为 H^+的浓度更高，溶液当中溶质与砂岩矿物成分的接触更为频繁，通过溶蚀与化学反应的矿物离子更多，砂岩的结构腐蚀更明显。

（4）岩石试件的破坏现象具有典型的脆性岩石破坏特征，在荷载接近试件的峰值强度时，会有一定的岩块从试件上剥落，随着荷载的进一步增加，达到了试件的强度极限，试件突然破坏，并且伴随剧烈的声响，计算机记录的试验图像在峰值点过后，后突然下降至零。

（5）化学腐蚀对岩石强度的影响还具有一定的时效性。岩石在化学溶液中养护时间越长，其强度降低越明显。岩石经过更长时间的养护，参与到化学反应中的矿物成分更多，其力学性质的改变也更明显。

（6）细观力学性能实验能够科学地从岩石的扩展方面分析岩体的破坏过程，是值得信依赖的一种科学方法。化学腐蚀对岩石强度影响方面，与标准试件下的试验类似，酸性溶液对于岩石试件的强度影响较为明显，而蒸馏水溶液和中性盐溶液对其产生的影响不大，这与砂岩中含有的成分有一定的关系。

（7）由砂岩细观力学试验，可以观测到试验过程中岩石裂纹由萌生、扩展、搭接、贯通直至破坏的全过程，在不同养护条件下的试件遵循同样的破裂规律。

参考文献

[1] 吴云. 酸化岩石在动静组合作用下的力学性能及岩爆机理研究[D]. 南昌：华东交通大学，2017.

[2] 刘永胜. 化学腐蚀作用下深部巷道围岩的细观力学性能研究[J]. 岩土工程学报，2013，35（s1）：350-354.

[3] 汤连生，王思敬. 岩石水化学损伤的机理及量化方法探讨[J]. 岩石力学与工程学报，2002，21（3）：314-319.

[4] 谭卓英，柴红保，刘文静，等. 岩石在酸化环境下的强度损伤及其静态加速模拟[J]. 岩石力学与工程学报，2005（14）：2439-2448.

[5] Feucht L J，John M L. Effects of chemically active solutions on shearing behavior of a sandstone[J]. Tectonophysics，1990（175）：159-176.

[6] Karfakis M G，Akram M. Effects of chemical solutions on rock fracturing[J]. International Journal of Rock Mechanics and Mining Sciences and Geomechanics Abstracts，1993，30（7）：1253-1259.

[7] 陈四利，冯夏庭，李邵军. 化学腐蚀对黄河小浪底砂岩力学性质的影响[J]. 岩土力学，2002，23（3）：284-287.

[8] 刘永胜，杨猛猛. 化学腐蚀下深部巷道高强围岩力学性能的实验研究[J]. 煤炭工程，2013（3）：108-110.

[9] 刘永胜，李进，吴云. 酸性环境对岩石力学特性影响的试验研究[J]. 科学

技术与工程，2017,（17）21：196-201.

[10] 刘士奇,李海波,李俊如. 轴向拉伸情况下岩石的动态力学特性试验研究[J]. 岩土工程学报，2007，29（12）：1904-1907.

[11] 陈四利,冯夏庭,李邵军. 化学腐蚀下三峡花岗岩的破裂特征[J]. 岩土力学，2003，24（5）：817-821.

[12] 葛修润，任建喜，蒲毅彬，等. 岩石细观损伤演化规律的CT实时试验研究[J]. 中国科学E，2000，30（2）：104-111.

[13] 丁卫华，仵彦卿，蒲毅彬，等. 岩石细观损伤过程的CT动态观测[J]. 西安理工大学学报，2000，16（3）：274-279.

[14] 陈四利. 化学腐蚀下岩石细观损伤破裂机理及其本构模型[D]. 沈阳：东北大学，2003.

[15] 葛修润,李延芥,张梅英,等. 适用于岩石力学细观实验研究的加载仪[J]. 岩土力学，2000，21（3）：289-293.

[16] 牛双建，靖洪文，梁军起. 不同加载路径下砂岩破坏模式试验研究[J]. 岩石力学与工程学报，2011（s2）：3966-3974.

第 4 章　化学腐蚀下围岩的动态力学性能

4.1　SHPB 技术的理论基础

4.1.1　SHPB 试验装置简介

霍普金森压杆（Split Hopkinson Pressure Bar，简称 SHPB）是由科学家 Hopkinson 于 1914 年提出，用于研究测试冲击荷载作用下应力波的传播情况。随着国内外学者一百年来相关研究工作的开展，SHPB 装置技术已经得到了不断的推广和改进，已经广泛应用于土建、军事等相关科研领域[1-6]。

传统的霍普金森压杆由动力驱动、主体设备、超动态应变仪及数据采集系统四大部分构成，如图 4-1 所示为 SHPB 装置示意图。

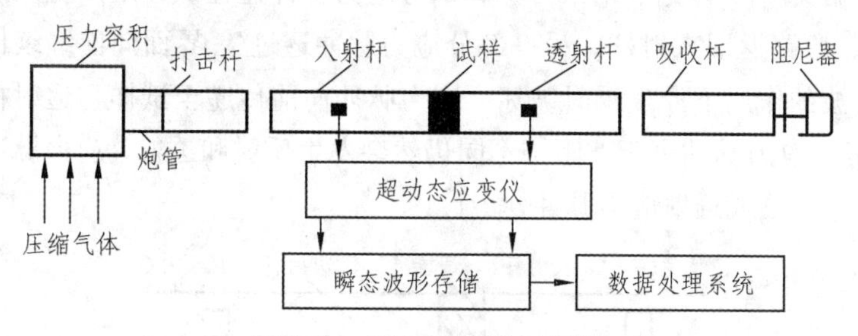

图 4-1　SHPB 装置示意图

图 4-2 为华东交通大学工程力学实验中心的 SHPB 装置实物图。该装置的动力驱动系统包括气压控制器、高压氮气瓶、发射腔及高压气室等。主体设备由吸收杆、透射杆、入射杆、打击杆以及吸能系统等组成，全部杆件的直径大小为 40 mm，入射杆及透射杆长度 1 800 mm，打击杆长度 500 mm，吸收杆长度为 1 200 mm，弹性模量为 210 GPa，密度为 7 850 kg/m^3。

4.1.2　SHPB 装置基本原理

采用分离式霍普金森压杆进行冲击试验，释放高压氮气驱动长度为 L_0 的打

图 4-2 分离式霍普金森压杆

击杆以速度为V^*与入射杆发生对心碰撞，在入射杆端产生一个载荷为$\sigma_I(t)$的入射应力脉冲。根据一维杆中应力波初等理论，入射应力波以波速为$C_0=\sqrt{E_0/\rho_0}$向前传播，应力波幅值为$\rho CV^*/2$，经过时间$t=2L_0/C$后，应力波传到入射杆端部与试件的接触界面X_1处，如图 4-3 所示。由于入射杆与试件两者波阻抗$\rho_0 C_0$不同，根据文献[7]讨论的结果可知，部分应力脉冲碰撞试样后产生反射应力脉冲$\sigma_R(t)$，原路返回入射杆，另一部分应力脉冲透过X_1界面向前继续传递，试样在应力波的作用下产生瞬时破坏，应力脉冲向前传递至试样与透射杆的端部X_2界面时，应力脉冲由于波阻抗不同仍然会发生反射和透射，应力脉冲透射进入透射杆中，形成透射应力脉冲$\sigma_T(t)$。

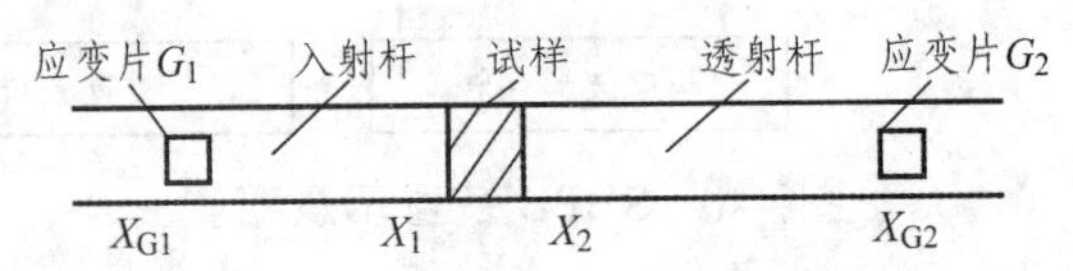

图 4-3 入射杆-试样-透射杆相对位置示意图

在入射杆和透射杆端三分之一范围内各选取两截面正反对称粘贴应变片，采用惠斯通电桥将应变片与超动态应变仪连接起来，通过超动态应变仪将应变片采集得到的应力脉冲信号转化为电信号，运用一维杆中应力波等理论对所得数据进行处理。

SHPB 结果分析建立在两个假定的基础上[8-11]：杆中一维应力波假定及应力均匀假定。一维应力波假定又称平面假定，即细长弹性杆的任一横截面在应力波传播过程中始终保持平面状态。由一维应力波假定推导出试样应力σ_S、应变

率 $\dot{\varepsilon}_S$ 及应变 ε_S 的公式为：

$$\left.\begin{aligned}\sigma_S&=\frac{P_1+P_2}{2A_S}=\frac{E(\varepsilon_i+\varepsilon_r+\varepsilon_t)A}{2A_S}\\\dot{\varepsilon}_S&=\frac{(\varepsilon_i-\varepsilon_r-\varepsilon_t)C_0}{L_S}\\\varepsilon_S&=\frac{U_1-U_2}{L_S}=\int_0^t\dot{\varepsilon}_r(\tau)\mathrm{d}r\end{aligned}\right\}\tag{4-1}$$

式中：ε_i、ε_r、ε_t 分别代表入射信号、反射信号、透射信号；L_S 为试样的厚度；A、A_S 分别为弹性杆、试样的截面积；P_1、P_2 分别为试样两端的加载力，考虑应力均匀假定，试样两端的加载力相等，即 $P_1=P_2$，此时试样内部各点的应力、应变可视为均匀状态，这时可以得到：

$$\varepsilon_i=\varepsilon_r=\varepsilon_t\tag{4-2}$$

这时，式（4-1）可简化为

$$\left.\begin{aligned}\sigma_S&=\frac{EA}{A_S}\varepsilon_t\\\dot{\varepsilon}_S&=\frac{2C_0}{L_S}\varepsilon_r\\\varepsilon_S&=\frac{2C_0}{L_S}\int_0^t\varepsilon_r(\tau)\mathrm{d}r\end{aligned}\right\}\tag{4-3}$$

根据式（4-2）及式（4-3）可知，进行 SHPB 试验时，只需测量得出入射信号、反射信号、透射信号的任意两个信号，消去时间参数，即可得到某试样的应力-应变关系。在 SHPB 试验技术试验数据处理中，式（4-1）通常被称为三波处理法；式（4-3）通常被称为二波处理法。

由前文可知，SHPB 装置采用氮气压力推动打击杆撞击入射杆，对试样施加瞬间动态荷载，同时在杆端产生入射波及反射波，典型的入射波及反射波波形曲线如图 4-4 及 4-5 所示。

岩石的应力-应变曲线是直观反映岩石力学特性的重要工具，利用对称粘贴在杆部的应变片获取上述的波形信号，分别取入射波形曲线及透射波形曲线中第一个下降段的全部数值作为有效点，根据本书第 2 章阐述的应力波的基本理论中的二波处理法将上述信号消去时间参数后即可得到岩石试样的应力-应变关系曲线。通过处理得到的应力-应变关系曲线以期得到酸化岩石的力学性能及其动力响应规律[12-14]。

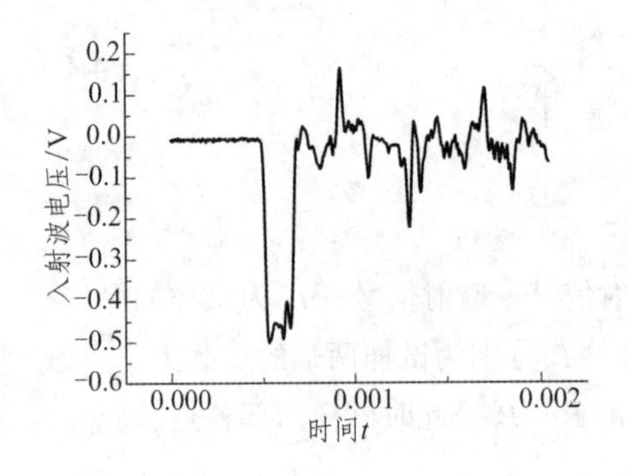

图 4-4 典型的入射波波形曲线

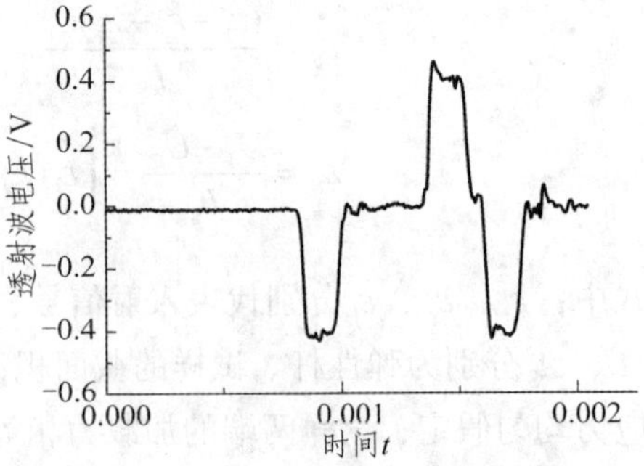

图 4-5 典型的透射波波形曲线

4.2 岩石的纯动态力学性能

4.2.1 试件设计与制作

本试验所选取的岩样分别为南水北调某工程段的粉质砂岩、山东济宁某煤矿深部巷道的浅红石灰岩、大理岩以及江西丰城某煤矿的灰质石灰岩。在均质性较好的完整岩体中，采用 ZS-200 型立式取芯机进行取芯工作后，分别用 DQ-1 型岩石切割机和 SHM-200 型双端面磨石机进行切割和打磨，保证岩石的垂直度及不平行度不大于 0.02 mm，各参数均达到有关国家标准的规定要求。全部岩样为经取芯后加工磨光成为圆柱体试件，如图 4-6 所示。

图 4-6 岩石动态性能试件

图 4-6 中：灰质石灰岩试样厚度 20 mm，直径 40 mm；浅红石灰质石灰岩试样厚度 20 mm，直径 42 mm；粉质砂岩试样厚度 20 mm，直径 50 mm。为了研究损伤对岩石动态性能的影响，取部分粉质砂岩试样进行打孔，作为损伤试样与完整试样的试验结果进行对比，如图 4-7 所示。

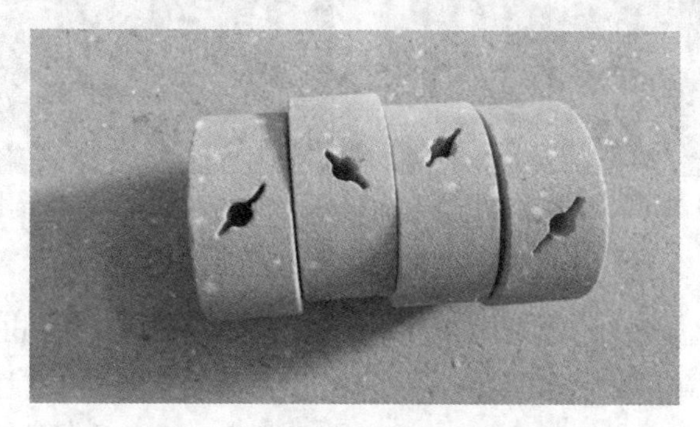

图 4-7　粉质砂岩的损伤试件

4.2.2　试件分组及养护

将岩石试件分别放入不同种类的化学溶液中浸泡，并将其分为两组分别浸泡 90 d～150 d，并对浸泡 150 d 的样本采取常温下与高温下两种状态浸泡。化学溶液的配置见表 4-1。

表 4-1　浸泡 150 d 岩样的试验分组

化学溶液	蒸馏水	K_2SO_4	$KHSO_4$	$KHSO_4$	自然状态
pH	7	7	4	2	7
浓度/mol/L	0	0.02	0.02	0.02	0.02
常温/°C	20	20	20	20	20
高温/	40	40	40	40	40

表 4-2　浸泡 90 d 岩样的试验分组

化学溶液	蒸馏水	K_2SO_4	$KHSO_4$	$KHSO_4$
pH	7	7	4	2
浓度/mol/L	0	0.02	0.02	0.02
常温/°C	20	20	20	20

试件的常温养护和高温养护如图 4-8 所示。

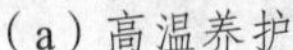

（a）高温养护

（b）常温养护

图 4-8 动态试件养护

试件放在常温下的容器瓶养护，每隔 7 d 测试一次溶液的 pH，对于 pH 有变化的溶液滴加硫酸或者氢氧化钾进行校正，以保证溶液的 pH 稳定。保温箱里的容器瓶每隔一个月测量一次 pH，并使保温箱内温度始终保持 40 °C。通过长时间浸泡发现浸泡前后有明显的变化，试件表面的空隙更加明显，且试件表面产生了一层易于清洗的化学产物。

4.2.3 SHPB 试验操作过程

（1）调试 SHPB 装置。设置示波器处于 window 触发状态，选择下触发电平。电阻应变仪设置为五分之一增益。

（2）设置撞击速度。粉质砂岩的抗压强度较低，所以选择较小气压作为撞击动力，分别为 0.1 MPa 和 0.15 MPa，对于无浸泡的采用 0.2 MPa；浅红石灰岩的抗压强度较大，故采用气压为 0.15 MPa 和 0.2 MPa；灰质石灰岩抗压强度更大，故采用气压分别为 0.15 MPa、0.2 MPa 和 0.25 MPa。

（3）记录和放置试件。把要冲击的试件擦干，测量其直径和长度并记录，同时记录下试件的浸泡条件。在试件两端均匀涂抹凡士林。再把试件放在入射杆和透射杆之间，使其轴线与压杆轴线重合。

（4）发射之后，储存示波器数据，并回收被冲击后的试件。

4.2.4 试验结果及分析

1. 纯动载作用下酸化岩石的冲击试验结果

图 4-9、图 4-10 及图 4-11 分别为大理岩及红砂岩在气压为 0.45 MPa、0.50 MPa 及 0.55 MPa 冲击下的应力-应变关系曲线。

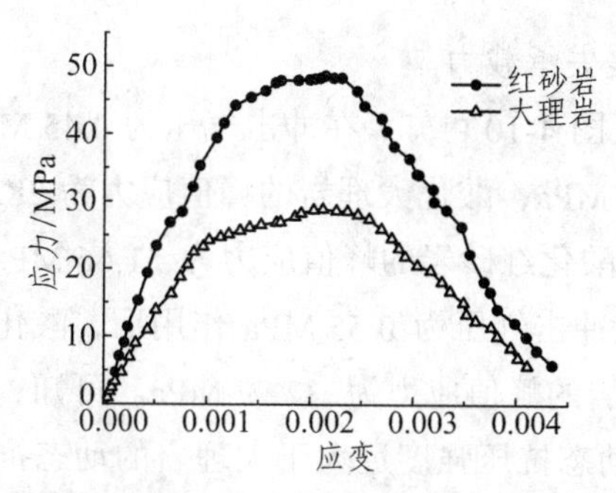

图 4-9　0.45 MPa 气压下岩石的应力-应变曲线

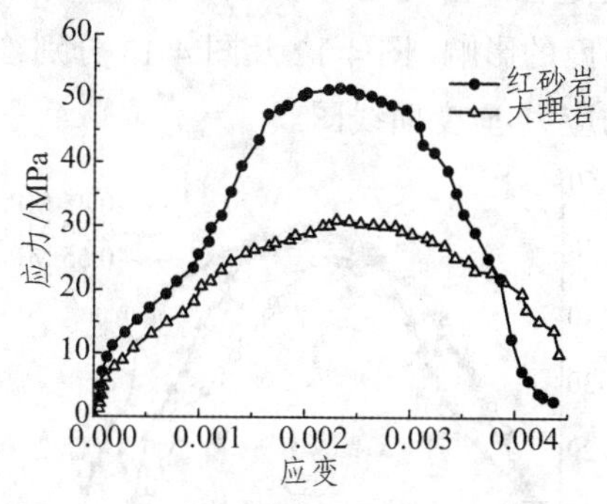

图 4-10　0.5 MPa 气压下岩石的应力-应变曲线

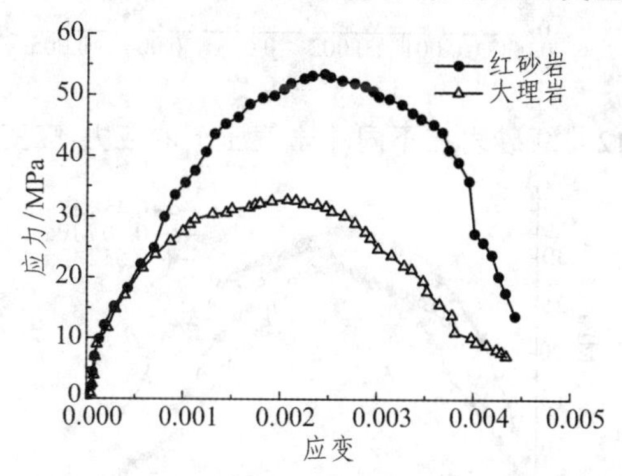

图 4-11　0.55 MPa 气压下岩石的应力-应变曲线

红砂岩及大理岩冲击破坏应力-应变曲线主要由上升段、平稳过渡段及下降段三部分组成，在受载荷的初始阶段，岩石中原有的裂隙受压力作用相互挤压，此时产生的应力-应变曲线是一条上弯段曲线，随着时间的增加，岩石内裂隙完全闭合，此时应力-应变曲线接近一条直线，继续上升到岩石峰值应力为 80%左右，岩石内部逐渐产生挤压破坏，应力-应变曲线的斜率逐渐降低，逐渐发展成下弯形态，此时即将达到峰值应力，随着岩样的继续破坏，应力-应变曲线发展到下降段，岩石逐渐丧失承载力。

观察分析图 4-9 及图 4-10 可知，在冲击气压为 0.45 MPa 作用下，酸化红砂岩的峰值应力为 48.63 MPa，酸化大理岩的峰值应力为 28.91 MPa，在冲击气压为 0.50 MPa 作用下，酸化红砂岩的峰值应力为 51.66 MPa，酸化大理岩的峰值应力为 30.93 MPa，在冲击气压为 0.55 MPa 作用下，酸化红砂岩的峰值应力为 53.46 MPa，酸化大理岩的峰值应力为 32.77 MPa。可知，在冲击动载作用下，经酸化后的红砂岩的动态抗压强度远大于大理岩的动态抗压强度，且红砂岩与大理岩的动态抗压强度随着冲击气压的增大而增大，为了更直观地表述冲击气压对岩石的动态抗压强度的影响，图 4-12 及图 4-13 分别绘制出了红砂岩及大理岩在不同气压冲击下的应力-应变曲线图。

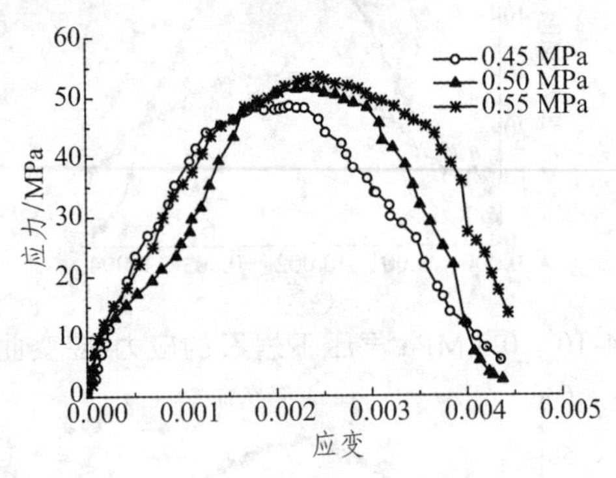

图 4-12　红砂岩在不同冲击气压下的应力-应变曲线

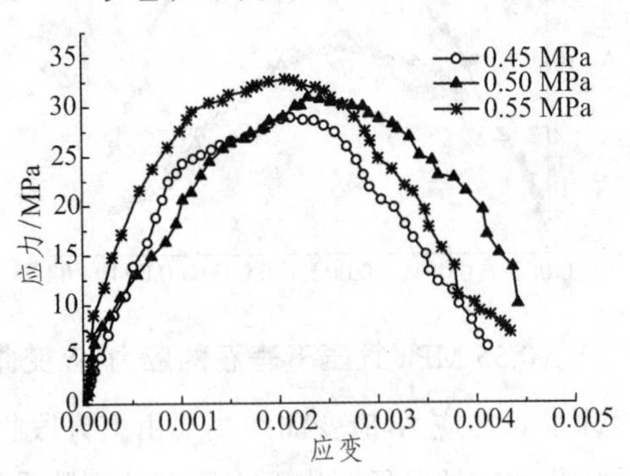

图 4-13　大理岩在不同冲击气压下的应力-应变曲线

由图 4-12 及图 4-13 观察可得，随着冲击气压的增大，红砂岩及大理岩酸化后的峰值应力也逐渐提高，0.50 MPa 冲击气压作用下红砂岩的峰值应力较 0.45 MPa 冲击气压作用下提高 6.23%，0.55 MPa 冲击气压作用下红砂岩的峰值应力较 0.50 MPa 冲击气压作用下提高 3.48%；0.50 MPa 冲击气压作用下大理岩的峰值应力较 0.45 MPa 冲击气压作用下提高 6.99%，0.55 MPa 冲击气压作用下大理岩的峰值应力较 0.50 MPa 冲击气压作用下提高 5.49%，随着冲击气压的增大，大理岩的峰值应力比红砂岩变化得更为明显。

2. 溶液浸泡对岩石动态性能的影响

冲击气压为 0.25 MPa，常温下浸泡的灰质石灰岩，在经过试验后得到的应力应变曲线如图 4-14 所示，结果表明：对浸泡后的灰质石灰岩，其动态抗压强度减小，水溶液浸泡比自然状态浸泡时动态抗压强度下降 11.7%，而且在中性盐溶液浸泡的岩石试样动态抗压强度更低，下降约为 29.4%。

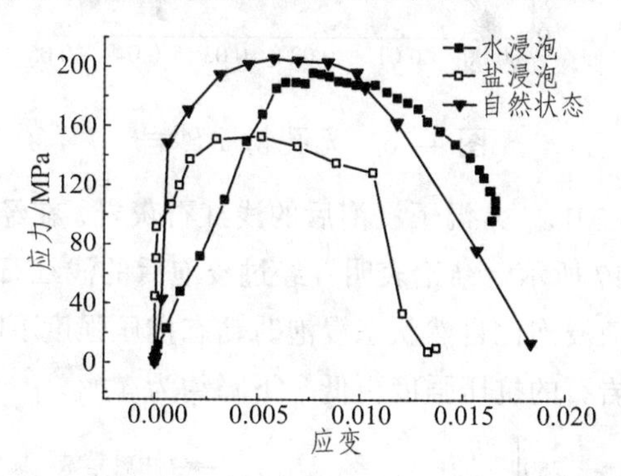

图 4-14　常温下不同溶液浸泡下的灰质石灰岩

由于粉质砂岩的静态抗压强度小，且内部打孔，以致实验时强度更低。冲击气压为 0.2 MPa，常温下浸泡后的粉质砂岩，在经过试验后得到的应力应变曲线如图 4-15 所示，结果表明：经过浸泡后的粉质砂岩，其动态抗压强度降低，盐溶液浸泡比自然状态浸泡时动态抗压强度下降 50%，而在酸溶液的浸泡下的岩石的抗压强度下降约为 87.5%。

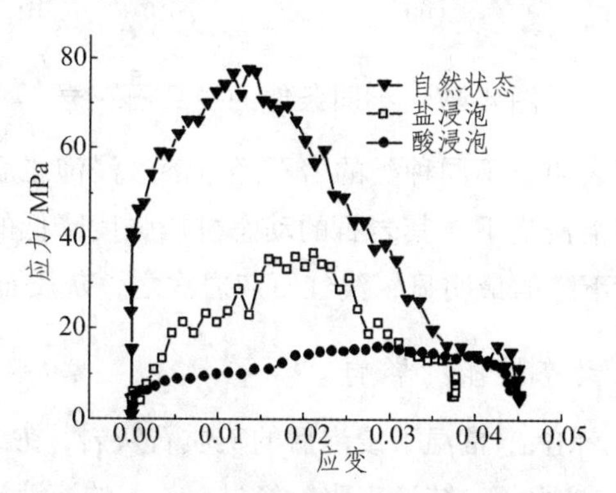

图 4-15　不同溶液条件下的粉质砂岩

冲击气压为 0.15 MPa，常温下浸泡后的无损伤粉质砂岩，在经过试验后得到的应力应变曲线如图 4-16 所示，结果表明：经过浸泡后的粉质砂岩，其动态抗压强度降低，盐溶液浸泡比自然状态浸泡时动态抗压强度下降 55.3%。

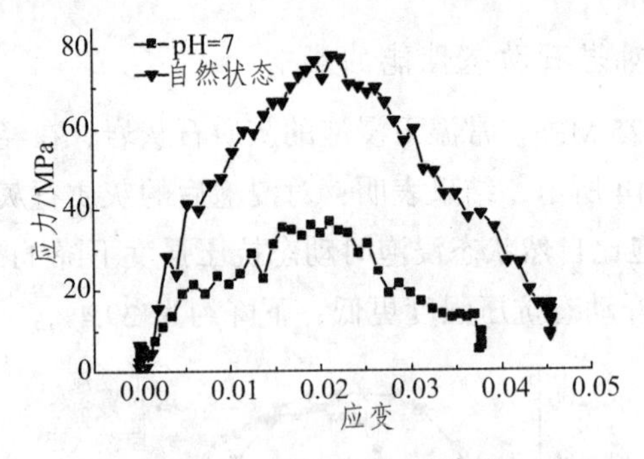

图 4-16 无孔粉质砂岩

冲击气压为 0.2 MPa，常温下浸泡后的浅红石灰岩，在经过试验后得到的应力应变曲线如图 4-17 所示，结论表明：经过浸泡后的浅红石灰岩，其动态抗压强度降低，中性溶液浸泡比自然状态浸泡时动态抗压强度下降约为 44%，而在酸溶液的浸泡下的岩石的抗压强度更低，下降约为 47%。

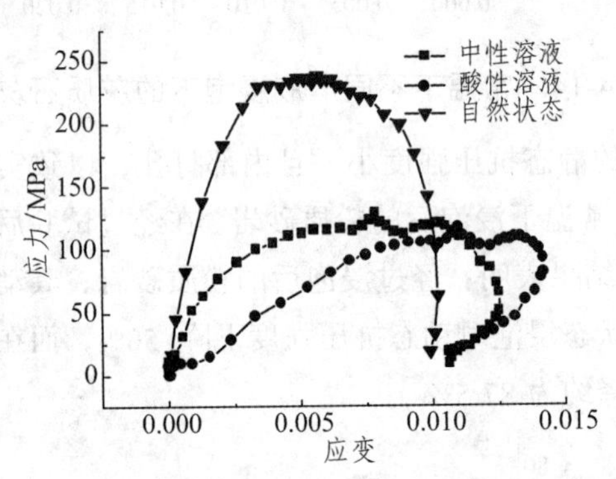

图 4-17 不同条件的浅红石灰岩

由以上三个图表明，不同种类的岩石经过溶液浸泡之后其动态抗压强度都会减小。在酸性溶液浸泡下，其岩石的动态抗压强度降低的更多。其中粉质砂岩的动态抗压强度下降的最明显，浅红石灰岩次之，灰质石灰岩最小。

3. pH 对岩石动态性能的影响

冲击气压为 0.2 MPa，常温下浸泡后的灰质石灰岩，在经过试验后得到的应力应变曲线如图 4-18 所示，结论表明：经过 pH=4 的溶液浸泡的灰质石灰岩其抗动态压强度较经过 pH=7 的溶液浸泡的灰质石灰岩下降了 8%，经过 pH=2 的溶液浸泡的灰质石灰岩其抗动态压强度较经过 pH=7 的溶液浸泡的灰质石灰岩下降了 8%。

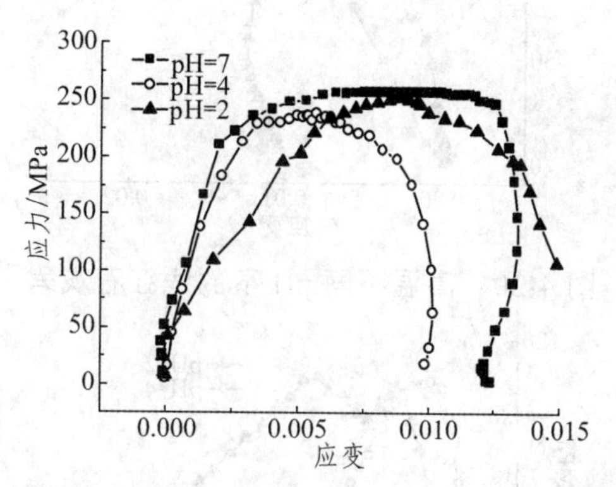

图 4-18　常温下不同 pH 值下的灰质石灰岩

冲击气压为 0.2 MPa，高温下浸泡后的灰质石灰岩，在经过试验后得到的应力应变曲线如图 4-19 所示，结论表明：高温条件下，经过 pH=2 的溶液浸泡的灰质石灰岩其抗动态压强度较经过 pH=4 的溶液浸泡的灰质石灰岩下降了 8%。

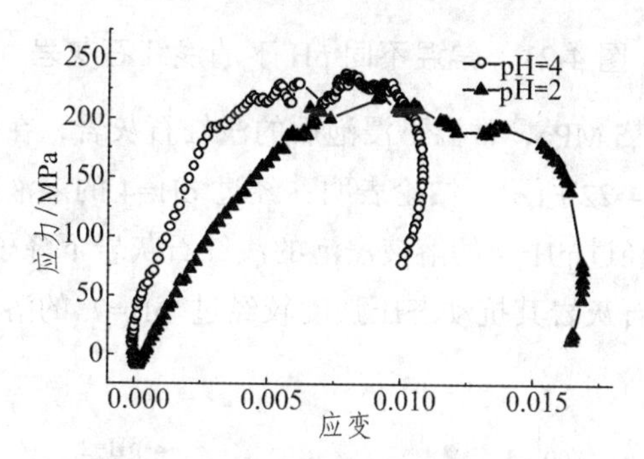

图 4-19　高温下不同 pH 的灰质石灰岩

冲击气压为 0.15 MPa，高温下浸泡后的灰质石灰岩，在经过试验后得到的应力应变曲线如图 4-20 所示，结论表明：高温条件下，经过 pH=2 的溶液浸泡的浅红石灰岩其抗动态压强度较经过 pH=7 的溶液浸泡的浅红石灰岩下降了 21.4%。

冲击气压为 0.15 MPa，常温下浸泡后的浅红石灰岩，在经过试验后得到的应力应变曲线如图 4-21 所示，结论表明：常温条件下，经过 pH=2 的溶液浸泡的浅红石灰岩其抗动态压强度较经过 pH=4 的溶液浸泡的浅红石灰岩下降了 8%。

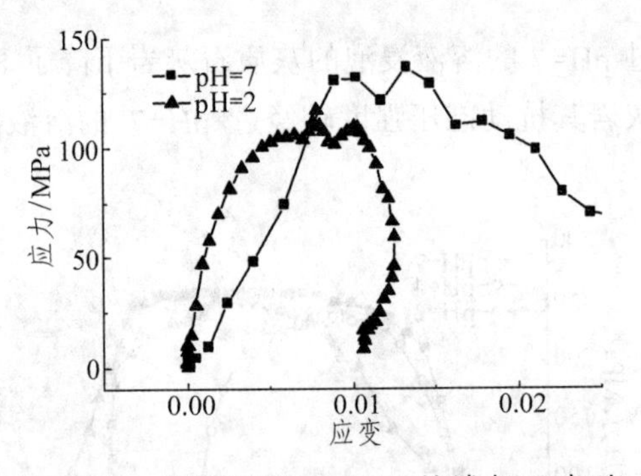

图 4-20 高温不同 pH 下的浅红石灰岩

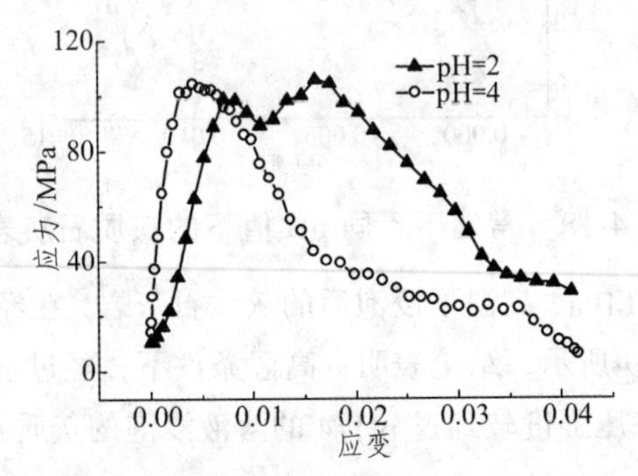

图 4-21 常温不同 pH 下的浅红石灰岩

冲击气压为 0.15 MPa，常温下浸泡后的浅红石灰岩，在经过试验后得到的应力应变曲线如图 4-22 所示，结论表明：经过 pH=4 的溶液浸泡的浅红石灰岩其抗动态压强度较经过 pH=7 的溶液浸泡的浅红石灰岩下降了 50%。经过 pH=2 的溶液浸泡的浅红石灰岩其抗动态压强度较经过 pH=7 的溶液浸泡的浅红石灰岩下降了 54%。

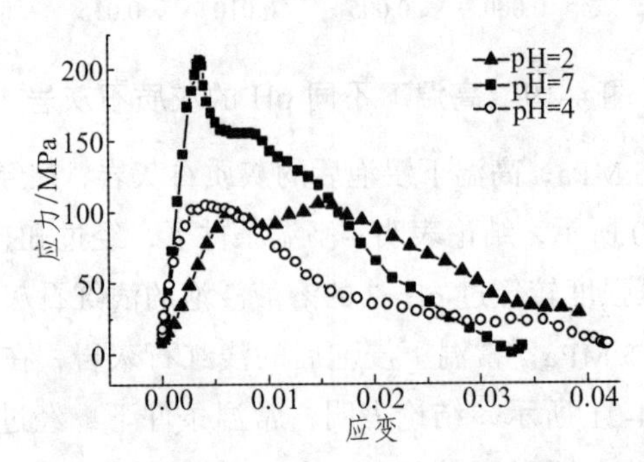

图 4-22 常温不同 pH 下的浅红石灰岩

冲击气压为 0.2 MPa，常温下浸泡后的无损伤粉质砂岩，在经过试验后得到的应力应变曲线如图 4-23 所示，结论表明：经过 pH=4 的溶液浸泡的粉质砂岩其抗动态压强度较经过 pH=7 的溶液浸泡的粉质砂岩下降了 38.9%，经过 pH=2 的溶液浸泡的粉质砂岩其抗动态压强度较经过 pH=7 的溶液浸泡的粉质砂岩下降了 58.3%。

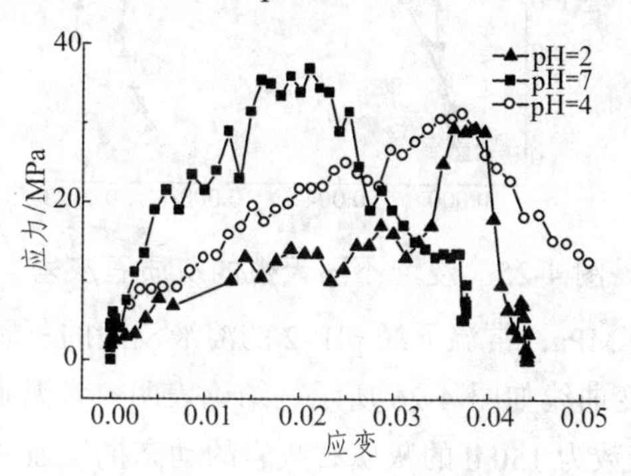

图 4-23 不同 pH 下的粉质砂岩

对于打孔后的粉质砂岩，冲击气压为 0.2 MPa，常温下浸泡后，试验得到的应力应变曲线如图 4-24 所示，结论表明：经过 pH=4 的溶液浸泡的粉质砂岩其动态抗压强度较经过 pH=7 的溶液浸泡的粉质砂岩下降了 12.5%。

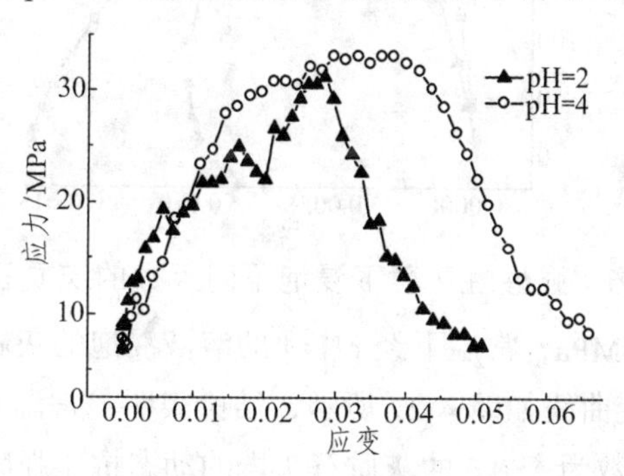

图 4-24 不同 pH 下损伤的粉质砂岩

综上所述，所用溶液的酸性越大，经过浸泡后其动态抗压强度越小。其中粉质砂岩动态抗压强度下降最为明显。

4. 养护时间对岩石动态性能的影响

冲击气压为 0.2 MPa，常温下经蒸馏水浸泡的灰质石灰岩，在经过试验后得到的应力应变曲线如图 4-25 所示，结论表明：常温条件下，经蒸馏水浸泡后，浸泡天数为 150 d 灰质石灰岩的动态抗压强度较浸泡天数为 90 d 的灰质石灰岩的动态抗压强度值要低。

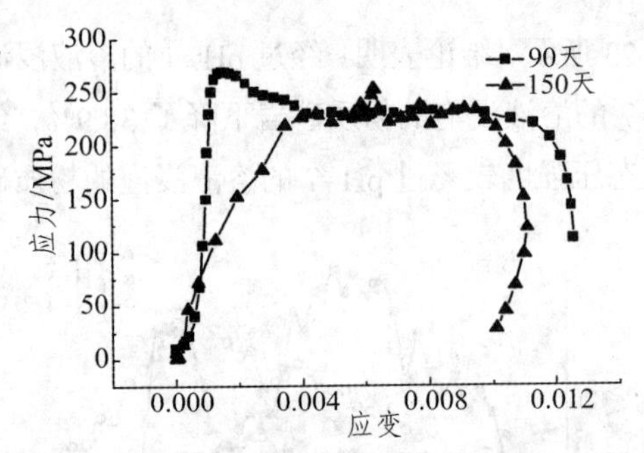

图 4-25　浸泡不同天数的灰质石灰岩

冲击气压为 0.2 MPa，常温下经 pH=2 的溶液浸泡的灰质石灰岩，在经过试验后得到的应力应变曲线如图 4-26 所示，结论表明：常温条件下，经 pH=2 的溶液浸泡后，浸泡天数为 150 d 的灰质石灰岩的动态抗压强度较浸泡天数为 90 d 的灰质石灰岩的动态抗压强度值要低。

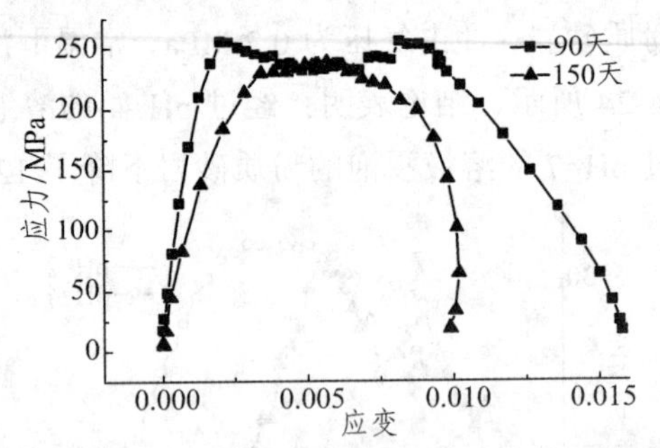

图 4-26　强酸性环境下浸泡不同天数的灰质石灰岩

冲击气压为 0.2 MPa，常温下经 pH=4 的溶液浸泡的灰质石灰岩，在经过试验后得到的应力应变曲线如图 4-27 所示，结论表明：常温条件下，经 pH=4 的溶液浸泡后，浸泡天数为 150 d 的灰质石灰岩的动态抗压强度较浸泡天数为 90 d 的灰质石灰岩的动态抗压强度值要低。

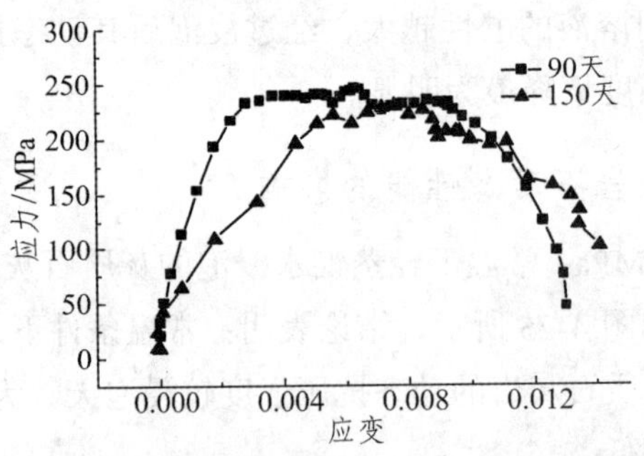

图 4-27　弱酸性环境下浸泡不同天数的灰质石灰岩

对于打孔后的粉质砂岩，冲击气压为 0.1 MPa，常温下经 pH=2 的溶液浸泡后，试验得到的应力应变曲线如图 4-28 所示，结论表明：常温条件下，经 pH=2 的溶液浸泡后，浸泡天数为 150 d 的打孔粉质砂岩的动态抗压强度较浸泡天数为 90 d 的打孔粉质砂岩的动态抗压强度值要低。

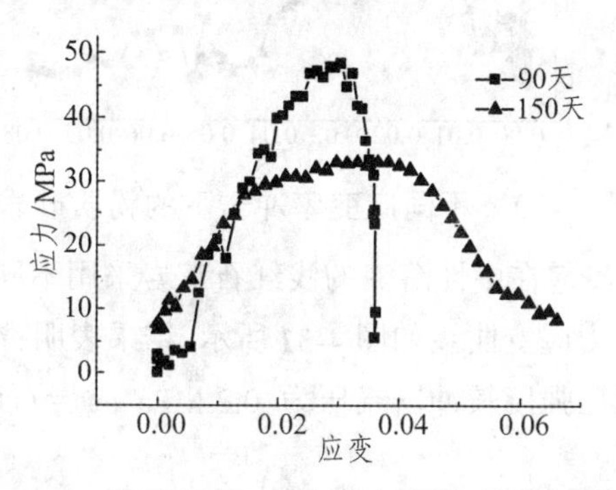

图 4-28　浸泡不同天数的有损伤的粉质砂岩

冲击气压为 0.1 MPa，常温下经 pH=2 的溶液浸泡的无损伤粉质砂岩，在经过试验后得到的应力应变曲线如图 4-29 所示，结论表明：常温条件下，经 pH=2 的溶液浸泡后，浸泡天数为 150 d 的粉质砂岩的动态抗压强度较浸泡天数为 90 d 的粉质砂岩的动态抗压强度值要低。

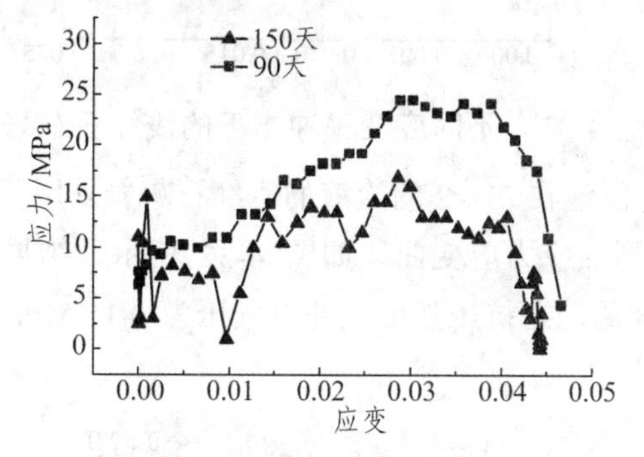

图 4-29　浸泡不同天数的无损伤的粉质砂岩

综上所述，浸泡的天数越长，其对岩石的动态抗压强度的损伤越严重。

5. 应变率对岩石动态性能的影响

自然条件下，采用不同冲击气压对粉质砂岩进行试验，经过试验后得到的应力应变曲线如图 4-30 所示，结果表明：冲击气压为 0.15 MPa 时岩石试样的动态抗压强度较冲击气压为 0.15 MPa 时岩石试样的动态抗压强度低 50%。

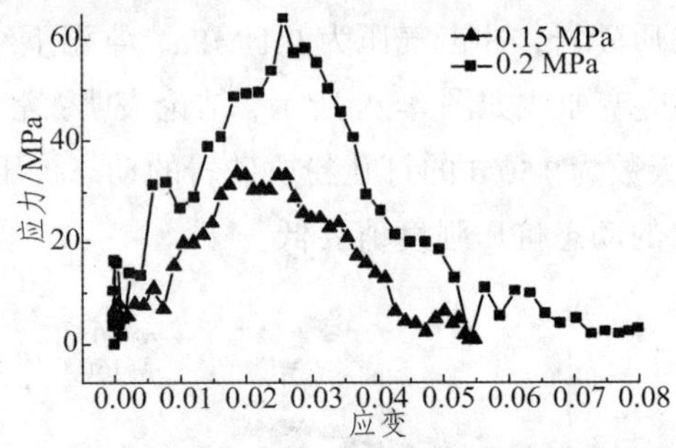

图 4-30 不同应变率冲击下的粉质砂岩

高温条件下，对浸泡在中性溶液的浅红石灰岩采用不同冲击气压进行试验，经过试验后得到的应力应变曲线如图 4-31 所示，结果表明：冲击气压为 0.15 MPa 时岩石试样的动态抗压强度较冲击气压为 0.2 MPa 时岩石试样的动态抗压强度低 50%。

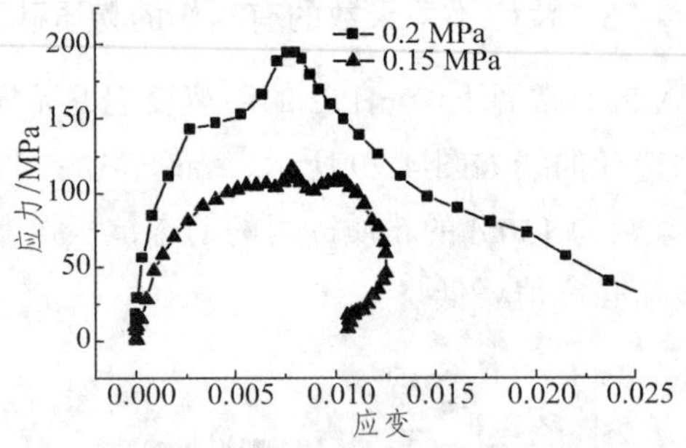

图 4-31 不同应变率冲击下的浅红石灰岩

高温条件下，对浸泡在 pH=2 的溶液的浅红石灰岩采用不同冲击气压进行试验，经过试验后得到的应力应变曲线如图 4-32 所示，结果表明：冲击气压为 0.1 MPa 时岩石试样的动态抗压强度较冲击气压为 0.15 MPa 时岩石试样的动态抗压强度低 19.2%。

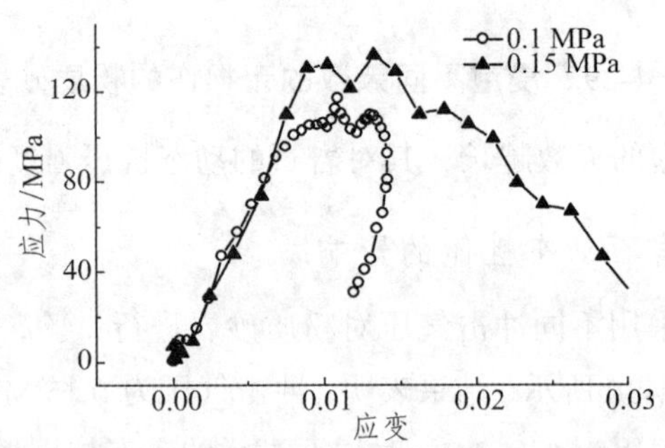

图 4-32 酸性环境下不同应变率冲击下的浅红石灰岩

高温条件下，对浸泡在中性溶液的灰质石灰岩采用不同冲击气压进行试验，经过试验后得到的应力应变曲线如图 4-33 所示，结果表明：冲击气压为 0.2 MPa 时岩石试样的动态抗压强度较冲击气压为 0.25 MPa 时岩石试样的动态抗压强度低 10.5%。

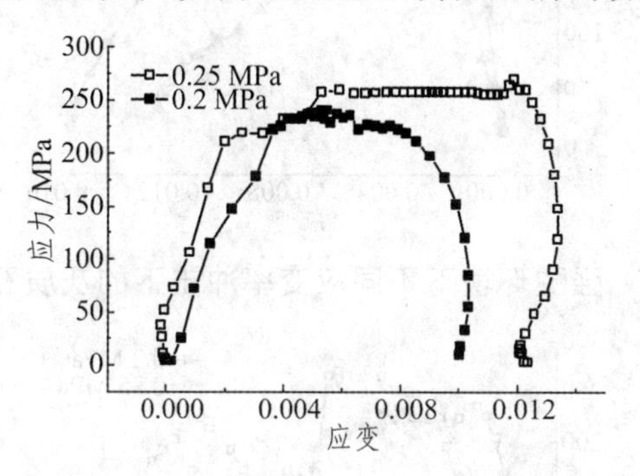

图 4-33　不同应变率冲击下的灰质石灰岩

常温下经蒸馏水浸泡的灰质石灰岩，采用不同冲击气压对其进行试验，经过试验后得到的应力应变曲线如图 4-34 所示，结果表明：冲击气压为 0.2 MPa 时岩石试样的动态抗压强度较冲击气压为 0.25 MPa 时岩石试样的动态抗压强度低 33%。

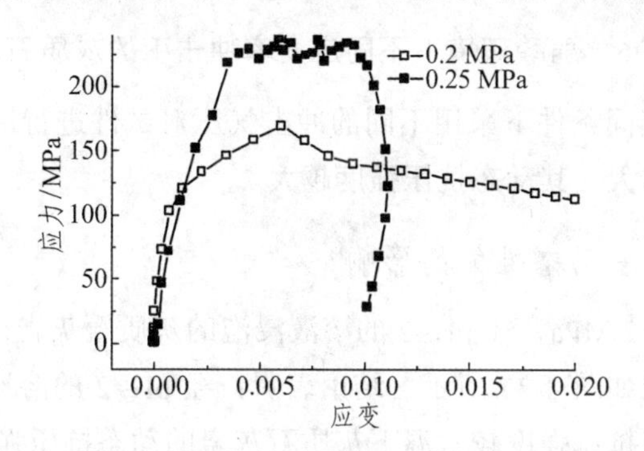

图 4-34　不同应变率冲击下的灰质石灰岩

常温下经 pH=2 的溶液浸泡的灰质石灰岩，采用不同冲击气压对其进行试验，经过试验后得到的应力应变曲线如图 4-35 所示，结果表明：冲击气压为 0.15 MPa 时岩石试样的动态抗压强度较冲击气压为 0.2 MPa 时岩石试样的动态抗压强度低 36%。

常温下经 pH=4 的溶液浸泡的灰质石灰岩，采用不同冲击气压对其进行试验，经过试验后得到的应力应变曲线如图 4-36 所示，结果表明：冲击气压为 0.2 MPa 时岩石试样的动态抗压强度较冲击气压为 0.25 MPa 时岩石试样的动态抗压强度低 20%。

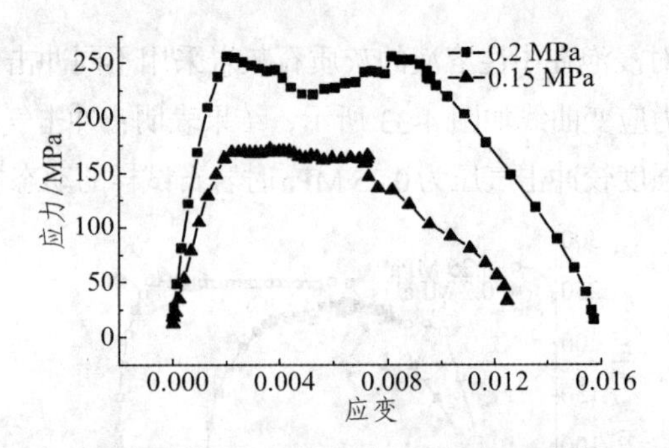

图 4-35　强酸环境下不同应变率冲击下的灰质石灰岩

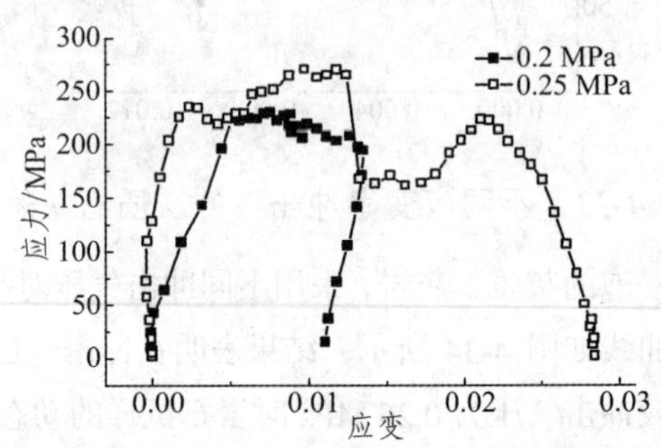

图 4-36　弱酸环境下不同应变率冲击下的灰质石灰岩

综上所述，相同条件下采用不同的冲击气压对试件进行试验，其动态抗压强度不同，压强越大，其动态抗压强度越大。

6. 温度对岩石动态性能的影响

冲击气压为 0.2 MPa，经 pH=2 的溶液浸泡的灰质石灰岩，在经过试验后得到的应力应变曲线如图 4-37 所示，结论表明：经 pH=2 的溶液浸泡后，高温下灰质石灰岩的动态抗压强度较常温下灰质石灰岩的动态抗压强度下降了约 5%。

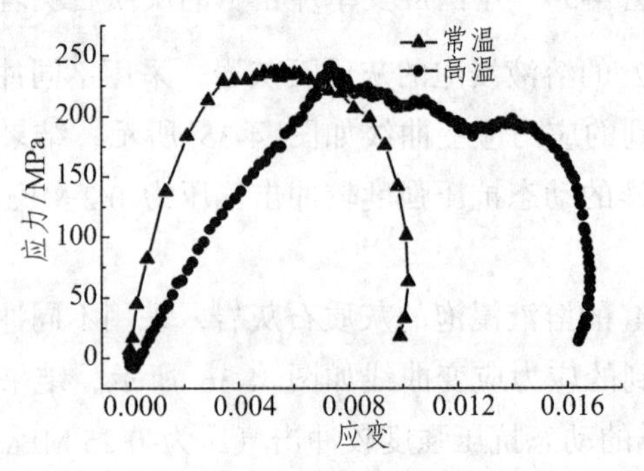

图 4-37　强酸环境下温度不同的灰质石灰岩

冲击气压为 0.2 MPa，经中性溶液浸泡的灰质石灰岩，在经过试验后得到的应力应变曲线如图 4-38 所示，结论表明：经中性溶液浸泡后，高温下灰质石灰岩的动态抗压强度较常温下灰质石灰岩的动态抗压强度下降了约 20%。

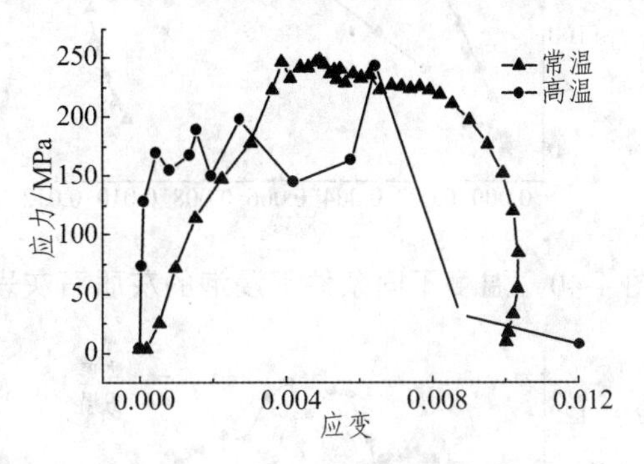

图 4-38 中性环境下温度不同的灰质石灰岩

冲击气压为 0.2 MPa，经 pH=4 的溶液浸泡的灰质石灰岩，在不同温度下进行试验，得到的应力应变曲线如图 4-39 所示，结论表明：经 pH=4 的溶液浸泡后，高温下灰质石灰岩的动态抗压强度较常温下灰质石灰岩的动态抗压强度下降了约 18%。

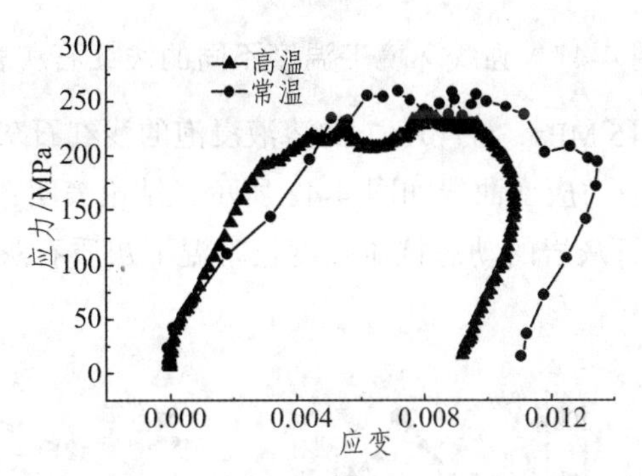

图 4-39 弱酸环境下温度不同的灰质石灰岩

冲击气压为 0.2 MPa，经蒸馏水浸泡的灰质石灰岩，在不同温度下进行试验，得到的应力应变曲线如图 4-40 所示，结论表明：经蒸馏水浸泡后，高温下灰质石灰岩的动态抗压强度较常温下灰质石灰岩的动态抗压强度下降了约 9%。

冲击气压为 0.15 MPa，经 pH=2 的溶液浸泡的浅红石灰岩，在不同温度下进行试验，得到的应力应变曲线如图 4-41 所示，结论表明：经 pH=2 的溶液浸泡后，高温下浅红石灰岩的动态抗压强度较常温下浅红石灰岩的动态抗压强度下降了约 28%。

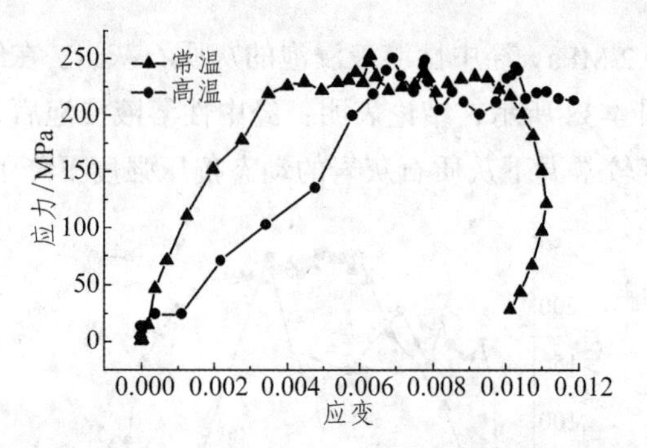

图 4-40　温度不同条件下浸泡的灰质石灰岩

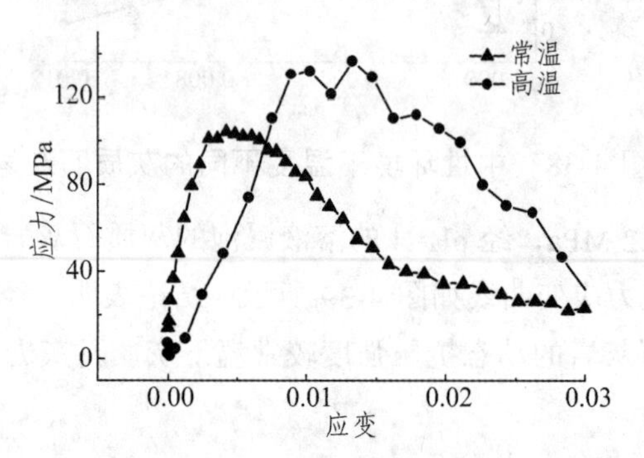

图 4-41　强酸环境下温度不同的浅红石灰岩

冲击气压为 0.15 MPa，经 pH=7 的溶液浸泡的浅红石灰岩，在不同温度下进行试验，得到的应力应变曲线如图 4-42 所示，结论表明：经 pH=2 的溶液浸泡后，高温下浅红石灰岩的动态抗压强度较常温下灰质石灰岩的动态抗压强度下降了约 50%。

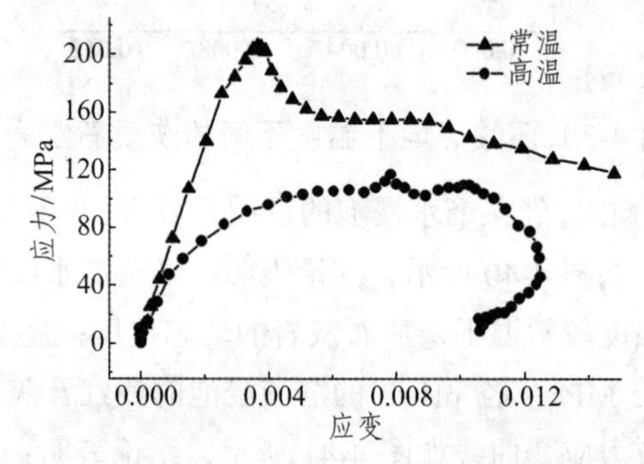

图 4-42　温度不同条件下浸泡的浅红石灰岩

冲击气压为 0.1 MPa，经 pH=2 的溶液浸泡的无损伤粉质砂岩，在不同温度下进行试验，得到的应力应变曲线如图 4-43 所示，结论表明：经 pH=2 的溶液浸泡后，高温下粉质砂岩的动态抗压强度较常温下灰质石灰岩的动态抗压强度下降了约 44%。

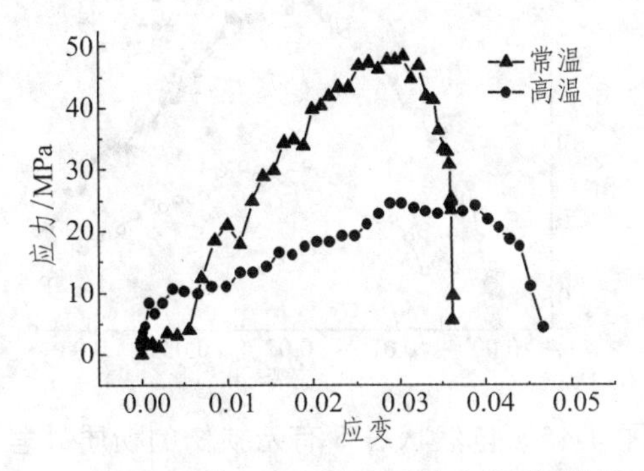

图 4-43　强酸环境下温度不同的有损伤粉质砂岩

对于打孔的粉质砂岩，冲击气压为 0.1 MPa，经 pH=2 的溶液浸泡后，在不同温度下进行试验，得到的应力应变曲线如图 4-44 所示，结论表明：经 pH=2 的溶液浸泡后，高温下粉质砂岩的动态抗压强度较常温下灰质石灰岩的动态抗压强度下降了约 57%。

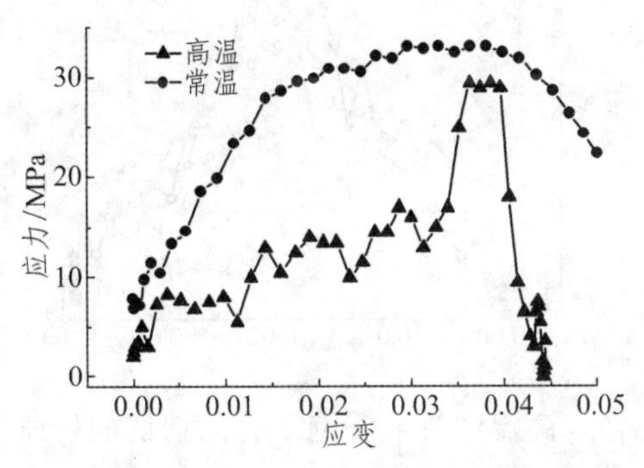

图 4-44　强酸环境下温度不同的无损伤粉质砂岩

综上所述，浸泡试件时的温度不同，对试件的动态抗压强度影响也很大，温度越高，其动态抗压强度下降得越多，其原因为高温作用下，岩石的化学反应剧烈，岩石的结构发生变化，导致强度降低。其中粉质砂岩的动态抗压强度下降的最为明显，其次为浅红石灰质石灰岩，最后为灰质石灰岩。

7. 岩石损伤对岩石动态性能的影响

自然状态下，采用冲击气压为 0.15 MPa 对分别对有损伤及无损伤的粉质砂岩进行试验，得到的应力应变曲线如图 4-45 所示，结论表明：有损伤粉质砂岩的动态抗压强度较无损伤粉质砂岩的动态抗压强度要下降约 56%。

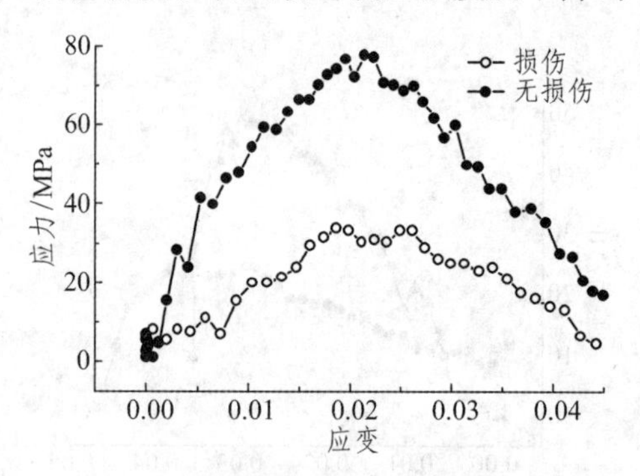

图 4-45 自然状态下有无损伤的粉质砂岩

冲击气压为 0.1 MPa，高温条件下经中性溶液浸泡的伤粉质砂岩，分别采用有损伤与无损伤试件进行试验，得到的应力应变曲线如图 4-46 所示，结论表明：高温养护下，有损伤的粉质砂岩的动态抗压强度比无损伤的粉质砂岩的动态抗压强度要下降 14.3%。

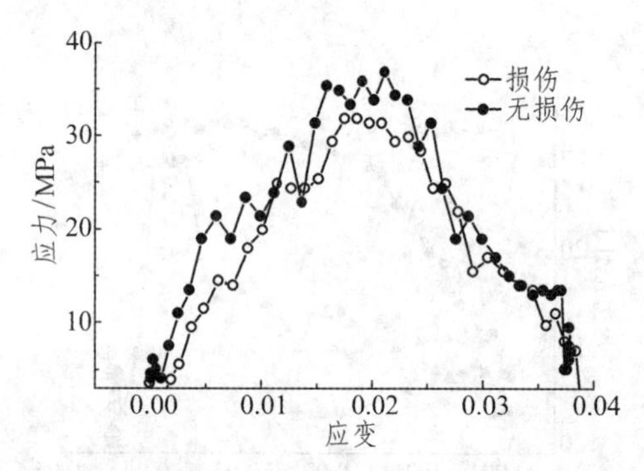

图 4-46 高温中性盐浸泡下有无损伤的粉质砂岩

冲击气压为 0.15 MPa，常温条件下经 pH=4 的溶液浸泡的粉质砂岩，分别采用有损伤与无损伤试件进行试验，得到的应力应变曲线如图 4-47 所示，结论表明：常温养护下，有损伤的粉质砂岩的动态抗压强度远低于无损伤的粉质砂岩的动态抗压强度，约下降 25%。

冲击气压为 0.15 MPa，常温条件下经 pH=2 的溶液浸泡的伤粉质砂岩，分别采用有损伤与无损伤试件进行试验，得到的应力应变曲线如图 4-48 所示，结论表明：常温条件下，有损伤的粉质砂岩的动态抗压强度远低于无损伤的粉质砂岩的动态抗压强度，下降约 25%。

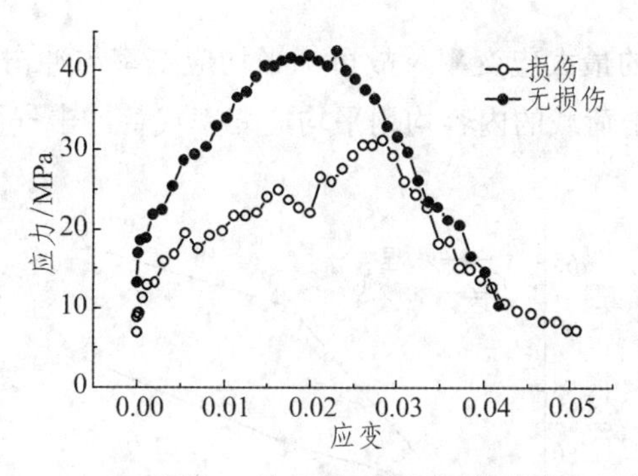

图 4-47　弱酸性环境浸泡有无损伤的粉质砂岩

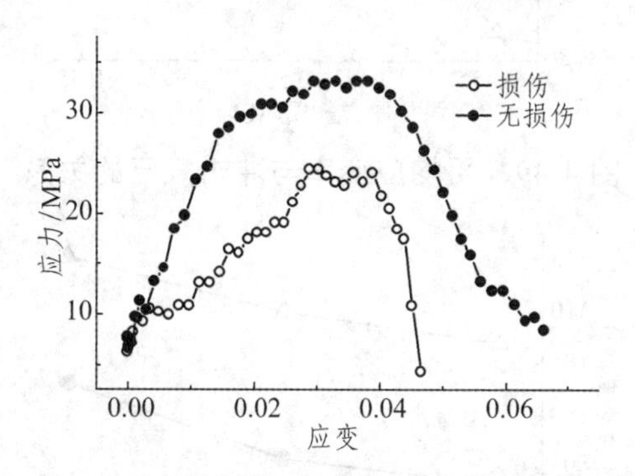

图 4-48　强酸性环境浸泡有无损伤的粉质砂岩

综上所述，经过同样条件腐蚀的粉质砂岩，无损伤的粉质砂岩的动态抗压强度远大于有损伤粉质砂岩的抗压强度。其原因是有损伤的粉质砂岩进行的化学变化更充分，内部结构更松散。

4.2.5　纯动载作用下应变率与酸化岩石的破坏特征分析

应变率的大小直接反映出岩石在受到冲击载荷作用下岩石变形的快慢，为了更好的描述应变率与酸化岩石力学特性的相关性，现对应变率与酸化岩石的破坏特征展开分析。

为了更加直观表现应变率与冲击气压的关系，定义各应变率的均值为平均应变率，图 4-49 为平均应变率与冲击气压的关系曲线，图 4-50 为最大应变率与冲击气压的关系曲线。

由图 4-49 及图 4-50 可知，岩石的平均应变率随着冲击气压的增大而增大，岩石的最大应变率同样随着冲击气压的增大而增大，在相同冲击气压作用下，大理岩的平均应变率整体上要略小于红砂岩的平均应变率，大理岩的最大应变率同样小于红砂岩的最大应变率。故可知平均应变率与冲击气压成线性比例关系，后文在讨论冲击荷载的内容均用平均应变率代替冲击气压。

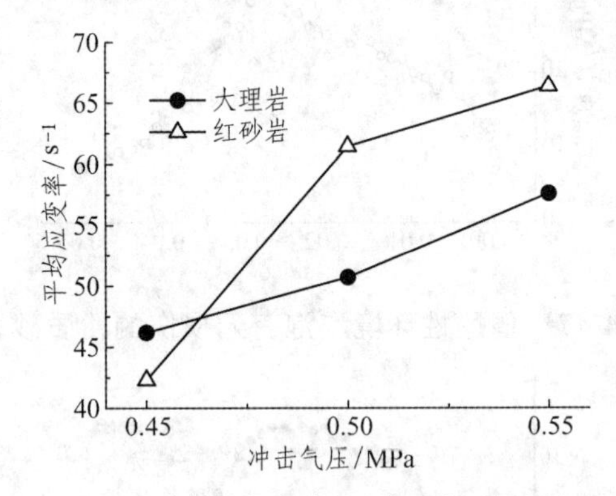

图 4-49　平均应变率与冲击气压的关系

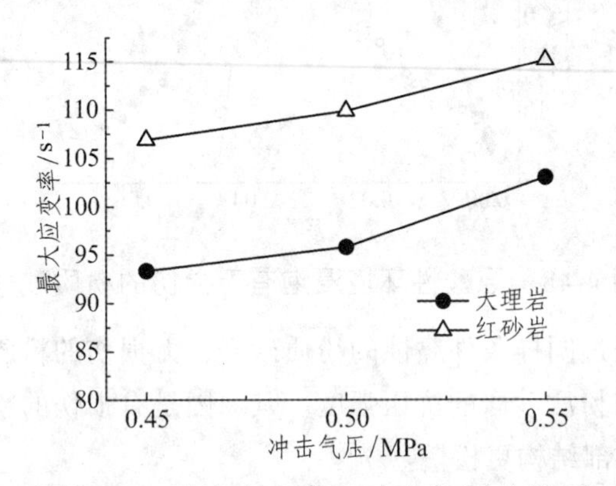

图 4-50　最大应变率与冲击气压的关系

观察红砂岩及大理岩在冲击动载作用下的峰值应力可以发现，在冲击动载作用下酸化岩石的动态抗压强度相比于静态抗压强度均有不同程度的提升。为了讨论酸化岩石的动态抗压强度与静态抗压强度之间的关系，现引入一个动态抗压强度增长因子 η 来表征岩石强度在动态荷载作用下的变化，其中η为岩石的动态抗压强度与单轴抗压强度的比值。图 4-51 为岩石动态抗压强度因子与平均应变率的关系曲线。

如图 4-51 所示，岩石动态抗压强度因子η随着平均应变率的增大而增大，即随着平均应变率的增加，酸化岩石的动态抗压强度与单轴抗压强度的比值逐渐增大，相对于大理岩而言，平均应变率对酸化红砂岩的动态抗压强度增长因子影响更为明显。

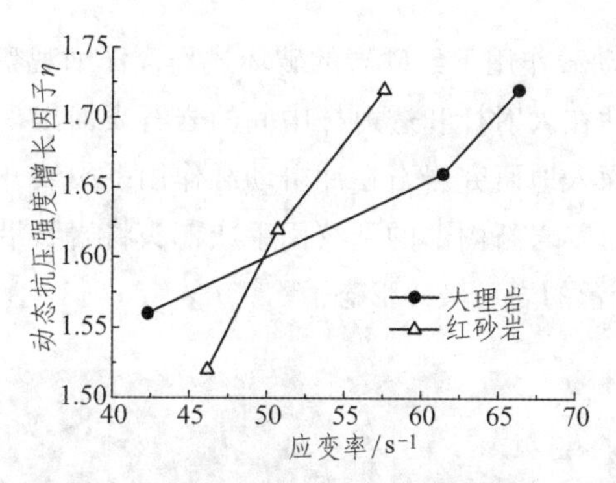

图 4-51　动态抗压强度增长因子 η 与平均应变率的关系

究其原因，红砂岩与大理岩都属于内部结构致密的岩石，但由于红砂岩内部的裂隙发育得较为充分，长时间的酸性环境浸泡并没有明显改变其内部构成，在接受低应变率的动态荷载冲击作用下，红砂岩内部原有的裂缝发生破坏，而新的裂纹来不及扩展，因此在低应变率下其动态抗压强度增长因子小，随着应变率的增加，冲击载荷加大导致新产生的新鲜裂纹及时参与冲击破碎全过程，导致材料破坏的更为完整，此时相应的动态抗压强度增长因子增大。大理岩在酸性溶液中长期浸泡，内部已有新的裂纹产生，在低应变率的动态荷载冲击下，大理岩原有及浸泡后产生的细观裂纹全部参与破碎全过程，故在低应变率下大理岩的动态抗压强度因子较红砂岩大，但红砂岩内部较大理岩更为致密，故随着应变率的增加，这种效应显著减弱。

图 4-52　冲击动载作用下岩石的破坏过程

图 4-52 为冲击动载作用下红砂岩的破坏过程，仔细观察图片发现，在冲击动载的作用下，紧贴在入射杆和透射杆中间的岩石表面出现裂纹并发生明显的破裂情况。为更加深入地研究岩石在冲击动载作用下裂纹开展及其破裂情况，将破碎岩石取出，沿着岩石内部的裂纹用手或榔头将岩石沿着裂缝分离，得到图 4-53 及图 4-54 所示的岩石破碎形态。

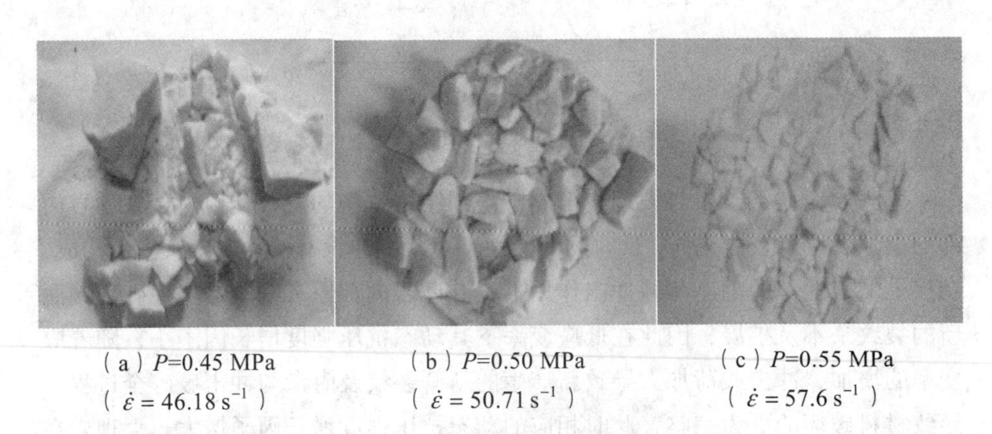

（a）P=0.45 MPa（$\dot{\varepsilon} = 46.18\ \mathrm{s}^{-1}$）　（b）$P$=0.50 MPa（$\dot{\varepsilon} = 50.71\ \mathrm{s}^{-1}$）　（c）$P$=0.55 MPa（$\dot{\varepsilon} = 57.6\ \mathrm{s}^{-1}$）

图 4-53　大理岩破坏形态

（d）P=0.45 MPa（$\dot{\varepsilon} = 42.31\ \mathrm{s}^{-1}$）　（e）$P$=0.50 MPa（$\dot{\varepsilon} = 61.43\ \mathrm{s}^{-1}$）　（f）$P$=0.55 MPa（$\dot{\varepsilon} = 66.34\ \mathrm{s}^{-1}$）

图 4-54　红砂岩破坏形态

由图 4-53 及图 4-54 可以看出，大理岩与红砂岩有着相似的断裂破坏形态，随着冲击气压或平均应变率的增加，岩样破碎的碎块颗粒直径明显降低，有着显著的应变率相关性。但是由于红砂岩结构内部整体性较大理岩更好，且在酸性环境浸泡下的腐蚀程度不及大理岩，因此在相同冲击气压作用下红砂岩破碎的颗粒直径比大理岩的颗粒直径要大些，而大理岩的破碎程度更为严重，两者均呈现压碎的破坏形态。

4.3　动静组合作用下岩石的力学特性

4.3.1　组合加载试验装置的改装及其可行性探讨

传统的分离式霍普金森压杆能够实现动态加载，并得出试样的本构关系曲线，然而深部岩石受力情况复杂，同时受到冲击动载及三轴静载组合作用，为模拟岩石实际的受力状态，中南大学在传统 SHPB 装置基础上进行了改装，在对岩样施加动载的基础上成功的施加围压和轴向静载[15-17]。图 4-55 为组合加载实验装置的示意图，图 4-56（a）所示为动静组合加载装置实物图，图 4-56（b）所示为围压装置详图。

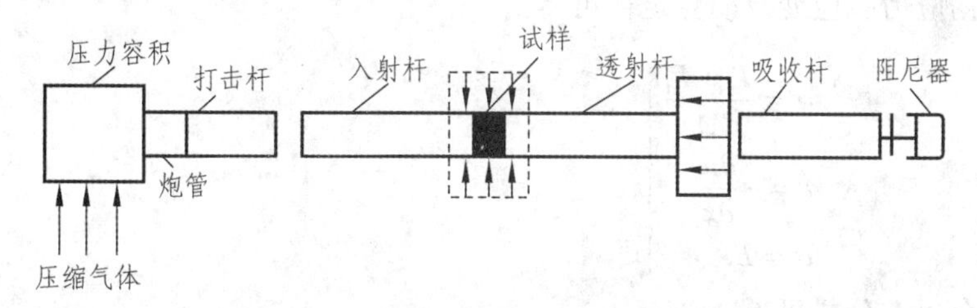

图 4-55　动静组合加载装置示意图

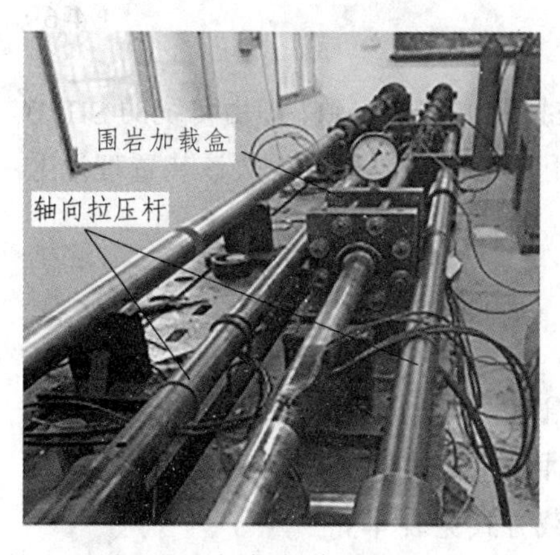

（a）加载系统

（b）围压加载盒

图 4-56　动静组合加载装置

该仪器与传统 SHPB 装置的不同之处在于图 4-56 所标注的围压及轴压装置，最大加载围压与轴压载荷均可达到 200 MPa，足以满足工程需求。

图 4-57 给出了动静组合加载作用下微元的受力图。

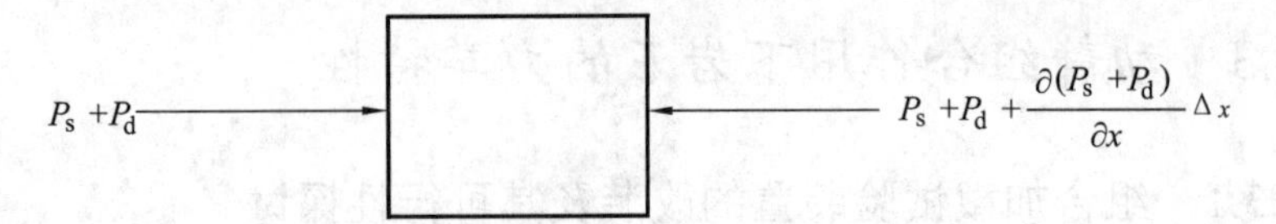

图 4-57　动静组合试样微元受力图

根据杆中一维应力波假定可以得到微元在组合加载作用下的受力变形关系：

$$-\frac{\partial(P_s+P_d)}{\partial x}\Delta x=\rho A\Delta x\frac{\partial^2 u}{\partial t^2} \tag{4-4}$$

式中：A 、ρ 分别为弹性杆截面积和密度；u 代表微元受力后的位移；P_s、P_d 分别试样所受的静载及动载。

根据应力、应变及胡克定律可得：

$$\left.\begin{aligned}\sigma&=\frac{P_s+P_d}{A}\\ \varepsilon&=-\frac{\partial u}{\partial x}\\ \sigma&=E\varepsilon\end{aligned}\right\} \tag{4-5}$$

综合以上公式可得：

$$\rho\frac{\partial^2 u}{\partial t^2}=E\frac{\partial^2 u}{\partial x^2} \tag{4-6}$$

式（4-6）与第 2 章中讨论的一维应力波控制方程式一致，即由传统的 SHPB 装置改装而成的组合加载实验系统同样适用一维应力波理论。故该装置理论上是可行的。

4.3.2　试验方法

本试验所有岩石试样均按照本书 4.2 节试件制作流程要求进行取芯制作，并放置在 pH=4 的酸性环境下养护 30 d，进行冲击动载试验的岩石试样尺寸均为直径 50 mm，高 25 mm 的圆柱体。本试验加载方式见表 4-3。

表 4-3　加载方式分类

试验部分	冲击气压/MPa					轴压/MPa	围压/MPa
一维动静	0.45	0.50	0.55	0.60	0.65	8	
三维动静	0.55	0.65	0.75	0.85		8	2

上述试验主要是研究轴向静载以及轴向静载和围压组合对酸化岩石动态力

学性能的影响，试验中冲击气压的大小视试验时岩石的具体破坏情况进行选定。试验过程中发现，岩石受到小于 0.45 MPa 的冲击气压时冲击时试样不能发生破坏，故将冲击气压最小调整为 0.45 MPa。在三维加载试验过程中，保证施加荷载的精准度，先后施加轴向静载及围压，防止岩石在施加动载前发生受压破坏。

4.3.3　试验步骤

如前所述，本次试验是在 SHPB 装置上实现对岩石的冲击动载的加载试验，通过测量 SHPB 装置中的应力波来推算得出岩石的应力-应变曲线，动态加载试验部分和动静组合加载部分分别是在华东交通大学力学实验室和中南大学资源与安全工程学院实验室进行的，具体试验步骤如下：

（1）对岩块进行取芯加工制作，用酸性溶液浸泡腐蚀，准备好该试验所需的全部岩石试样。

（2）对 SHPB 装置杆件进行打磨，在对称位置粘贴应变片，采用惠斯通电桥原理连接好电路装置，在电桥连接温度补偿片，以防止应变片受到温度的影响。

（3）对试验装置进行无试样冲击试验，观察波形的变化，通过波形形状调整试验装置。

（4）将试样两端端部均匀抹上黄油，放置在两杆中间并固定好位置，尽量与杆端对齐，需要加载轴压及围压的试验采用手动泵施加静载，施加荷载的先后顺序为先施加围压再施加轴压。

（5）将打击杆推入发射装置内，打开控制氮气瓶的阀门，使氮气进入腔内。

（6）打开阀门，氮气驱动杆件冲击岩石，系统自动采集数据，对数据进行存档，收集好破碎岩石试样，清理试验装置，进行数据处理和分析，根据试验结果进行下一轮试验。

（7）试验完毕后，关闭所有仪器及阀门，清理试验器材。

4.3.4　一维动静组合作用下红砂岩的试验研究

为模拟深部岩石受到高地应力作用，对岩石开展一维组合加载试验研究工作。一维动静组合加载试验即在岩石两端施加冲击动载的基础上施加轴向静载，采用油泵加压的原理预先对岩石施加一定的轴向载荷，然后再对岩样进行动态冲击试验，本节中对岩石所施加的轴向静载固定为 8 MPa。

分别采用气压为 0.45 MPa、0.50 MPa、0.55 MPa、0.60 MPa 及 0.65 MPa 的冲击气压对红砂岩进行冲击试验，红砂岩在受到冲击动载后发生挤压破坏。红砂岩在一维动静组合作用下的冲击破坏主要分三个阶段：第一阶段为弹性阶段，红砂岩受到外荷载瞬时冲击作用，岩石内部原有孔隙及裂纹受到挤压紧密排列，岩石发生弹性变形，此时岩石的应力-应变曲线呈现不断向上增长的趋势，随着外力冲击时间的增加，红砂岩结构受压产生裂纹，逐渐进入到第二阶段即弹塑性阶段，此阶段红砂岩受压破坏，但应力仍在继续上升，并达到峰值应力。第三阶段为塑性阶段，此时红砂岩完全丧失承载力，岩石基本破坏。试验得到红砂岩在一维动静组合作用下的应力-应变曲线如图 4-58 所示。

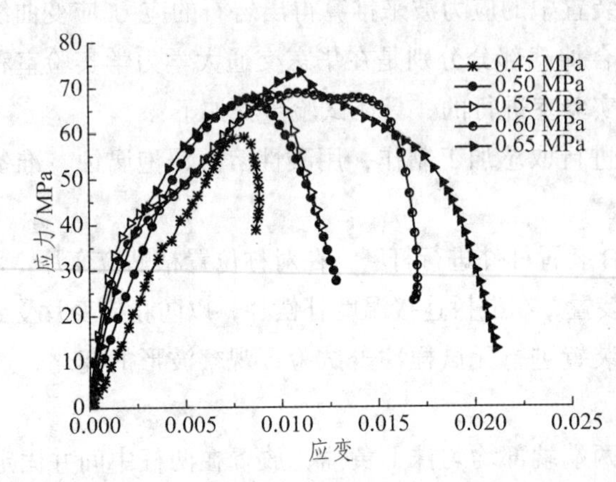

图 4-58　一维动静组合作用下红砂岩的应力-应变曲线

图 4-58 所示的红砂岩在一维动静组合作用下的应力-应变曲线完全符合红砂岩受荷载冲击发生挤压变形的三个阶段，图中五条曲线全部由弹性变形的上升段、弹塑性变形的过渡段及塑性变形的下降段组成，由该图可以得知，冲击气压为 0.45 MPa 时，酸化红砂岩的峰值应力为 59.13 MPa，冲击气压为 0.5 MPa 时，酸化红砂岩的峰值应力为 67.72 MPa，冲击气压为 0.55 MPa 时，酸化红砂岩的峰值应力为 68.21 MPa，冲击气压为 0.6 MPa 时，酸化红砂岩的峰值应力为 68.9 MPa，冲击气压为 0.65 MPa 时，酸化红砂岩的峰值应力为 73.41 MPa。在一维动静组合作用下，酸化红砂岩的峰值应力随着冲击气压的增大而增大。

经上一节研究结果得出，纯动载作用下岩石的平均应变率和最大应变率均随着冲击气压的增大而增大，图 4-59 及图 4-60 讨论了在一维动静组合作用下红砂岩的平均应变率及最大应变率与冲击气压的关系。

由图 4-59、图 4-60 可知，在一维动静组合作用下酸化红砂岩的平均应变率随冲击气压的增大而增大，红砂岩的最大应变率也随着冲击气压的增大而增大，这与酸化红砂岩在纯动载作用下应变率与冲击气压的变化规律相吻合。

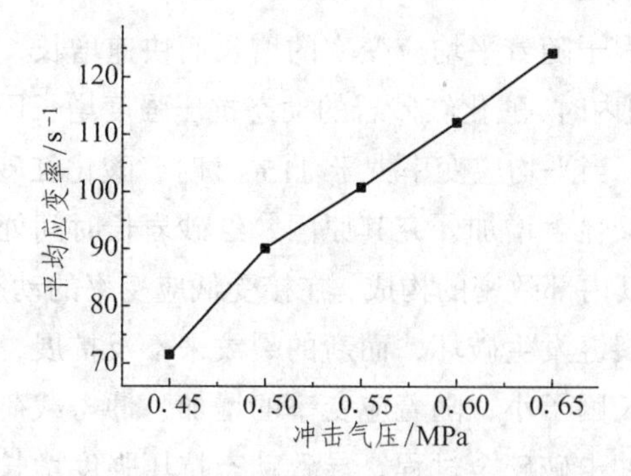

图 4-59　平均应变率与冲击气压的关系

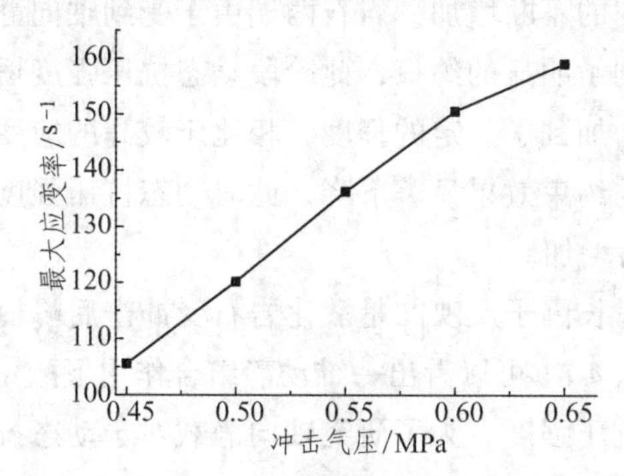

图 4-60　最大应变率与冲击气压的关系

为了探究一维动静组合作用下酸化岩石动态抗压强度增长因子与平均应变率之间的关系，图 4-61 给出了在一维动静组合作用下酸化红砂岩的动态抗压强度增长因子与平均应变率的关系曲线。

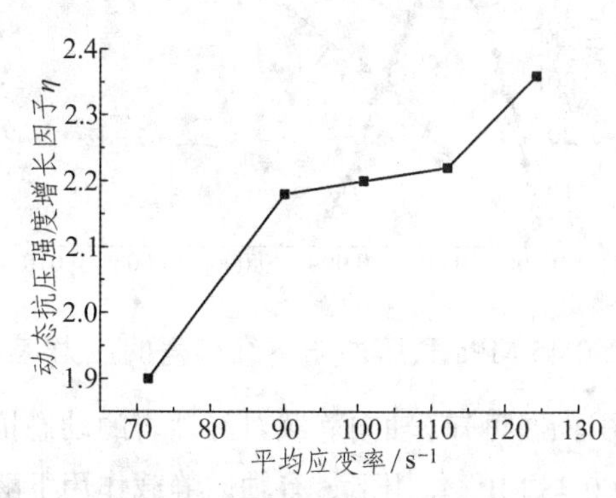

图 4-61　动态抗压强度增长因子与平均应变率的关系

分析图 4-61 可得，随着平均应变率的增加，酸化红砂岩的动态抗压强度增长因子整体处于一个增长的趋势，当平均应变率不大于 90 s^{-1} 时，酸化红砂岩的动态抗压强度增长因子随着平均应变率的增长而快速增长，当平均应变率处于 90 s^{-1} 至 115 s^{-1} 范围内时，酸化红砂岩的动态抗压强度增长因子随着平均应变率的增长而缓慢增加，当平均应变率大于 115 s^{-1} 时，酸化红砂岩动态抗压强度增长因子增长的趋势又显著增加。究其原因，红砂岩长时间处于酸性环境中的浸泡并没有明显改变其内部致密的构成，在接受低应变率的动态荷载冲击作用下，红砂岩内部原有的裂缝发生破坏，而新的裂纹来不及扩展，因此在低应变率下其动态抗压强度增长因子小，随着应变率的增加，冲击载荷加大导致新产生的新鲜裂纹及时参与冲击破碎全过程，导致动态抗压强度增长因子增大的趋势较为明显，随着应变率的不断增加，岩石两端由于受到轴向静载的作用，受冲击后新产生的裂纹受到了明显的约束，此阶段动态抗压强度增长因子增长的较为缓慢，随着应变率增加到了一定的程度，相比于较高的应变率对岩石的冲击作用，轴向静载产生的约束效果显著下降，此时动态抗压强度增长因子随着平均应变率的增加而显著增加。

动态抗压强度增长因子反映的是酸化岩石受冲击后峰值应力与单轴抗压强度比值的关系，从图 4-61 可以看出一维动静组合作用下酸化红砂岩的动态抗压强度明显高于单轴抗压强度，为了研究轴向静载对于动态抗压强度的影响，图 4-62 及图 4-63 分别给出了冲击气压为 0.45 MPa 及 0.5 MPa 的酸化红砂岩在有无轴压加载下的应力-应变曲线图。

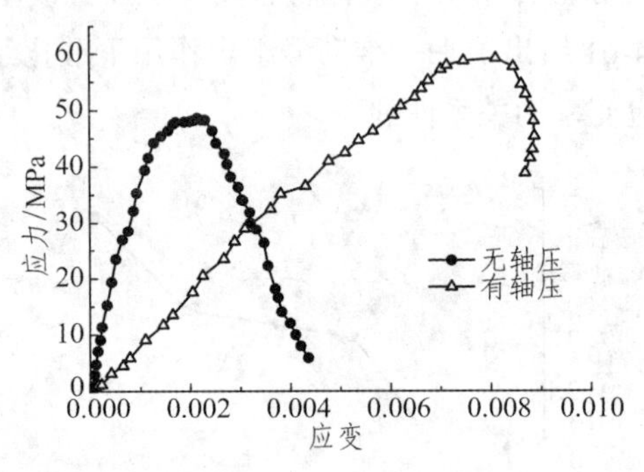

图 4-62　0.45 MPa 气压冲击下红砂岩的应力-应变曲线

分析图 4-62 及图 4-63 可知，轴向静载对红砂岩的动态抗压强度有着显著的影响，在冲击气压为 0.45 MPa 作用下，有轴向静载作用下酸化红砂岩的峰值应力较无轴向静载作用下酸化红砂岩的峰值应力提升约 23.59%，在冲击气压为 0.50 MPa 作用下，有轴向静载作用下酸化红砂岩的峰值应力较无轴向静载作用下酸化红砂岩的峰值应力提升约 31.08%，由此可见轴向静载的存在大大增强了酸化红砂岩的峰值应力，同时观察可以发现，酸化红砂岩在轴向静载作用下的峰值应变较无轴向静载作用下的峰值应变显著增大。

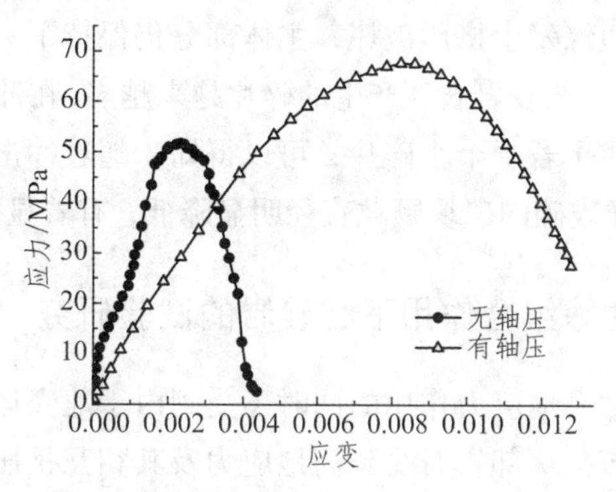

图 4-63　0.50 MPa 气压冲击下红砂岩的应力-应变曲线

为了更加直观地分析酸化红砂岩在一维动静组合作用下的力学性能及其变形情况，图 4-64 给出了酸化红砂岩在不同气压（平均应变率）冲击作用下破碎形态的相关图片。

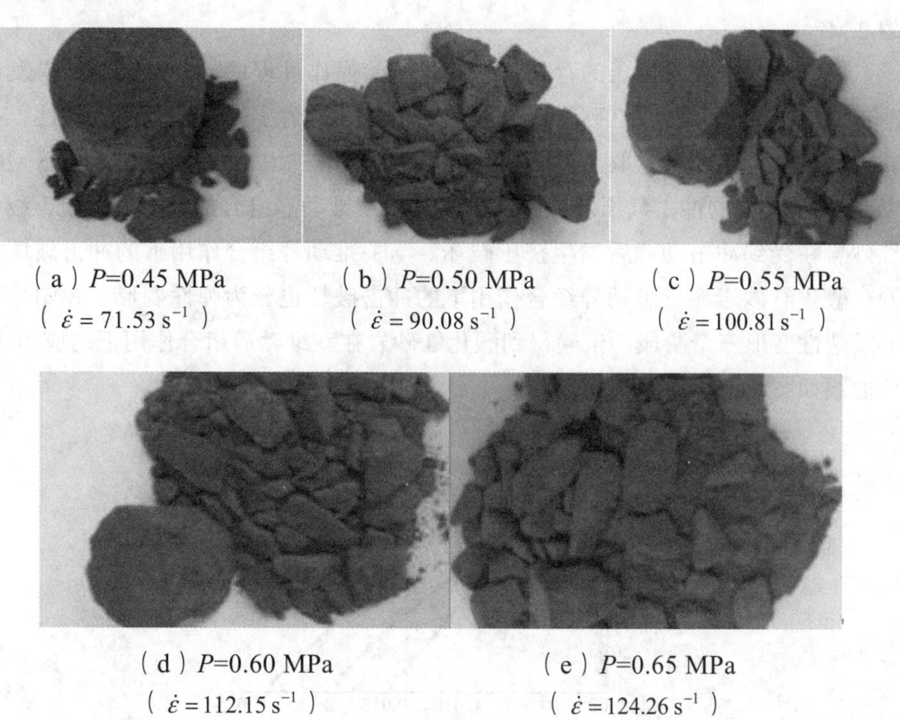

（a）P=0.45 MPa（$\dot{\varepsilon}=71.53\ \mathrm{s}^{-1}$）　（b）$P$=0.50 MPa（$\dot{\varepsilon}=90.08\ \mathrm{s}^{-1}$）　（c）$P$=0.55 MPa（$\dot{\varepsilon}=100.81\ \mathrm{s}^{-1}$）

（d）P=0.60 MPa（$\dot{\varepsilon}=112.15\ \mathrm{s}^{-1}$）　（e）$P$=0.65 MPa（$\dot{\varepsilon}=124.26\ \mathrm{s}^{-1}$）

图 4-64　一维动静组合加载作用下红砂岩的破坏

由图 4-64 可以看出，红砂岩在一维动静组合作用下的断裂破坏形态与纯动载作用下的断裂破坏形态相似，两者均呈现压碎的破坏形态。在 0.45 MPa 的气压冲击下，红砂岩边缘发生挤压破坏，主体部分仍保持了一定的完整度，随着冲击气压的不断增大，红砂岩破坏产生的碎片越来越多，在冲击气压为 0.65 MPa 时，红砂岩被挤压成了若干个小碎片，可以得知，随着冲击气压或平均应变率的增加，红砂岩岩样破碎的碎块颗粒直径明显降低，有着显著的应变率相关性。

4.3.5 三维动静组合作用下红砂岩的试验研究

深部岩石在受到高地应力作用的同时还受到由于地壳运动引起的岩体间相互挤压作用力，为模拟深部岩石受到高地应力及其相互挤压作用的效果，对岩石开展了三维组合加载试验研究工作。三维动静组合加载试验即在一维动静组合加载试验的基础上加载固定围压，与轴向静载的加载方式相同，采用油泵加压的原理施加围压，预先对岩石施加一定的轴向载荷及围压，然后再对岩样进行动态冲击试验，本节中对红砂岩所施加的轴向静载固定为 8 MPa，围压固定为 2 MPa。

由于轴向静载及围压的存在，在具体试验操作过程中，分析试验结果发现冲击气压过小时，酸化红砂岩难以发生冲击破坏，为了保证试验的有效性，在冲击气压的选取上尽量取大值，因此分别采用 0.55 MPa、0.65 MPa、0.75 MPa 以及 0.85 MPa 的冲击气压对酸化红砂岩进行三维动静组合加载冲击试验，酸化红砂岩在受到冲击动载后发生挤压破坏。与一维动静组合作用下的冲击破坏相同，酸化红砂岩在三维动静组合作用下的冲击破坏也分为弹性变形、弹塑性变形及塑性变形三个阶段。试验得到酸化红砂岩在三维动静组合作用下的应力-应变曲线如图 4-65 所示。

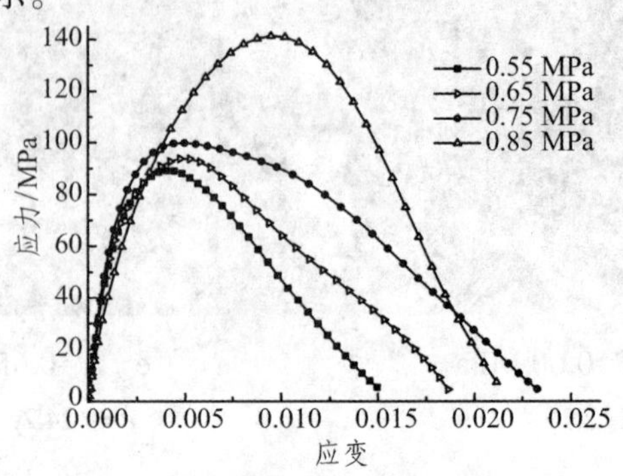

图 4-65 三维动静组合作用下红砂岩的应力-应变曲线

图 4-65 所示的酸化红砂岩在三维动静组合作用下的应力-应变曲线完全符合红砂岩受荷载冲击发生挤压变形的三个阶段，图中四条曲线全部由弹性变形的上升段、弹塑性变形的过渡段及塑性变形的下降段组成，由该图可以得知，冲击气压为 0.55 MPa 时，酸化红砂岩的峰值应力为 89.23 MPa，冲击气压为 0.65 MPa 时，酸化红砂岩的峰值应力为 93.76 MPa，冲击气压为 0.75 MPa 时，酸化红砂岩的峰值应力为 99.86 MPa，冲击气压为 0.85 MPa 时，酸化红砂岩峰值应力为 141.31 MPa。在三维动静组合作用下，酸化红砂岩的峰值应力随着冲击气压的增大而呈现逐渐增大的趋势。

经前文的研究结果得出，纯动载作用下及一维动静组合作用下红砂岩的平均应变率和最大应变率均随着冲击气压的增大而增大，为了研究三维动静组合作用下酸化红砂岩平均应变率及最大应变率与冲击气压的关系是否与两者相同。图 4-66 及图 4-67 给出了三维动静组合作用下红砂岩的平均应变率及最大应变率与冲击气压的关系。

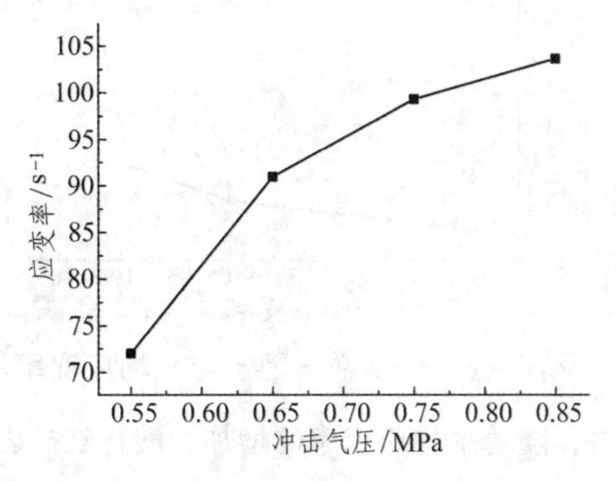

图 4-66　平均应变率与冲击气压的关系

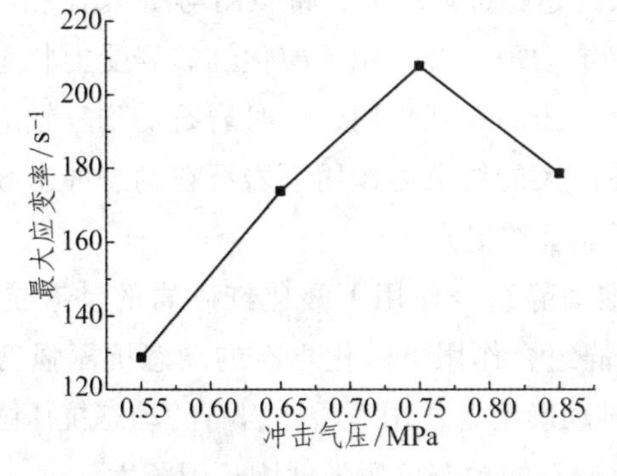

图 4-67　最大应变率与冲击气压的关系

由上图可知，在三维动静组合作用下酸化红砂岩的平均应变率随着冲击气压的增大而增大，但随着冲击气压的增加，平均应变率增大的趋势逐渐放缓。在气压不大于 0.75 MPa 冲击作用下酸化红砂岩的最大应变率也随着冲击气压的增大而增大，但当冲击气压大于 0.75 MPa 后，酸化红砂岩的最大应变率随着冲击气压的增大呈现减少的趋势，这与酸化红砂岩在纯动载作用下及一维动静组合作用下的应变率与冲击气压的变化规律略为不同，造成这一现象的产生可能是由于当冲击气压大于一定值时，岩石内部的应变率已经达到极限状态，但由于试验数据点不足，也有可能是试验样本点数据偏少造成数据失真。

为了探究三维动静组合作用下酸化岩石动态抗压强度增长因子与平均应变率之间的关系，图 4-68 给出了在三维动静组合作用下酸化红砂岩的动态抗压强度增长因子与平均应变率的关系曲线。

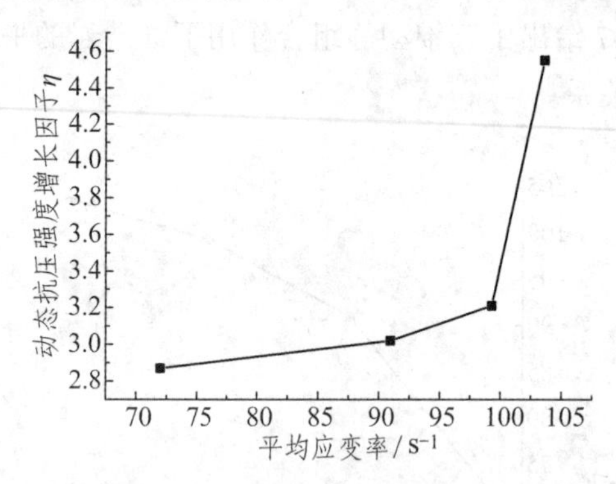

图 4-68　动态抗压强度增长因子与平均应变率的关系

分析图 4-68 可得，随着平均应变率的增加，酸化红砂岩的动态抗压强度增长因子整体处于一个增长的趋势，随着平均应变率不断增加，红砂岩的动态抗压强度增长因子增长的趋势逐渐增大，将该图与图 4-61 相对比可以发现两者的曲线略有不同，与一维动静组合作用下酸化红砂岩受力状态相比较，三维动静组合加载时多了一个围压的相互作用，此时岩石受到三轴应力的作用，产生了较大的约束效应，在巨大的约束力作用下岩石在动态冲击载荷不易产生裂纹，岩石的承载力得到了显著的提升。

观察发现，三维动静组合作用下酸化红砂岩的动态抗压强度增长因子为 2.8 ~ 4.6，而一维动静组合作用下酸化岩石的动态抗压强度增长因子的范围在 1.8 ~ 2.4，说明在三维动静组合作用下酸化岩石的动态抗压强度增长因子较一维动静组合作用下酸化岩石的动态抗压强度增长因子大。

三维动静组合作用较一维动静组合作用的本质区别即在岩石的周围施加了恒定围压作用，为了更加直观地表明一维动静组合作用下酸化岩石的动态抗压强度与三维动静组合作用下动态抗压强度的关系，深入研究地壳运动引起岩石间相互挤压对深部岩石的力学性能影响。图 4-69 及图 4-70 分别给出了冲击气压为 0.55 MPa 和 0.65 MPa 的酸化红砂岩在有无围压加载下的应力-应变曲线图。

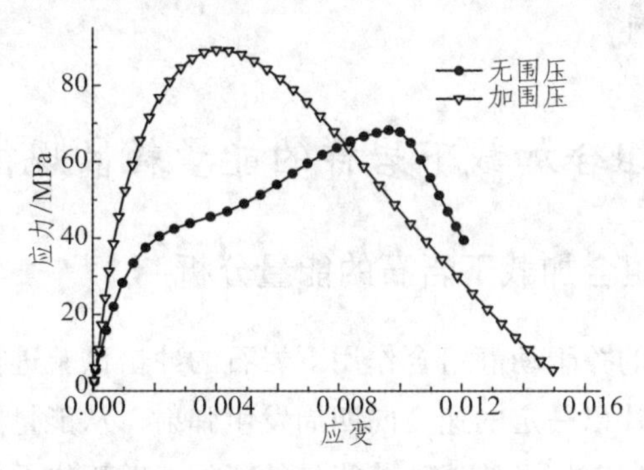

图 4-69　0.55 MPa 气压冲击下红砂岩的应力-应变曲线

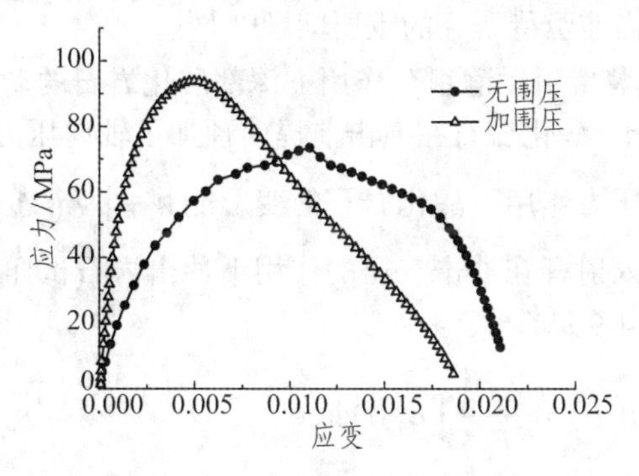

图 4-70　0.65 MPa 气压冲击下红砂岩的应力-应变曲线

分析图 4-69 及图 4-70 可知，围压对酸化红砂岩的动态抗压强度有着显著的影响，在冲击气压为 0.55 MPa 作用下，有围压作用下酸化红砂岩的峰值应力较无围压作用下酸化红砂岩的峰值应力提升约 30.79%，在冲击气压为 0.65 MPa 作用下，有围压作用下酸化红砂岩的峰值应力较无围压作用下酸化红砂岩的峰值应力提升约 27.87%，由此可见围压的存在大大增强了酸化红砂岩的峰值应力，即在深部地下环境中，由于地壳运动产生岩石相互挤压作用（即围压）能大大提高深部岩石的动态抗压强度。

深部岩石在受到三维动静组合作用下发生冲击断裂破坏，前文探讨并给出了酸化红砂岩在纯动载作用下及一维动静组合作用下的断裂破坏形态，在三维动静组合作用下，由于红砂岩同时受到轴向静载及围压的挤压约束作用，经受气压冲击后，红砂岩并未产生明显的碎片，而是在岩石内部产生多条不可见的裂纹，用榔头轻轻敲击红砂岩，红砂岩沿着裂纹的各个方向发生断裂破坏，其破坏形态与纯动载作用下及一维动静组合作用下的断裂破坏形态类似，随着冲击气压或平均应变率的增加，红砂岩岩样破碎的碎块颗粒直径明显降低，有着显著的应变率相关性。

4.4 动静组合加载下岩样的能量耗散规律分析

4.4.1 动静组合加载下岩石的能量分析

对前文中探讨的关于动静组合作用下岩石的冲击试验进行分析，岩石在发生破坏时，岩石碎片以一定的速度向四周发生弹射。从能量的观点出发，可以得出岩石受冲击发生破坏必然伴随着能量的释放，关于岩石内部能量的转化方式、表现形式都是当前亟待研究的重要问题[18-19]。

在采用 SHPB 装置对动静组合作用下深部酸化岩石的动态性能研究时，与常规 SHPB 装置相比，酸化岩石在撞击前提前预加了轴向压力，根据尹土兵等[20]研究可得，在轴向压力作用下酸化岩石的变形能 $W=\int_0^{\varepsilon}\sigma(t)\mathrm{d}\varepsilon(t)$，根据一维应力波初等理论可知，入射杆在冲击气压的作用下冲击岩石试样，并相应产生能量可由式（4-7）~（4-9）求得。

$$W_{\mathrm{I}}(t)=\frac{A_0C_0}{E_0}\int_0^t\sigma_{\mathrm{I}}^2(t)\mathrm{d}t \tag{4-7}$$

$$W_{\mathrm{R}}(t)=\frac{A_0C_0}{E_0}\int_0^t\sigma_{\mathrm{R}}^2(t)\mathrm{d}t \tag{4-8}$$

$$W_{\mathrm{T}}(t)=\frac{A_0C_0}{E_0}\int_0^t\sigma_{\mathrm{T}}^2(t)\mathrm{d}t \tag{4-9}$$

式中：$W_{\mathrm{I}}(t)$、$W_{\mathrm{R}}(t)$、$W_{\mathrm{T}}(t)$分别代表入射能、反射能及透射能。

在 SHPB 试验中，根据能量守恒定律可以得知，在考虑冲击试验过程产生的摩擦力不计的前提下，岩石在动态冲击作用下所吸收的能量 W_{L} 等于岩石所受到的入射能减去反射能与透射能的总和，即：

$$W_{\mathrm{L}}=W_{\mathrm{I}}+W-(W_{\mathrm{R}}+W_{\mathrm{T}}) \tag{4-10}$$

岩石所吸收的能量 W_{L} 主要由三大部分组成，其中最主要的部分用于断裂面及裂纹的形成、扩展及微裂纹开展的断裂损伤能 W_{FL}，其次就是岩石碎片受冲击产生的动能 W_K 以及其他形式如热能、辐射能等的耗散能。

在加载速率不是特别大的情况下，通常可将热能、辐射能等的耗散能忽略不计。根据洪亮[67]对岩石进行动态冲击试验的结果分析发现，岩石碎片受冲击产生的动能 W_K 仅占岩石所吸收能量 W_L 的 5%左右，而断裂损伤能 W_{FL} 所占的比例可达近 95%，在进行动态冲击试验过程中，岩石碎片弹射速度难以进行测量，致使岩石的动能难以计算，故在后文中近似将岩石的吸收能 W_L 代替岩石的断裂损伤能 W_{FL}，此举对岩样的能量耗散规律的研究将不会产生较大影响。

4.4.2　一维动静组合作用下深部酸化岩石的能量耗散规律分析

根据公式（4-7）~（4-9）可以分别求得深部酸化岩石在动静组合作用下的入射能量、反射能量、透射能量以及吸收能量。图 4-71 给出了一维动静组合作用下深部红砂岩平均应变率与能量的关系曲线。

由图 4-71 可以得知，深部酸化红砂岩在一维动静组合作用下，其入射能量随着平均应变率的增大呈现增大的趋势，两者表现出较好的线性关系。而反射能量以及吸收能量随着平均应变率的增大呈现缓慢增长的趋势，且两者的增长幅度呈现出大致相似的特征。而透射能量并不随着平均应变率的增长而显著变化，拟合的曲线近似一条水平直线，其大小长期在 15 ~ 23 J 的范围内波动，这一规律说明透射能量并不受到平均应变率的影响。对红砂岩的能量进行定量分析可以发现，入射能量远远大于其余三者能量，而吸收能量仅次于入射能量，透射能量与反射能量的大小相近。

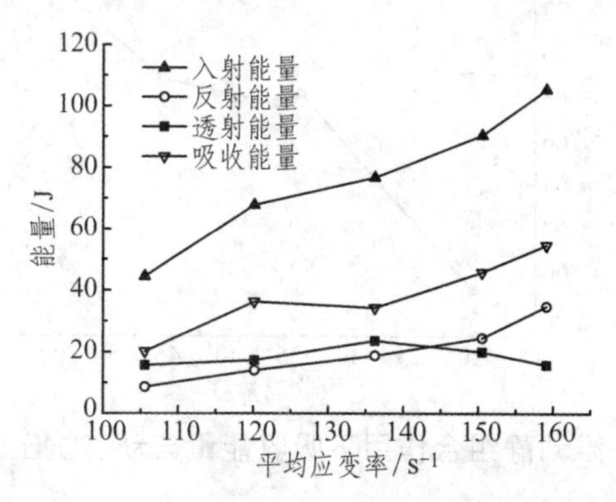

图 4-71　一维动静组合作用下酸化红砂岩平均应变率与能量的关系

为了探究入射能与反射能量、透射能量以及吸收能量的关系，图 5-72 给出了一维动静组合作用下深部红砂岩入射能与反射能量、透射能量以及吸收能量的关系曲线。

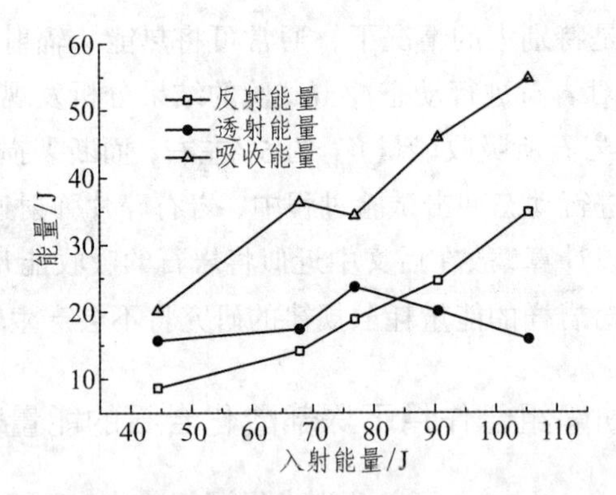

图 4-72 一维动静组合作用下入射能与其他能量的关系曲线

从图 4-72 可以看出，酸化红砂岩在一维动静组合作用下，反射能量以及岩样吸收能量随着入射能量的增大呈现同步增大的趋势；反射能量的增加率与岩样吸收能量的增加率大致相等。与透射能量随着平均应变率的变化规律相似，透射能量并不随着入射能量的增长呈现增长态势，这一规律说明一维动静组合加载作用下透射能量并不受到入射能的影响。

为了深入研究一维动静组合作用下深部酸化岩石的动态抗压强度与酸化岩石吸收能量之间的关系，在 SHPB 试验中，一维动静组合加载作用下酸化红砂岩的动态抗压强度与其吸收能量的关系曲线如图 4-73 所示。

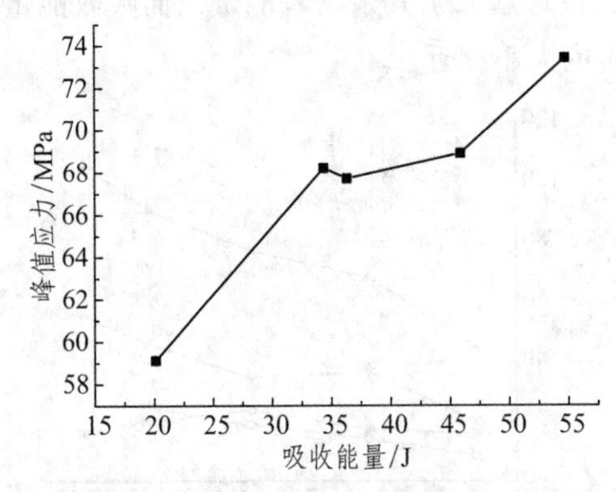

图 4-73 一维动静组合作用下吸收能量与动态抗压强度的关系

从图 4-73 可以看出，在一维动静组合作用下，酸化红砂岩的动态抗压强度随着红砂岩吸收能量的增长呈现增大的规律。究其原因，岩石所吸收的能量不断增加，岩样中岩石的能量传递速率显著提升，而岩样中原裂纹未能及时开裂造成岩样变形严重滞后，且这种效应随着岩样吸收能量的增加会更加明显，最终导致红砂岩的动态抗压强度显著提升。

4.4.3　三维动静组合作用下深部酸化岩石的能量耗散规律分析

如图 4-74 所示为深部酸化红砂岩在三维动静组合加载作用下平均应变率与入射能量、反射能量、透射能量以及岩石吸收能量之间的关系曲线图。

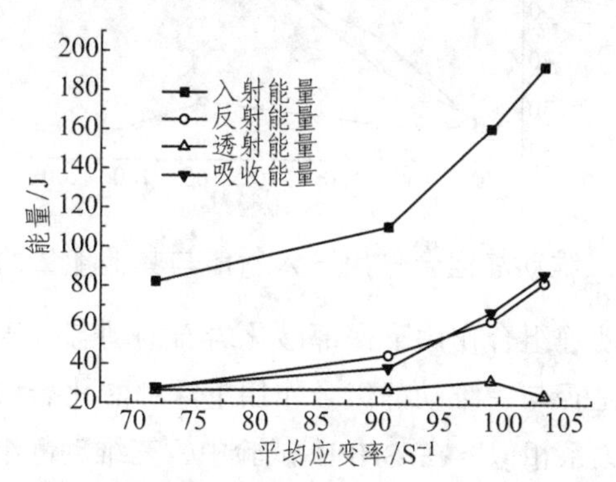

图 4-74　三维动静组合作用下平均应变率与能量的关系

由图 4-74 可以得知，深部酸化红砂岩在三维动静组合作用下，平均应变率与能量的关系与红砂岩在一维动静组合作用下的变化规律极为相同，其入射能量随着平均应变率的增大呈现增大的趋势，两者表现出较好的线性关系。而反射能量以及吸收能量随着平均应变率的增大呈现缓慢增长的趋势，且两者的增长幅度呈现出大致相似的特征。而透射能量并不随着平均应变率的增长而显著变化，拟合的曲线近似一条水平直线，其大小长期在 24 ~ 31 J 的范围内波动，这一规律说明透射能量并不受到平均应变率的影响。对酸化红砂岩在三维动静组合加载作用下的能量进行定量分析可以得知，入射能量远远大于其余三者能量，而反射能量与吸收能量大小相近，而透射能量最小。

为了探究三维动静组合加载下入射能与反射能量、透射能量以及吸收能量的关系，图 4-75 给出了三维动静组合作用下深部红砂岩入射能与反射能量、透射能量以及吸收能量的关系曲线。

从图 4-75 可以看出，酸化红砂岩在三维动静组合作用下入射能量与其他能量的变化规律与酸化红砂岩在一维动静组合加载作用下的变化规律一致，即反射能量与岩样吸收能量随着入射能量的增大呈现同步增大的增长趋势；反射能量的大小及其增加率与岩样吸收能量的大小及其增加率大致相等。与透射能量随着平均应变率的变化规律相似，透射能量并不随着入射能量的增长呈现增长态势，这一规律说明三维动静组合加载作用下透射能量并不受到入射能的影响。

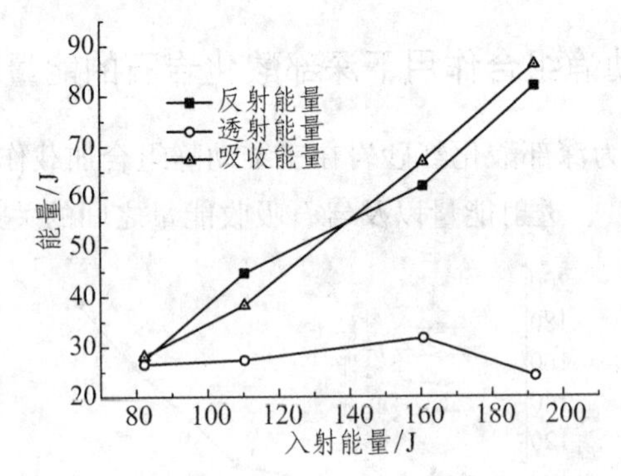

图 4-75　三维动静组合作用下入射能与其他能量的关系曲线

为了探讨三维动静组合作用下深部酸化岩石的动态抗压强度与酸化岩石吸收能量之间的关系是否与一维动静组合作用下深部酸化岩石的动态抗压强度与酸化岩石吸收能量关系相似。在 SHPB 试验中，三维动静组合加载作用下酸化红砂岩的动态抗压强度与其吸收能量的关系曲线如图 4-76 所示。

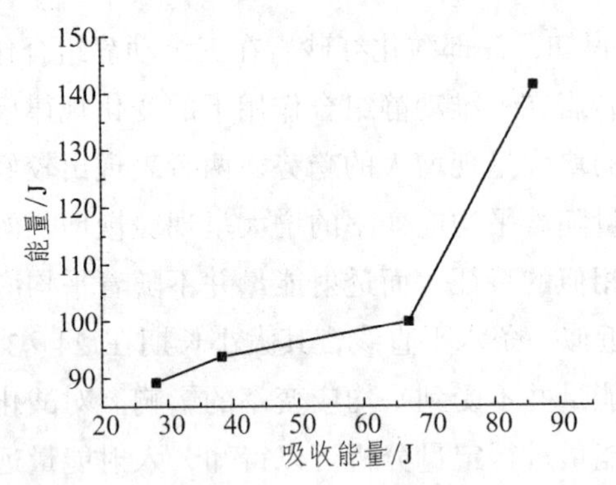

图 4-76　三维动静组合作用下吸收能量与动态抗压强度的关系

从图 4-76 可以看出，与一维动静组合加载相同，在三维动静组合作用下，酸化红砂岩的动态抗压强度随着红砂岩吸收能量的增长呈现增大的规律。这点也可以用一维动静组合作用下岩石的吸收能量与岩石内部裂纹的关系进行说明，即：岩石所吸收的能量不断增加，岩样中岩石的能量传递速率显著提升，而岩样中原裂纹未能及时开裂造成岩样变形严重滞后，且这种效应随着岩样吸收能量的增加会更加明显，最终导致红砂岩的动态抗压强度显著提升。

4.5　本章小结

本章介绍了将制备好的各类岩试件在化学溶液中浸泡，然后采用动 SHPB 试验系统和动静组合加载试验系统对冲击载荷作用下酸化岩石的力学性能进行了试验研究，采用二波处理法对试验数据进行处理得到了岩石的动态应力-应变曲线关系，同时对岩石的断裂破碎形态进行了研究。并从能量及分形的角度对岩爆动力学机理进行了相关分析，主要研究内容及结论性成果如下：

（1）介绍了一维杆中应力波的初等理论，讨论弹性杆中纵波的控制方程，详细分析了两弹性杆共轴撞击全过程，研究了在不同波阻抗下应力波的反射和透射情况。对传统分离式霍普金森杆及其原理做了详细的阐述，运用一维应力波初等理论并探讨了组合加载实验系统的可行性。

（2）对红砂岩及大理岩岩块进行取芯，同时测得岩样的质量、密度、声波波速，以及弹性模量。置于盐酸配置的 pH=4 的酸性溶液中浸泡 30 d，对酸性溶液浸泡后岩样的表观特征进行了分析，探讨了酸性溶液 pH 随时间变化的规律，结果显示当岩样浸泡 30 d 时，岩样在酸性溶液中基本趋于稳定，并对岩石酸化后的质量损伤因子进行了测定计算，试验发现大理岩较红砂岩的质量损伤更大。

（3）经酸性溶液浸泡后，岩石的单轴抗压强度及抗拉强度显著下降。大理岩在酸性溶液浸泡后的力学性能比红砂岩变化的更为明显。酸性溶液浸泡后红砂岩的单轴抗压强度较浸泡前下降 41.25%，抗拉强度较浸泡前下降 10.99%；大理岩经酸性溶液浸泡后其单轴抗压强度较之前下降 51.9%，抗拉强度较浸泡前下降 15.46%。

（4）冲击动载作用下岩石的动态抗压强度较静态荷载作用下的抗压强度有着明显的提升。随着冲击气压的增大，红砂岩及大理岩酸化后的峰值应力也逐渐提高，且大理岩的峰值应力比红砂岩峰值应力变化的更为明显。

（5）冲击动载作用下岩石的平均应变率及最大应变率随着冲击气压的增大而增大，对比分析一维及三维动静组合作用下红砂岩的应力-应变曲线可得，轴向静载及围压均能大幅提升岩石的动态抗压强度。动静组合作用下，随着平均应变率不断增大，红砂岩动态抗压强度增长因子逐渐增大，而岩样破碎的碎块颗粒直径明显降低，有着显著的应变率相关性。

（6）对岩爆机理研究中的关键性问题进行了探讨，分析了一维及三维动静组合作用下酸化红砂岩的能量耗散规律，随着平均应变率的增大，入射能量、反射能量及吸收能量逐渐增大，而透射能量变化并不显著。探讨了酸化岩石在动静组合作用下的岩爆倾向性。

参考文献

[1] 胡时胜. 霍普金森压杆技术[J]. 兵器材料科学与工程，1991（11）：40-47.

[2] 孙宝玉，庄惠平. SHPB 试验技术需要注意的几个问题[J]. 高校实验室工作研究，2009，100（2）：39-42.

[3] 赵习金. 分离式霍普金森压杆实验技术的改进和应用[D]. 长沙：国防科技大学，2003.

[4] 陈强，王志亮. 分离式霍普金森压杆在岩石力学实验中的应用[J]. 实验室研究与探索，2012，31（11）：146-149.

[5] 胡时胜. Hopkinson 压杆实验技术的应用进展[J]. 实验力学，2005，20（4）：589-594.

[6] 李胜林，刘殿书，李祥龙，等. Φ75 mm 分离式霍普金森压杆试件长度效应的试验研究[J]. 中国矿业大学学报，2010，39（1）：93-97.

[7] 杨猛猛. 化学腐蚀作用下岩石的动态力学效应研究[D]. 南昌：华东交通大学，2014.

[8] 常列珍，张治民. SHPB 实验技术及其发展[J]. 机械管理开发，2006，5（92）：29-31.

[9] 陶俊林. SHPB 实验技术若干问题研究[D]. 北京：中国工程物理研究院，2005.

[10] 宫凤强，李夕兵，饶秋华，等. 岩石 SHPB 试验中确定试样尺寸的参考方法[J]. 振动与冲击，2013，32（17）：24-28.

[11] 支乐鹏，许金余，刘军中，等. 基于 SHPB 试验下两种岩石的动态力学性能研究[J]. 四川建筑科学研究，2012，38（4）：111-114.

[12] 郭连军，杨跃辉，华悦含，等. 冲击荷载作用下花岗岩动力特性试验分析[J]. 工程爆破，2014（1）：1-4，53.

[13] Li J C，Ma G W. Experimental study of stress wave propagation across a filled rock joint[J]. International Journal of Rock Mechanics and Mining Sciences，2009，46（3）：471-478.

[14] Demirdag S，Tufekci K，Kayacan R，et al. Dynamic mechanical behavior of some carbonate rocks[J]. International Journal of Rock Mechanics and Mining

Sciences，2010，47（2）：307-312.

[15] 李夕兵，宫凤强，高科，等. 一维动静组合加载下岩石冲击破坏试验研究[J]. 岩石力学与工程学报，2010（2）：251-260.

[16] 宫凤强. 动静组合加载下岩石力学特性和动态强度准则的试验研究[D]. 长沙：中南大学，2010.

[17] 崔栋梁. 三维动静组合载荷下高应力岩体动力特性及岩爆研究[D]. 长沙：中南大学，2007.

[18] 巫绪涛，代仁强，陈德兴，等. 钢纤维混凝土动态劈裂试验的能量耗散分析[J]. 应用力学学报，2009（1）：151-154，218.

[19] 王文，李化敏，顾合龙，等. 动静组合加载含水煤样能量耗散特征分析[J]. 岩石力学与工程学报，2015（s2）：3965-3971.

[20] 尹土兵，李夕兵，叶洲元，等. 温-压耦合及动力扰动下岩石破碎的能量耗散[J]. 岩石力学与工程学报，2013（6）：1197-1202.

第 5 章　化学腐蚀下岩石的动态损伤本构模型

5.1　引言

赋存在自然界中的岩体由于长期受到地下水或地表水的渗透作用和化学腐蚀，使得岩石内部的微观孔隙结构处于一种动态的变化过程[1]，而岩石微观孔隙结构的不断改变是导致岩石宏观物理力学特性改变的主要原因。滑坡、崩塌、泥石流等工程地质灾害也是受化学腐蚀影响造成重大典型工程事故，如：2009年意大利瓦洋特（Vajont）水库坝肩滑坡和2014年的法国马尔帕塞特（Malpasset）拱坝溃坝事故等[2-3]。

在深部地下工程中，岩石所赋存的地质条件含应力、地热、化学腐蚀、渗流水等十分恶劣，所涉及的物理-化学过程颇为复杂，主要有热传输过程、流体流动过程、介质应力变形包括断裂、损伤过程、化学反应等四个过程[4-5]。实际工程岩体总是具有多裂隙的岩体，许多情况下水化学溶液对岩体的腐蚀破坏是从岩体介质初始结构面即初始损伤开始的。大型地下岩体工程的安全性往往受到耦合作用的影响。一方面裂隙岩体受地热、化学溶液尤其是水化学溶液侵蚀作用后，使其物理化力学性质发生很大变异，加剧损伤演化；另一方面，水溶液通过溶蚀岩体而将溶蚀物质带走，使岩体性状变差，严重影响岩土工程的长期稳定性。另外，试验证明，在动力荷载作用下岩石的力学性能表现出率相关性[6]。因此，研究深部地下工程岩体在化学腐蚀和动力荷载耦合作用下裂隙萌生、扩展、贯通及相互作用的内部演化过程、规律，建立考虑温度效应、损伤效应和应变率相关的本构模型等具有更为重要而广泛的科学价值。

岩石的动态损伤本模型的建立是深部地下工程核废料地下处置、地下能源储存、开发、深部矿产资源、石油开采、坝基、边坡、大型水利工程、地下空间开发、地铁隧道等众多与地热、地球化学相关的岩石工程的基础性研究之一，具有十分重要的科学意义和工程应用意义[7-10]。

5.2　损伤变量的定义及计算

温度-应力-化学相互作用，共同改变溶液与岩石的反应速率，加速岩石的损伤，影响岩石的力学性能。温度能加速化学反应的速率，化学反应同时又放出热量来改变环境的温度，在应力的作用下岩石的微裂纹扩展与贯通又同时加速了溶液与岩石的反应接触面积，进而加速岩石的损伤与破坏。因而环境侵蚀条件下的岩石本构关系影响相当复杂。作者结合工程实际与现有实验条件，主要来探讨深部地下工程巷道高温环境下（40 °C 以下）岩石的损伤演化及本构模型。

在地下工程温度改变主要来自周围自热传导，应力做功放热和化学反应放热对环境温度的改变影响不大。作者认为，温度对应力不直接产生作用，主要通过影响化学反应速率进而间接影响岩石的力学性能的改变。因此如果定义受温度-化学用对岩石的损伤用 D_C 表示，应力损伤用 D_M 表示，则岩石的温度-应力 – 化学腐蚀综合损伤可表示为[11-13]：

$$D = 1-(1-D_C)(1-D_M) \tag{5.1}$$

岩石颗粒中易于与化学溶液发生反应的成分主要有 K^+、Na^+等氯化物、Ca^{2+}，Mg^{2+}等氯化物和碳酸盐以及 Fe^{3+}，Al^{3+}等氧化物和硅酸盐。反应的主要形式通常为发生溶解作用、水解作用和碳酸化作用等。化学腐蚀会导致岩石的孔隙率和有效承载面发生变化，宏观上表现为岩石质量的改变。由于同时受到温度的作用，化学腐蚀速度会受到影响，进而岩石的质量发生变化，岩石变得松散脆弱、力学性能下降。因而作者认为化学腐蚀因子可以通过质量损失来描述，故本书定义温度化学作用下的损伤为[3]：

$$D_C = 1-\frac{\tilde{s}}{s_0} = 1-\frac{\tilde{s}L\rho}{s_0 L\rho_0} = \frac{\Delta m}{m} \tag{5.2}$$

式中：s_0 为初始承载面积（mm^2）；$\tilde{s}$ 为有并行承载面积（mm^2）；L 为岩石试样的高度（mm）；ρ_0 为岩石的初始密度（g/mm^3）；ρ 为岩腐蚀后密度（g/mm^3）；m 为岩石中可反应物的总质量（g）；Δm 为岩石中可反应物因化学腐蚀所消耗的质量（g）。

化学溶液与岩石反应的一般化学反应方程式可表示为：

$$aA + bB = gG + hH \tag{5.3}$$

式中：A、B 分别代表水溶液与岩石反应的溶质和岩石中参与反应的成分；G、H 为化学反应生成物 a,b,g,h 为反应系数。

根据化学动力学方程，温度化学作用影响下岩石与溶液的反应速率方程为[10]：

$$V_{\mathrm{A}} = kC_{\mathrm{A}}^{\alpha} C_{\mathrm{B}}^{\beta} = \omega e^{-\frac{E_{\mathrm{a}}}{RT}} C_{\mathrm{A}}^{\alpha} C_{\mathrm{B}}^{\beta} \tag{5.4}$$

式中：V_{A} 表示 A 物质化学反应速率（$\mathrm{mol/L \cdot h}$）；C_{A} 表示 A 物质溶液溶质的浓度（$\mathrm{mol/L}$）；C_{B} 表示岩反应物在溶液中的浓度（$\mathrm{mol/L}$）；k 为反应率常数（$[\frac{\mathrm{mol}}{\mathrm{L}}]^{0.5}/\mathrm{h}$）；$\omega$ 为频率因子，对确定的反应是常数，和 k 是一量纲；α、β 为化学反应各物质浓度指数；k_0 为频率因子（$[\frac{\mathrm{mol}}{\mathrm{L}}]^{0.5}/\mathrm{h}$）；$E_{\mathrm{a}}$ 为反应活化能（J/mol）；R 为气体常数，取值 8.314；T 为热力学温度（K）。

由于岩石为固体块状物，与粉末或液体不同，当其浸泡于化学溶液中时，化学溶液由外及内渗透，只在与岩石接触的部分发生反应，在发生化学反应的任一局部微观区域，岩石反应物在溶液中的溶解度极小且基本维持不变，即 C_{B} 基本不变，取 C_{B}^{β} 为常数 λ，则化学反应速率方程可写为：

$$V_{\mathrm{A}} = \omega\lambda e^{-\frac{E_{\mathrm{a}}}{RT(t)}} C_{\mathrm{A}}^{\alpha} \tag{5.5}$$

设岩石在化学溶液中浸泡的时间为 t，温度变化函数为 $T(t)$，物质的浓度变化函数分别为 $C_{\mathrm{A}}(t)$ 单位（mol/L），浸泡溶液体积为 V。则经过时间 t，A 物质的消耗量为：

$$N_{\mathrm{A}} = \int_0^t \omega\lambda e^{-\frac{E_{\mathrm{a}}}{RT(t)}} C_{\mathrm{A}}^{\alpha}(t) V \mathrm{d}t \tag{5.6}$$

根据化学反应表达式各物质反应量之间的关系可得物质 B 的消耗量：

$$N_{\mathrm{B}} = \frac{b}{a} N_{\mathrm{A}} = \frac{b}{a} \int_0^t \omega\lambda e^{-\frac{E_{\mathrm{a}}}{RT(t)}} C_{\mathrm{A}}^{\alpha} V \mathrm{d}t \tag{5.7}$$

设岩石各成分均匀分布，反应消耗掉的 B 物质的摩尔质量为 M_{B}，则

$$\Delta m = N_{\mathrm{B}} M_{\mathrm{B}} = \frac{bM_{\mathrm{B}}}{a} \int_0^t \omega\lambda e^{-\frac{E_{\mathrm{a}}}{RT(t)}} C_{\mathrm{A}}^{\alpha}(t) V \mathrm{d}t \tag{5.8}$$

式（5.8）代入式（5.2）得到化学-温度作用下的化学损伤变量：

$$D_{\mathrm{C}} = \frac{\Delta m}{m_0} = \frac{bM_{\mathrm{B}}}{am_0} \int_0^t \omega\lambda e^{-\frac{E_{\mathrm{a}}}{RT(t)}} C_{\mathrm{A}}^{\alpha} V \mathrm{d}t \tag{5.9}$$

若反应在恒温状态下进行，即 $T(t)$ 为常数，有：

$$\dot{C}_{\mathrm{A}} = -V_{\mathrm{A}} = -\omega\lambda e^{-\frac{E_{\mathrm{a}}}{RT(t)}} C_{\mathrm{A}}^{\alpha}(t) \tag{5.10}$$

其中 $\dot{C}_{\mathrm{A}}$ 表示 C_{A} 对时间的导数，写成积分形式为：

$$\int_0^{C_A} C_{\mathrm{A}}^{-\alpha} dC_{\mathrm{A}} = -\int_0^t \omega\lambda e^{-\frac{E_{\mathrm{a}}}{RT(t)}}\mathrm{d}t \tag{5.11}$$

由式（5.11）便可求得恒温下化学溶质浓度变化的一般表达式：

$$C_{\mathrm{A}} = [C_{\mathrm{A0}}^{1-\alpha} - (1-\alpha)t\omega\lambda e^{-\frac{E_{\mathrm{a}}}{RT(t)}}]^{\frac{1}{1-\alpha}} \tag{5.12}$$

式中：C_{A0} 为初始溶液溶质浓度（ mol/L ）。经历 t 时间反应后溶液溶质消耗变化量 $\eta(t)$ 为：

$$\eta(t) = C_{\mathrm{A0}}V - [C_{\mathrm{A0}}^{1-\alpha} - (1-\alpha)t\omega\lambda e^{-\frac{E_{\mathrm{a}}}{RT(t)}}]^{\frac{1}{1-\alpha}}V \tag{5.13}$$

因此，求得岩石反应消耗的质量为：

$$\Delta m = N_{\mathrm{B}}M_{\mathrm{B}} = \frac{bM_{\mathrm{B}}}{a}\eta(t) \tag{5.14}$$

恒温环境下的损伤变量 $D_{\mathrm{C}}^{'}$ 可表示为：

$$D_{\mathrm{C}}^{'} = \frac{\Delta m}{m_0} = \frac{bM_B}{am_0}\eta(t) \tag{5.15}$$

岩石是多种物质的复合体，发生的化学反应通常不止一种，现在将上述理论推广开来，设化学溶液与岩石 n 种成分发生反应，则一般化学反应方程式可表示为：

$$a_iA_i + b_iB_i = g_iG_i + h_iH_i \tag{5.16}$$

若已知岩石中各物质与溶液溶质反应的速率分别为 v_1、v_2、v_3、…、v_i，且 $v_i = \int \omega e^{-\frac{E_{\mathrm{a}}}{RT(t)}} C_{A_i}^{\alpha} V\mathrm{d}t$，岩石中各物质的摩尔质量用 M_{B_i} 表示，则岩石消耗的总质量和损伤分别为：

$$\Delta m = \sum_{i=1}^{i} \frac{b_iM_{\mathrm{B}_i}}{a_i}\int_0^t \omega\lambda e^{-\frac{E_{\mathrm{a}}}{RT(t)}} C_{\mathrm{A}_i}^{\alpha} V\mathrm{d}t \tag{5.17}$$

$$D_{\mathrm{C}} = \frac{\Delta m}{m_0} = \frac{\sum_{i=1}^{i} \frac{b_iM_{\mathrm{B}_i}}{a_i}\int_0^t \omega\lambda e^{-\frac{E_{\mathrm{a}}}{RT(t)}} C_{\mathrm{A}_i}^{\alpha} V\mathrm{d}t}{m_0} \tag{5.18}$$

根据损伤力学理论[14-16]，仅有应力作用下的岩石损伤模型可用下式表示：

$$D_{\mathrm{M}} = A(\frac{\varepsilon}{\varepsilon_{\mathrm{c}}})^B \tag{5.19}$$

对于脆性岩石，$A=1-\frac{E_c}{E}$，$B=\frac{E_c}{E-E_c}$。ε_c、E_c分别为无腐蚀状态下岩石峰值应变和应力达到峰值时的弹性模量。

化学溶液腐蚀后，由于岩石矿物质和胶结物质的损失，岩石孔洞裂隙增大，进而岩石较未腐蚀前早发生破坏，设岩石腐蚀后峰值应变与化学损伤 D_C 成正比，则有：

$$\varepsilon_c'=r\varepsilon_c \tag{5.20}$$

式中：r 为温度化学损伤对峰值应变的影响因子，可由试验测得；ε_c' 为腐蚀后的峰值应变。因而考虑温度-化学作用影响下岩石的应力损伤值为：

$$D_M=A(\frac{\varepsilon}{r\varepsilon_c})^B \tag{5.21}$$

因此综合损伤可表示为：

$$\begin{aligned}D&=1-(1-D_C)(1-D_M)\\&=1-\left[1-\frac{\sum\limits_{i=1}^{i}\frac{b_iM_{B_i}}{a_i}\int_0^t\omega\lambda e^{-\frac{E_a}{RT(t)}}C_{A_i}^{\alpha}(t)V\mathrm{d}t}{m_0}\right][1-A(\frac{\varepsilon}{r\varepsilon_c})^B]\end{aligned} \tag{5.22}$$

5.3 动态增长因子的定义

无孔砂岩经过不同 pH 溶液中浸泡后，经 SHPB 实验系统经过冲击得到应变与应力的数值，如表 5-1 所示。

表 5-1 不同 pH 浸泡无孔砂岩的应变对应的应力值

pH	ε						
	0	0.005	0.01	0.015	0.02	0.025	0.03
2	0	7.6	6.2	10.5	13.4	14.5	12
4	0	16.8	20.1	24.0	25	30	25.4
7	0	21.4	21.7	31.6	33.8	30.5	18

由表 5-1 可以得到下面几个规律：

（1）浸泡在 pH=7 的砂岩动态峰值应力对应的应变 ε_7 小于浸泡在酸性环境下砂岩的峰值应力的应变 ε_p，其原因是酸性溶液和砂岩内部进行了化学反应，导致孔隙增多和砂岩内部成分及结构发生软化，故其酸性溶液浸泡砂岩的动态峰值应力对应的应变会增大。

（2）当应变小于峰值应力对应之应变即 $\varepsilon < \varepsilon_{\mathrm{f}}$ 时，同一应变值对应的应力值大小关系为 $\sigma_7 > \sigma_4 > \sigma_2$，其原因为砂岩浸泡在酸性溶液中并进行化学反应，导致岩石内部成分发生变化以及内部连接改变。

对于同是在常温条件酸性环境下浸泡的灰质石灰岩，不同冲击气压情况下在 SHPB 试验系统上进行冲击试验。由公式 $\dot{\varepsilon}_s(t)=\dfrac{2C_0}{l_{\mathrm{s}}}\left[\varepsilon_i(t)-\varepsilon_t(t)\right]$ 可以知道，应变率与冲击速度成正比，而冲击气压与冲击速度成正比，故应变率不同的条件可以看作冲击气压不同的条件。试验得到不同应变率下的应变应力数据，如表 5-2 所示。

表 5-2 不同冲击气压下的应变对应的应力值

$P_{气压}$	ε							
	0	0.002	0.004	0.006	0.008	0.010	0.012	0.014
0.2 MPa	0	255.2	238.4	227.0	240.0	218.0	147.9	89.0
0.15 MPa	0	165.0	170.1	163.4	134.4	92.0	56.3	20

由表 5-2 可知，在可测应变范围内，同一应变对应的应力值的大小为 $\sigma_{0.2} > \sigma_{0.15}$，冲击气压越大，对应的应力值也越大。

由于试验结果可知，不同的冲击气压冲击岩样得到岩石的动态性能也不一样，受影响最大而且显而易见的为弹性模量 E_{D}，因岩石的材料不同以及动态下岩石的不稳定，设定 E_{D} 为[17]：

$$E_D = 5\times\alpha\times\beta\times E \tag{5.23}$$

式中：E 为静态岩石的弹性模量；α 为实验测定的系数，表示不同岩石材料在动态冲击下的增长倍，与应变率有关；β 为岩石材料在不同冲击气压冲击下的增长倍数，近似为冲击气压的 10 倍。

5.4 损伤本构模型的建立

由应力应变关系可得岩石弹脆性本构模型为：

$$\sigma=(1-D)E_{\mathrm{D}}\varepsilon=(1-D_{\mathrm{C}})(1-D_{\mathrm{M}})E_{\mathrm{D}}\varepsilon \tag{5.24}$$

由于岩石受温度-化学腐蚀作用后孔隙率增加，压密区比较明显，故对上述模型进一步修正[3]。

根据岩石压密的弹性阶段应力应变实验曲线设常温饱和蒸馏水浸泡下岩石压密区曲线符合 $\sigma = E_{\mathrm{D}}\varepsilon^{n}$。其中：$E_{\mathrm{D}}$ 为岩石弹性阶段的动态初始值，与实验的应变率有关，由实验确定；n 为曲线形状参数。

压密阶段应力作用下岩石不产生新微裂纹，无应力损伤，即 $D_{\mathrm{M}} = 0$。因此，相同应力作用下岩石温度-化学损伤前应变与温度-化学损伤后应变有如下关系：

$$\varepsilon = (1 - D_{\mathrm{C}})\varepsilon' \tag{5.25}$$

则将式（5.25）关系代入 $\sigma = \chi_{\mathrm{D}}\varepsilon^{n}$ 中，有温度-化学腐蚀后压密区应力应变关系为：

$$\sigma = E_{\mathrm{D}}(1 - D_{\mathrm{C}})^{n}\varepsilon^{n} \tag{5.26}$$

而弹脆性阶段的应力损伤表达式则应改写为：

$$D_{\mathrm{M}} = A\left[\frac{\varepsilon - \varepsilon_{\mathrm{n}}}{r(\varepsilon_{\mathrm{c}} - \varepsilon_{\mathrm{n}})}\right]^{B} \tag{5.27}$$

因此修正后的本构模型可表示为：

$$\sigma_{\mathrm{s}} = E_{\mathrm{D}}(1 - D_{\mathrm{c}})^{n}\varepsilon^{n} \qquad (0 < \varepsilon \le \varepsilon_{\mathrm{n}}) \tag{5.28}$$

$$\sigma_{\mathrm{p}} = (1 - D_{\mathrm{c}})(1 - D_{\mathrm{M}})E_{\mathrm{D}}(\varepsilon - \varepsilon_{\mathrm{n}}) + \sigma_{\mathrm{s}} \qquad (\varepsilon_{\mathrm{n}} < \varepsilon) \tag{5.29}$$

式中：ε_{n} 为压密区最大应变。令 $\sigma_{\mathrm{s}} = \sigma_{\mathrm{p}}$，即可求得 ε_{n} 的大小。

5.5 本构模型的验证及参数的确定

由于试验所取岩石试件脆性大，受载后立即破坏，导致实验测到的塑性性能部分数据较少，本书仅就本构模型的弹性部分进行实验验证。对在 pH 不同的溶液浸泡下的无孔砂岩进行图像模拟，冲击气压 0.2 MPa，按表 5-3 的数据代入式（5.28）中，用 Origin 软件处理得到如图 5-1 所示。

表 5-3 计算粉质砂岩代入式中参数的取值

E	α	β	m	n	pH
50.4 MPa	1	2	0.5	1	2、4、7

通过比较试验曲线与本构拟合曲线，开始破坏到峰值应力之间的拟合的曲线与试验得到的曲线有一定的相似度，一定程度上来分析还是比较可靠。

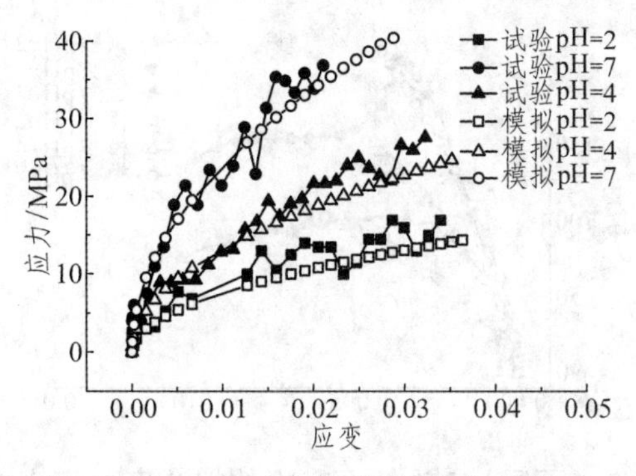

图 5-1　粉质砂岩拟合应力应变曲线

对在 pH 不同的溶液浸泡下的灰质石灰岩进行图像模拟，冲击气压 0.2 MPa，按表 5-4 的数据代入本构型公式中，用 Origin 软件处理得到如图 5-2 所示。

表 5-4　计算灰质石灰岩代入式中参数的取值

E	α	β	m	n	pH
139.9 MPa	40	2	0.8	1	2、4、7

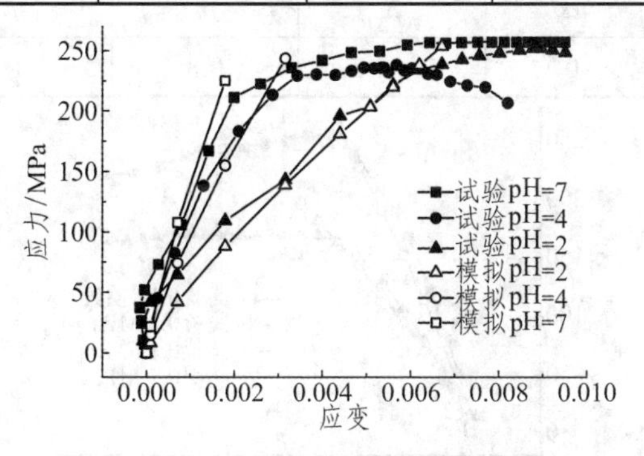

图 5-2　不同 pH 的灰质石灰岩拟合应力应变曲线

由图 5-2 知，开始破坏到峰值应力之间的拟合曲线与试验得到的曲线有一定的相似度，一定程度上来分析还是比较可靠。

对在 pH 不同的溶液浸泡下的浅红石灰岩进行图像模拟，冲击气压 0.15 MPa，按表 5-5 的数据代入式（5.28）中，用 Origin 软件处理得到结果如图 5-3 所示。

表 5-5　计算浅红石灰岩代入式中参数的取值

E	α	β	m	n	pH
129.9 MPa	8	1.5	0.6	1	2、4、7

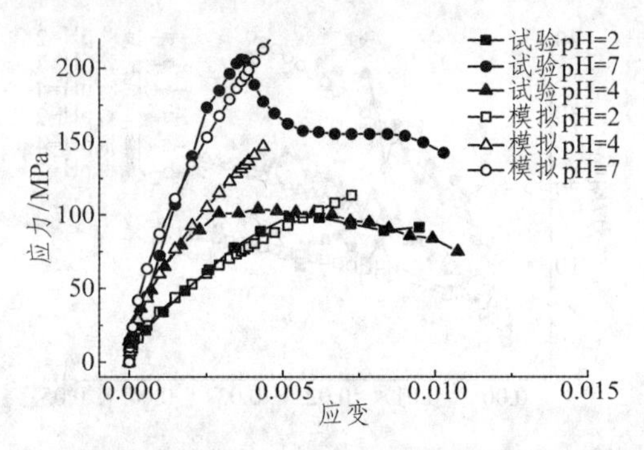

图 5-3 不同 pH 浅红石灰岩的拟合应力应变曲线

通过试验曲线与拟合曲线比较可知，开始破坏到峰值应力之间的拟合曲线与试验得到的曲线有一定的相似度，一定程度上来分析还是比较可靠。

对在 pH=2 的溶液浸泡下的灰质石灰岩进行图像模拟，不同的冲击气压，按表 5-6 的数据代入本构公式中，用 Origin 软件处理得到如图 5-4 所示。

表 5-6 计算浅红石灰岩代入式中参数的取值

E	α	β	m	n	pH
139.9 MPa	40	2 1.5	0.8	1	2

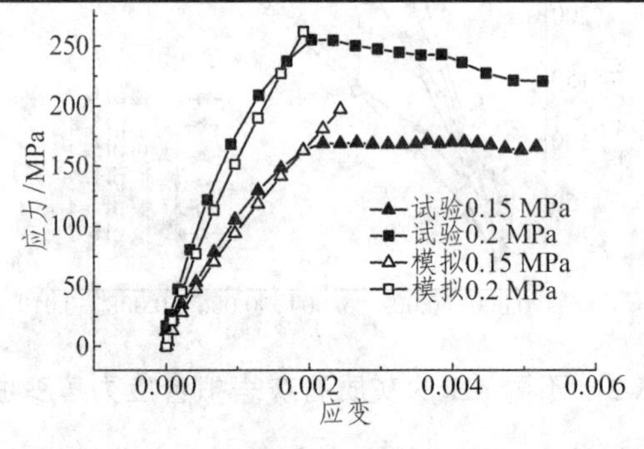

图 5-4 不同冲击气压下灰质石灰岩拟合应力应变曲线

比较试验曲线与拟合曲线可知，开始破坏到峰值应力之间的拟合的曲线与试验得到的曲线有一定的相似度，一定程度上来分析还是比较可靠。

对在 pH=7 的溶液浸泡下的浅红石灰岩进行图像模拟，不同的冲击气压，按表 5-7 的数据代入本构理论公式中，用 Origin 软件处理得到如图 5-5 所示。

表 5-7 计算浅红石灰岩代入式中参数的取值

E	α	β	m	pH
129.9 MPa	8	2 1.5	0.6	7

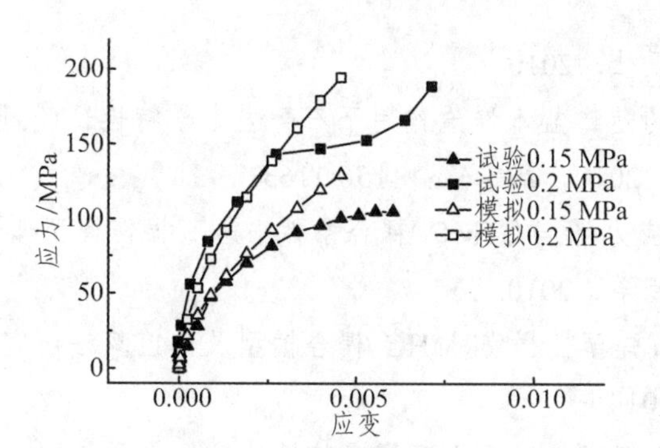

图 5-5　模拟不同冲击气压下浅红石灰岩岩石应力应变曲线

通过分析试验曲线与拟合曲线可知，开始破坏到峰值应力之间的拟合的曲线与试验得到的曲线有一定的相似度，一定程度上来分析还是比较可靠。

综上所述，由于岩石的材料不同、内部不均匀以及动态冲击下岩石的不稳定下等多种不确定因素，造成了本构方程应用的局限性。本书中提出的本构方程仅仅局限于灰质石灰岩，粉质砂岩等具体岩石的弹塑性阶段。至于岩石到了后期的塑性阶段以及峰值应力之后的破坏阶段较为复杂，需要再进行大量的试验来进行修正，这方面工作正在筹备中。

5.6　本章小结

基于弹塑性损伤理论，本章建立了化学腐蚀作用下岩石的弹性阶段的损伤本构模型。该本构模型基本反映化学腐蚀、pH、应变率、温度对岩石力学效应的影响，通过试验曲线的拟合，基本能反应岩石在化学腐蚀、温度、损伤耦合作用下的力学响应。岩石在动态破坏下的力学性能，是由多个因素决定的，因此，岩石的动态破坏是一个非常复杂的过程。由于岩石材料性能的复杂性，本书仅通过两组较为典型的应力-应变曲线对其本构关系进行拟合，得到的本构方程与本次试验的岩样应力-应变曲线大致吻合。分析拟合曲线的形态，发现试验中得到的岩石的塑性表现时间较短，更加复杂、完善的本构模型及其方程仍在进一步研究中。

参考文献

[1] 冯夏庭，丁梧秀，姚华彦，等．岩石破裂过程的化学-应力帮合效应[M]．北

京：科学出版社，2010.

[2] 梁卫国，张传达．盐水浸泡作用下石膏岩力学特性试验研究[J]．岩石力学与工程学报，2010，29（6）：1156-1163.

[3] 方振．温度-应力-化学（TMC）耦合条件下岩石损伤模型理论与实验研究[D]．长沙：中南大学，2010.

[4] 王军祥．岩石弹塑性损伤 MHC 耦合模型及数值算法研究[D]．大连：大连海事大学，2014.

[5] 江宗斌．多场环境作用下岩石蠕变特性试验及力学模型研究[D]．大连：大连海事大学，2016.

[6] 刘永胜，刘旺，董新玉．化学腐蚀作用下岩石的动态性能及本构模型研究[J]．长江科学院院报，2015，32（5）：72-75.

[7] 陈四利．化学腐蚀下岩石细观损伤破裂机理及本构模型[D]．沈阳：东北大学，2003.

[8] 秦跃平．岩石损伤力学模型及其本构方程的探讨[J]．岩石力学与工程学报，2001，20（4）：560-562.

[9] 徐燕萍，刘泉声，许锡昌．温度作用下的岩石热弹塑性本构方程的研究[J]．辽宁工程技术大学学报，2001，20（4）：527-529.

[10] 李宁．酸性环境中钙质胶结砂岩的化学损伤模型[J]．岩土工程学报，2003，25（4）：395-399.

[11] 陈惠发，萨里普．弹性与塑性力学[M]．北京：中国建筑工业出版社，2004.

[12] 聂韬译．渗流-应用耦合下裂隙岩体损伤本构构型研究[D]．徐州：中国矿业大学，2015.

[13] 丁梧秀．水化学作用下岩石变形破裂全过程实验与理论分析[D]．武汉：中国科学院研究生院（武汉岩土力学研究所），2005.

[14] 董元彦，李宝华，等．物理化学[M]．北京：科学出版社，2004.

[15] 钱济成，周建方．混凝土的两种损伤力学及其应用[J]．河海大学学报，1989，17（3）：40-43.

[16] 余寿文，冯西桥．损伤力学[M]．北京：清华大学出版社，1997.

[17] 王明洋，解东升，李杰，等．深部岩体变形破坏动态本构模型[J]．岩石力学与工程学报，2013，32（6）：1112-1120.

第 6 章　化学腐蚀下巷道开挖变形测试与模型试验

6.1　工程概况

本书的巷道变形测试是在江西丰城矿务局建新煤矿进行的。建新煤矿始建于 1958 年，1959 年 12 月正式投产。经多次建设，到目前矿井原煤生产能力达 80 万吨/年以上。建新煤矿位于江西省丰城市 355°方向直线距离约 10 km 处，隶属丰城市上塘镇管辖。其范围为东邻坪湖煤矿，西以建新二井、八一煤矿的无煤区为界；北起 B_4 煤层露头线，南至禄塘、毛眼塘水库一线。走向长约 3.5 km，倾斜宽 3.63 km，面积约 13 km^2。地理坐标为：东经：115°44′38″ ~ 115°47′05″，北纬：28°15′07″ ~ 28°17′14″。

建新煤矿建区内运输、供水等均已形成系统，新（城区）梅（林）一级公路在矿区西侧 8 km 经过，由此往西北与（南）昌—樟（树）高速公路相接，往南东 10 km 与丰城市区的 105 国道相接。矿区内有公路与丰高公路、昌樟高速公路、320 国道及 105 国道相连；赣江从其东侧约 5 km 自南而北入鄱阳湖，其水路运输上至吉安、赣州，下至鄱阳湖；矿区内的上（塘）张（家山）铁路专用线在张家山站与浙赣铁路衔接，交通便捷。

6.2　矿区地质概况

6.2.1　区域地质概况

建新煤矿在丰城矿区西北，位于曲江—石上向斜的北翼，丰城矿区处于萍乐凹陷带的中部。萍乐坳陷带为一 NEE 向的巨型凹陷，其北为九岭隆起带，其南为武功隆起带，两者均为近东西向的巨型隆起带。由于华南板块与华北板块对接和太平洋板块向欧亚板块俯冲所产生的构造运动形成九岭与武功的二大隆起，继印支运动后，再经燕山期多幕的构造运动，使九岭、武功两隆起带进一步隆升，萍乐凹陷带越加凹陷，多期的构造运动，致使靠近构造运动中心的萍乐凹陷带两翼形成一系列次级褶曲和推滑复构造；而相对远离构造运动中心地带的凹陷带中心部位则主要为近东西向的褶曲构造和相伴而生的纵向断裂，构造相对凹陷带两翼较简单。而丰城矿区正处于萍乐凹陷带的中心位置，远离其南、北两个巨型隆起带，故而储煤构造比较简单。

6.2.2 矿区煤层

建新煤矿区的主要含煤地层为二叠系上统龙潭组王潘里段和老山段。王潘里段地层的平均厚度为 89.59 m，含煤层可达 16 层，自下而上编号：C_8 ~ C_{23} 煤层，其中 C_{23}、C_{18}、C_8 煤层为大部开采或局部可采煤层，可采厚度 2.67 m，该层段含可采煤层系数 2.98%。老山下亚段地层平均厚度为 112.51 m，含煤层 1 ~ 3 层，自下而上编号为 B_3、B_4、B_5 煤层，其中 B_4 煤层为建新煤矿的主采煤层。可采平均厚度 2.52 m，该层段含可采煤层系数 2.24%。

6.2.3 矿区水文地质条件

区内主要含水层为第四系砂砾层、三叠系大冶组灰岩、二叠系长兴组灰岩、龙潭组王潘里段砂岩、龙潭组狮子山段砂岩、老山段砂岩、官山段砂岩及茅口组灰岩。第四系砂砾石含水层含水性较弱。三叠系大冶组灰岩在浅部岩溶发育，含水丰富，而到深部，岩溶不发育，富水性很不均匀。二叠系长兴组灰岩岩溶裂隙含水层自北向南埋藏深度加大，逐步为大冶组覆盖，岩溶发育变差，连通性差，二叠系龙潭组砂岩裂隙含水层富水性弱。二叠系下统茅口组岩溶裂隙含水层富水性弱。矿区隔水层主要为二叠系上统龙潭组粉砂泥岩隔水层。在矿区内广泛分布。主要岩性粉砂岩、泥岩和炭质泥岩及煤层。

矿坑水主要由采掘工程所涉及的 B_4 煤层上下含水层渗漏所致、矿井生产用水漏失以及近地表风化裂隙水、老窑水的渗漏，大气降水及地表水（水库、池塘及小河）只是通过近地表风化裂隙水、老窑水对矿坑水进行补给，由于矿区范围内断层、裂隙不甚发育，地表水、老窑水对矿井开采的影响已经很小。

矿井开采时，顶底板的砂岩裂隙水一旦导通，可造成短时突水现象，但由于瞬时水量不大，且静储量有限，不会因水患造成安全事故。

B_4 煤层赋存于当地侵蚀基准面以下，直接充水含水层为龙潭组老山段和官山段砂岩含水岩组，$q < 0.1$ L/s·m。据现有生产地质资料，含水岩组含水性弱，且下伏的茅口组灰岩埋深大，裂隙不发育，含水性弱，生产矿井未发生茅口灰岩突水现象。故 B_4 煤层为水文地质条件简单，水文地质勘探类型为二类一型。

6.2.4　工程地质条件

建新煤矿的煤层顶底板柱状图如图 6-1 所示。主采煤层 B_4 煤层顶底板特征为：

（1）伪顶：炭质粉砂岩或炭质泥岩随采随落，一般厚度为 0 ~ 0.4 m，平均厚度为 0.2 m，呈西薄东厚的趋势，井筒以西有时煤层与直接顶接触，以东局部增厚达 0.6 ~ 1.2 m。

（2）直接顶：为深灰色的砂质粉砂岩—粗粉砂岩，厚度在 6 ~ 8 m，局部达 10 m。下部有时为炭质泥岩，中下部夹一层 3 m 左右极薄层理的含细砂岩条带的砂质泥岩，在正常情况下岩芯呈柱状，抗压强度为 11.70 ~ 26.40 MPa；抗拉强度为 0.74 ~ 1.20 MPa；抗剪强度为 2.10 ~ 5.80 MPa。在西部井田边界附近，常有插入煤层的现象，普氏硬度为 1.5 ~ 2.4。

（3）老顶：为灰、浅灰色的石英细砂岩，厚度在 3 ~ 5 m，抗压强度为 205.8 MPa；抗拉强度为 0.35 MPa；抗剪强度为 21 MPa。普氏硬度为 5 ~ 8，内摩擦角 81° ~ 87°。老顶砂岩含裂隙水，在小断层和裂隙发育处常沿裂隙导入工作面，水量最大达 3 ~ 5 m^3/时，随时间推移渐小直至消失。综上所述，B_4 煤层顶板为Ⅲ类。

（4）伪底：深灰色泥质泥岩或黏土岩，厚度在 0 ~ 0.3 m，平均厚度为 0.10 m，西薄东厚，分布不均匀。

（5）直接底：浅灰、灰褐色黏土质泥岩或黏土岩，向下过渡到粉砂岩及细砂岩，厚度在 2.5 ~ 3.6 m 左右，遇水具膨胀性。因围岩压力的影响，容易发生底鼓变形。

矿山的主采煤层的顶底板岩性主要为中厚层状的粉砂岩、泥岩，顶板的抗压强度一般在 88 MPa，抗拉强度在 1.2 MPa。其采煤方法为走向长臂式，全冒落法管理顶板，一次采全高，采用金属支架支撑。目前矿山未出现工程地质事故。

建新煤矿的工程地质条件为简单—中等。

	柱状	厚度	硬度	岩性描述
煤层及顶底岩性		2-4	4.0	深灰色粗粉砂岩，夹薄层细砂岩
		5-7	3	灰黑色砂质页岩，致密性脆，见不明显水平层理，含少量植物化石，节理发育
		6-8	3	灰黑色页岩，节理发育，致密，含较多菱铁矿结核和动物化石
		2	3.5	条带细砂岩
		5	3	深灰色含细砂岩，细条带的砂质页岩
		4	2	深灰色条含煤线砂质页岩，产植物化石，致密性脆，随采随落
		0.2	1.0	伪顶，炭质页岩
		2.51	1.5	B4煤层半暗半亮型煤呈条带互层具伪顶夹矸伪底其岩性均匀碳页岩非常松软厚度0.1-0.4
		0.2	1.0	伪底炭质泥遇水膨胀，厚0.1m~0.3m，一般厚0.2m
		2-3	2.5	灰褐色泥质粉砂岩遇水膨胀产大量根茎化石
		2-4	3.5	灰色粗粉砂岩，块状结构
		0.1-0.4	1.0	B3煤位，有时为煤线，赋存不稳定
		2-5	2.5	深灰色泥质粉砂岩，致密，具鲕状（无B3煤时，不具鲕状），含少量菱铁质结核
		1-3	2.5	灰色厚层状砂质页岩，具菱铁结核
		7-12	3.8	褐灰色薄中厚层状硅质砂岩，岩性致密，坚硬，层面构造明显，含黑色炭化物
		4-8	3.0	深灰色粉砂岩，致密，块状结构
		1-3	3.5	浅灰色细砂岩，节理发育
		2-3	4.0	暗灰色厚层状粗粉砂岩
		2-4	3.2	暗灰色细砂岩
		2-3	2.5	浅灰色页岩，夹薄层粉砂岩
		7-10	3.0	深灰色细砂岩，厚层状，有时过渡为粗粉砂岩
		约20	2.5	浅一深灰色粉砂岩，偶夹薄层状细砂岩

图 6-1 煤层顶底板柱状图

6.3　巷道变形测量

考虑到全面的巷道变形理论研究及深入了解实际状况下巷道的变形，本书对 800 m 的建新煤矿受到酸性腐蚀巷道进行了变形测量，此次测量中共布置了 10 个测点。该巷道设计断面如图 6-2 所示。其尺寸是拱高 2.6 m、宽度为 2.6 m。通过对测点的测量，得到巷道变形的尺寸及其变形如表 6-1 所示。

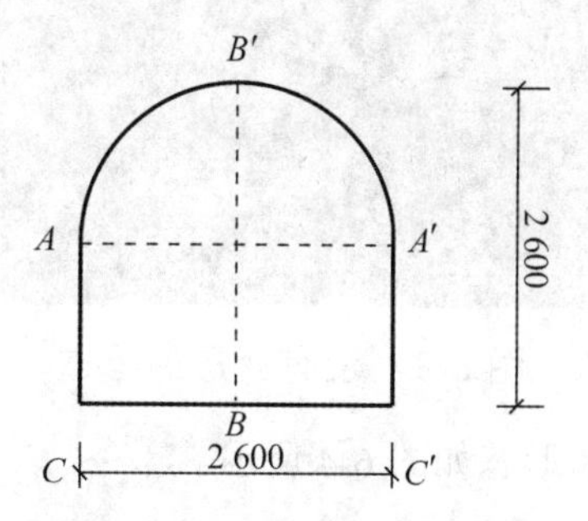

图 6-2　巷道设计断面图

表 6-1　巷道变形监结果

测点序号	变表后断面尺寸/m			变形量/m		
	拱高	腰线宽度	底线宽度	拱高	腰线宽度	底线宽度
1#	2.5	2.5	2.35	0.1	0.1	0.25
2#	2.5	2.5	2.4	0.1	0.1	0.2
3#	2.4	2.2	2.2	0.2	0.4	0.4
4#	2.8	2.45	2.3	-0.2	0.15	0.3
5#	2.2	2.1	2.1	0.4	0.5	0.5
6#	2.3	2.2	2.2	0.3	0.2	0.4
7#	2.2	2.45	2.4	0.4	0.15	0.2
8#	2.0	2.0	2.0	0.6	0.6	0.6
9#	1.9	2.4	2.3	0.7	0.2	0.3
10#	2.0	2.0	2.0	0.6	0.6	0.6

通过工程实地的观测与测量，了解煤矿巷道的变形情况，对可能出现险情的部位进行重点观测。测试所选取的 10 个测点当中，8 号、9 号、10 号点所处位置受到的化学腐蚀最严重，在实测数据当中表现为其产生了更大的变形，存在更为严重的安全隐患。

没有变形的巷道形态如图 6-3 所示。

图 6-3　没有变形的巷道

巷道部分测点的变形形态如图 6-4 所示。

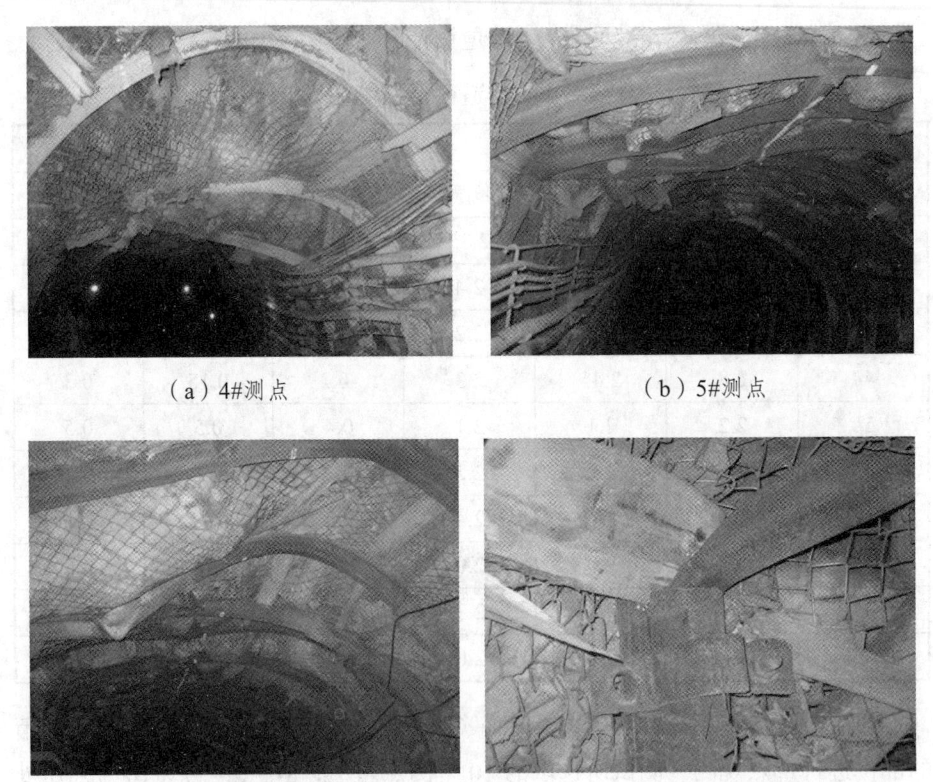

（a）4#测点　（b）5#测点

（c）9#测点　（d）10#测点

图 6-4　巷道变形图

6.4 化学腐蚀下巷道变形的数值模拟

6.4.1 计算参数的确定

通过前面章节的试验数据并参照一定的地应力资料，分析在自然状态及 pH=2 的强酸性条件下工程实测巷道的模拟变形情况。比较工程测量的实际数据和 ANSYS 模拟数值，对巷道在不同情况下的变形进行研究讨论。根据相关资料并参照本试验的数据，自然状态下的砂岩 $E=8.65\times10^9$ Pa，$\mu=0.23$；pH=2 时，$E=4.93\times10^9$ Pa，$\mu=0.24$。

查阅深部巷道的地应力资料[1-4]，归纳出在地下 500 ~ 1 500 m 的地应力大小，如表 6-2 所示。

表 6-2　某地区 500 ~ 1 500 m 的地应力表

深度/m）	$\sigma_{水平max}$/MPa	$\sigma_{水平min}$/MPa	$\sigma_{水平平均}$/MPa	$\sigma_{铅直}$/MPa	$\sigma_{差}$/MPa	温度/°C
500	28.66	12.51	20.59	14.30	6.285	21
600	34.27	14.84	24.56	17.12	7.435	23.5
700	39.86	17.18	28.52	19.92	8.6	25
800	45.46	19.52	32.49	22.72	9.77	28.5
900	51.02	21.86	36.44	25.50	10.94	31
1000	56.62	24.20	40.41	28.32	12.09	33.5
1500	84.58	35.90	60.24	42.32	17.92	45

6.4.2 巷道变形及位移计算

在巷道开挖时，由于开采的挠动等，临近的岩体也受到了一定的影响，该影响尺寸大约为开挖截面尺寸的 3 倍，超过此范围，可以忽略掉开挖对岩体的影响。因此根据上述建新煤矿巷道截面，又考虑到圣维南原理的相关理论，为了充分考虑开采对周围岩体的影响，有不忽视有限元计算的离散误差，模型选择其 5 倍范围，建立的模型简化图和实际计算图如图 6-5 所示。

在仿真计算完成后，分别对自然状态和强酸侵蚀的巷道的应力、位移等图进行对比、分析，结果如图 6-6、6-7 所示。

由以上位移图读出数据，在自然状态下巷道最大位移为 0.12 m，而经 pH=2 的强酸腐蚀的巷道，其最大位移为 1.05 m，模拟的结果与实际情况当中巷道的底部和顶部变形最大结果相吻合。

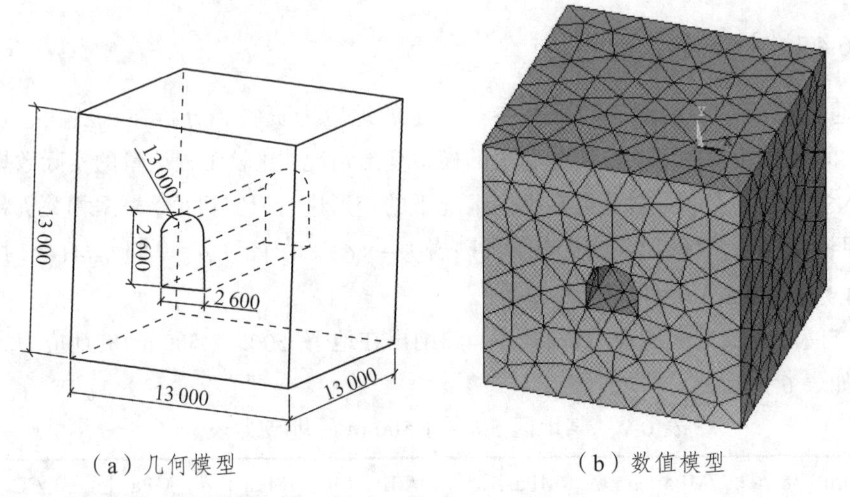

（a）几何模型　　　　（b）数值模型

图 6-5　巷体变形计算有限元模型

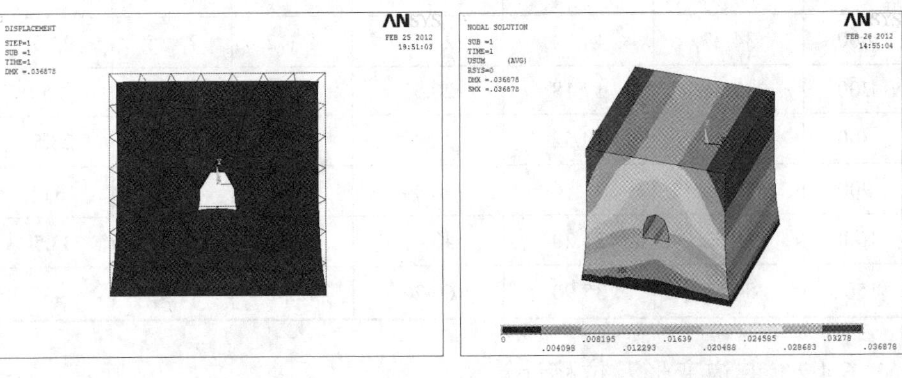

（a）变形图　　　　（b）位移图

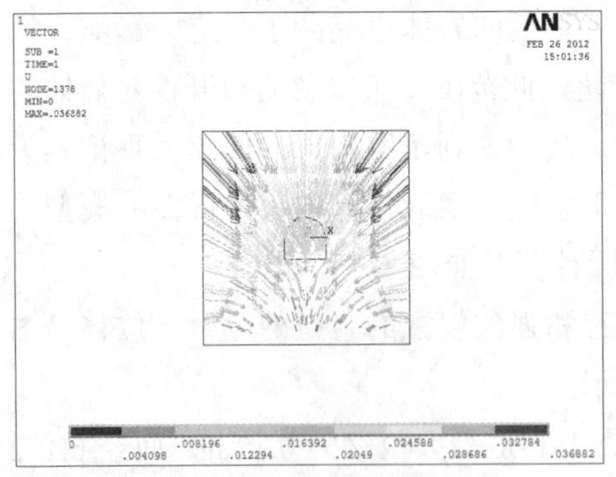

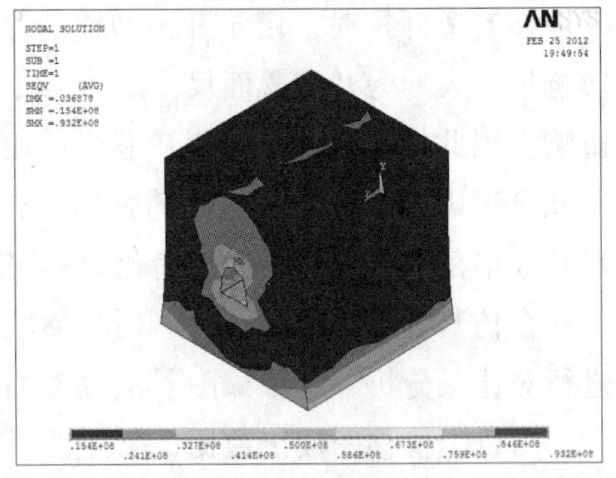

（c）位移矢量图　　　　（d）应力等值线

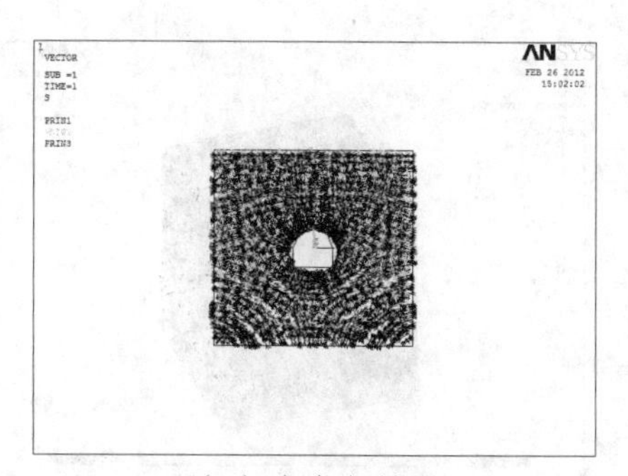

（e）应力矢量图

（f）应变等值线

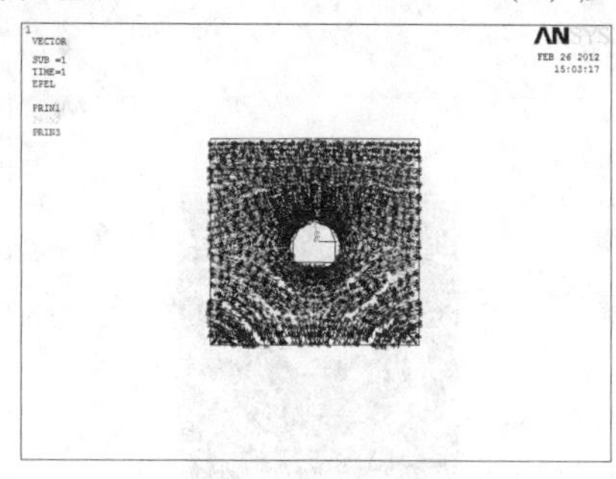

（g）应变矢量图

图 6-6　自然状态下巷道变形及位移图

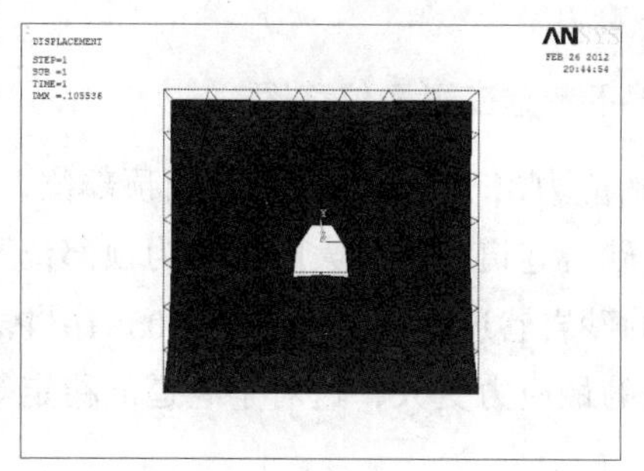

（a）变形图

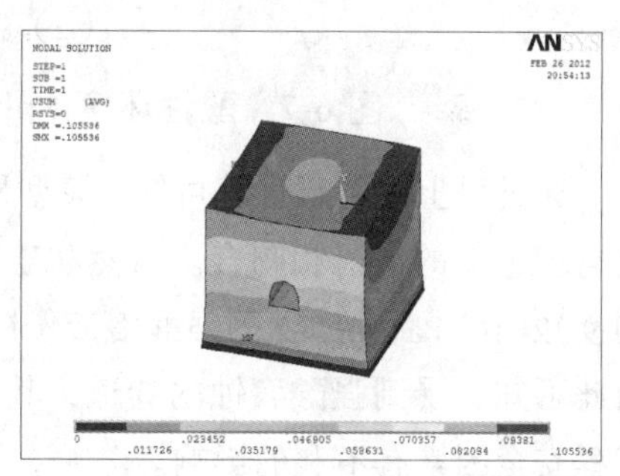

（b）位移图

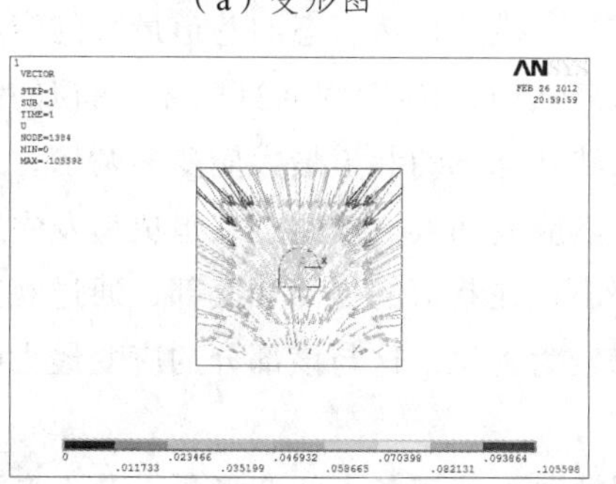

（c）位移矢量图

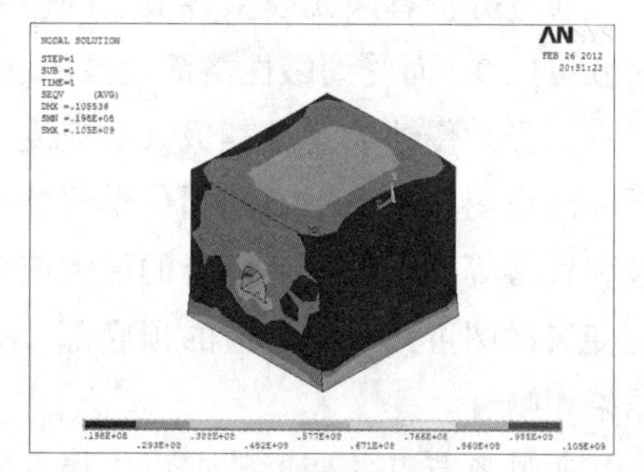

（d）应力等值线

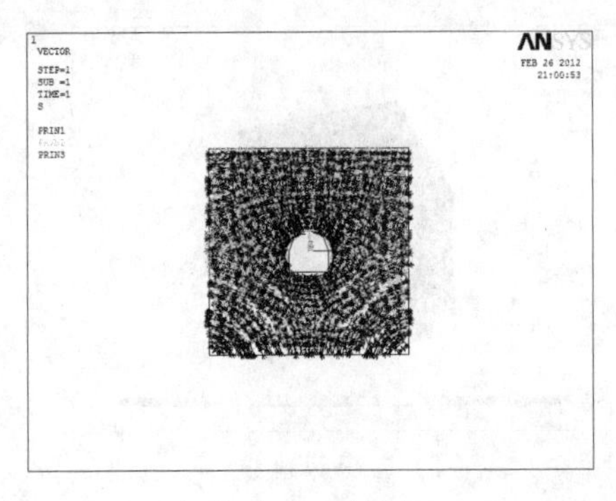

（e）应力矢量图

（f）应变等值线

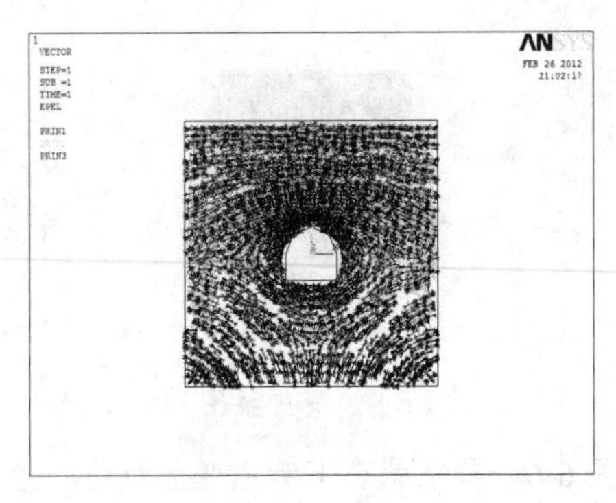

（g）应变矢量图

图 6-7　酸性环境（pH=2）下巷道变形及位移图

通过以上的仿真计算可知，模型最大的应力出现在巷道的底部及顶部位置，这与理论上的情况相吻合。自然状态下的砂岩巷道，其最大的应力为顶部位置的 9.32×10^{8} Pa；pH=2 的强酸溶液侵蚀下的砂岩巷道，最大应力为 1.05×10^{9} Pa，由此可知，受到强酸腐蚀的巷道，其承受的最应力更大，这对于巷道的稳定等工程安全因素有不利的影响。

通过分析有限元模型各节点的位移可知，模拟自然状态的巷道最大的应变为 0.111 59，而受到酸性溶液侵蚀的巷道，其最大的应变为 0.315 58，模拟的结果中，受到侵蚀的巷道其最大的应变比自然状态下的巷道最大应变多两倍，这再一次说明，巷道围岩受到化学侵蚀后，其应变加大。由此，巷道更易发生底鼓和冒落等工程事故。两者的最大应变都出现在巷道的顶部和底部，通过观察应变矢量图可知，在巷道的顶底部，矢量较为密集，这与该部分的应变最大的结果相吻合。

通过各节点的变形数据可以得到模拟情况下巷道各点的变形量，节点变形图如图 6-8 所示。选择有限元模型中的节点 150 作为拱高节点，节点 1 和 154 为腰线宽度节点，节点 2 和 148 为底线节点，则可以得到深部巷道实测变形结果与模拟结果如表 6-3 所示。结果表明实测结果与模拟结果比较吻合。

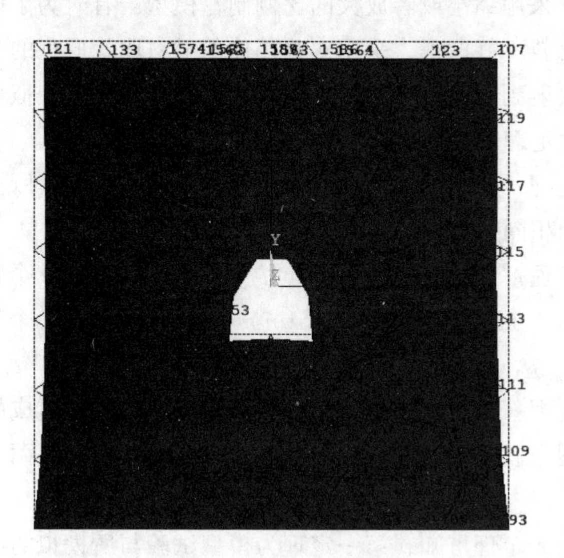

图 6-8　节点的变形图

表 6-3　实测和模拟变形对比

测点	10 号点	
	实测位移/m	模拟位移/m
拱高	0.6	0.652
腰线宽度	0.6	0.649
底线宽度	0.6	0.622

6.5　相似材料模型试验设计

在进行科研方面的研究时，通常采用的方法有三大类：模拟理论分析、现场实测分析、模拟试验。模拟试验与前面两种方法相比较，优点是可以人为地控制试验条件，选定影响因素从而定性研究这一因素的影响规律，而且模拟试验的结果直观，所需消耗的资源也较少，周期也短。模拟试验现已被广泛应用于许多的工程问题方面的研究，如水利、采矿、岩土工程等多个学科，取得了许多技术成果[5-8]。

6.5.1 相似定理

进行相似模型试验时，根据所研究问题的实际情况，来进行试验的设计，通常仿造原型，采用缩小或者放大的比例制作模型。有时为了便于测量，或者是实际工程的材料不好取得，采用一些其他的材料取代原型的材料。为了使得模型中的情况映射到原型中，使两者相互关联，就必须有相似理论作为基础，相似理论有三大定理作为基础。

相似第一定理：考察两个系统所发生的现象，如果在其所对应的点上具有相同的方程式和相同判断的现象群，则这两个现象为相似现象。

相似第二定理：若某个物理系统有 n 个方程式，在这 n 个物理方程式中有 m 个物理量，那么独立的相似判据有（n-m）个，这（n-m）个物理量之间的关系式表达为 $F(\beta_1\ \beta_2 \cdots \beta_{n-m}) = 0$。

相似第三定理：当现象的单值条件相似且单值条件所组成的相似准则的数量相等时，则现象就是相似的。相似第三定理明确地规定了两个现象相似的必要和充分条件。

从上述的三大定理可知，第一定理为模型试验与所模拟的原型这两者之间提供了相似判据，第二定理可以将模拟试验所得的结果推广到模拟的原型系统中，进行分析，第三定理则是做模型试验必须满足的核心准则。因此，要达到模拟试验的最终目的，就必须严格控制单值条件。

6.5.2 相似单值条件

单值条件包括几何条件（或者称为空间条件）、初始值条件（具体分为边界和初始条件）、物理条件（或者称为介质条件）。通过单值条件的限制，可以推导出各种物理量，因此进行相似模拟时，必须满足相关的单值条件。

1. 几何相似

本次模型试验主要研究巷道的围岩压力问题，考虑到所用的试验设备，必须将模型按比例缩小许多。

$$\frac{L_H}{L_M} = \alpha_L，\quad \frac{L_H^2}{L_M^2} = \alpha_L^2 = \alpha_A，$$

$$\frac{L_H^3}{L_M^3} = \alpha_L^3 = \alpha_V \tag{6.1}$$

式中：α_L 为长度相似常数；α_A 为面积相似常数；α_V 为体积相似常数。

对于平面模型，或者是可以简化为平面问题研究的立体模型，其长度方向上比另外的两个方向尺寸大许多，在平面内取任一断面，而它们的受力条件均相同，如长隧道、边坡等，只要保持平面尺寸几何相似就行，在厚度方面保证其自身稳定性即可。

2. 物理相似

相似模拟试验中，针对不同的研究问题，对模型的主要物理参数会有不同的要求。在岩土工程中，研究的问题通常有围岩的应力与应变问题、围岩破坏问题等。

1）研究岩土工程围岩的应力与应变

考虑到模型自身的自重，主要的物理相似常数有：

$$\alpha_\sigma = \frac{\sigma_H}{\sigma_M}, \quad \alpha_E = \frac{E_H}{E_M}, \quad \alpha_\gamma = \frac{\gamma_H}{\gamma_M} \tag{6.2}$$

相似指标为：

$$\frac{\alpha_\sigma}{\alpha_L \alpha_\gamma} = 1 \tag{6.3}$$

式中：α_σ 为应力相似常数；α_L 为长度相似常数；α_γ 为容重相似常数。

2）研究岩土工程围岩的破坏

主要的相似常数除了满足上述的物理相似常数以外，还应满足强度方面的要求，即模型材料的强度曲线与原型材料的相似。

满足牛顿第二定律：

$$\frac{\alpha_M \alpha_a}{\alpha_F} = 1 \tag{6.4}$$

式中：α_M 为质量相似常数；α_a 为加速度相似常数；α_F 为力相似常数。

3）研究岩土工程围岩在长期扰动条件下的破坏问题

研究此类的问题，除了要满足 a，b 类问题中的要求之外，重点还要考虑的一个因素是时间，在模拟中如何选定合适的时间参数是试验是否成功的关键，而时间相似常数 α_t 与几何相似常数 α_L 之间的关系可以从 $F = ma$ 这个方程中求得。对于一般的模拟试验可以按下述公式选取：

$$\alpha_t = \sqrt{\alpha_L} \tag{6.5}$$

式中：α_t 为时间相似常数。

6.5.3 相似材料设计

1. 相似材料配比的材料选择

在选择相似材料时，考虑到相似材料的主要力学性质应与模拟的岩层的结构相似，材料的力学性能应该稳定，不易受外界影响，并且材料必须是来源广、成本低廉的。模拟岩层所用的骨料通常有砂、黏土、铁粉、重晶石、铝粉、云母粉、软木屑等，主要的胶结材料有石膏、水泥、石灰、水玻璃、碳酸钙、树脂等。一般通常模拟岩石的相似材料是以砂子为骨料，以石膏为主要胶结材料，以水泥、石灰、水玻璃等为辅助胶结材料[9]。

石膏作为结构模拟材料已有多年的历史，胶结成型之后，脆性较大。它的抗压强度大于抗拉强度，成型方便，易于加工，最适于制作线弹性模型。砂子则取材容易，价格经济，试验操作简单，广泛应用于各种模型试验中，是比较理想的相似材料。水泥的抗压强度远超其抗拉强度，水泥标号越高，其抗压抗拉比越小，即脆性越明显。综合前述材料的特点以及相关文献资料，选取以下材料：骨料为砂子，胶结材料为石膏和水泥，外加剂为甘油和石膏缓凝剂，拌和用水。

2. 相似材料配合比的二次正交设计

试验采用正交设计方法[10-11]进行设计，以掺砂率 A、石膏水泥比 B、掺水率 C 这三项指标作为影响因素，砂子采用的是赣江细沙，经过 2 mm 的筛子过筛，保证试件的力学性能各向同性，水泥采用的是标准的 42.5 R 的水泥，石膏为建筑石膏。

根据相关文献的资料[12]，初步确定了这三个影响因素的水平值，三种影响因素水平值见表 6-4。

表 6-4 三种影响因素水平值

水平值	掺砂率 A	水泥石膏比 B	掺水率 C
1	62.5%	3：1	11%
2	70%	2：1	15%
3	75%	1.5：1	19%

其中，砂、石膏、水泥三者的总重量为 100%，掺水率和其他外加剂按固料

质量为基数计算。对于 3 因素三水平的试验，根据正交试验的原理，需要安排 9 次试验就能达到全面分析各影响因素的目的，正交试验数据见表 6-5。

表 6-5　相似材料配比正交表

序号	A	B	C
1	1（62.5%）	1（3∶1）	1（11%）
2	1	2（2∶1）	2（15%）
3	1	3（1.5∶1）	3（19%）
4	2（70%）	1	2
5	2	2	3
6	2	3	1
7	3	1	2
8	3	2	3
9	3	3	1

通过二次正交法设计[13-14]，以单轴抗压强度、单轴抗压抗拉比、抗冲击能量指数为考核指标，得到相似材料的最佳配比见表 6-6。

表 6-6　第二次试验正交表

序号	材料配比		
	砂胶比	石膏水泥比	含水量（%）
3	62.5%	1.5∶1	7

6.5.4　相似模型试验设计

1. 试验方案

本次试验是研究在深部岩体（高地应力）下，开挖隧道时，围岩变形破坏与开挖速度，围岩压力变化之间的关系，试验涉及的因素有围岩的强度，开挖方法，原始地应力的大小等。首先确定模拟的开挖隧道的尺寸大小，根据上一章，模拟试验必须满足一定的单值条件，本试验主要考虑的是岩土工程围岩的应力与应变，因此要满足的单值条件是 $\frac{\alpha_\sigma}{\alpha_L\alpha_\gamma}=1$，此前根据材料配比试验，选定了第一种配比 σ_c 为 3.92 MPa，模拟的原型为某一深部隧洞，埋深为 1 100 m，断面岩石为花岗岩，重度 $\gamma = 29\ \mathrm{kN/M^3}$，单轴抗压强度 σ_c = 165 MPa，取

$\alpha_L = 30$，原型隧道为 8 m 宽，则设计模拟隧道为 26 cm 宽。考虑到开挖速度，原始地应力的变化情况，设计以下两组实验见表 6-7。

表 6-7　试验方案

实验编号	应力条件	开挖方式	开挖速度
1	天然应力条件（低）	台阶法	1 cm/min
2	两倍天然应力（高）		

2. 试验模型装置

对于本次的试验，需要合适的加载试验设备。模型的试验装置主要有模型加载设备和模板。

1）模型加载装置

试验模型加载装置需要具有以下几个功能：

（1）模型加载装置有较强的刚性，确保加载时，能够保证模型自身的稳定。

（2）有充足的试验空间，可以方便的布置散斑点，开挖隧道等工作。

（3）有均布独立的加压装置，能够对模型竖向和水平均布施加压力，供压稳定，稳压精度高，自动稳压周期长。

本次试验采用的是“YMD-8 型岩土工程地质力学模型试验装置”，该模型试验装置能够模拟的最大尺寸为 160 cm×160 cm×40 cm，可模拟硐室的尺寸最大可达 60 cm×60 cm。模型的边界可以进行水平和竖向施加均布荷载，分别有六个加载点，相互独立的控制，模型边界荷载稳压可达 48 h 以上，模型的加载千斤顶额定荷载为 21 MPa，最大行进距离为 5 cm。模型试验设备如图 6-9 所示。

（a）加载系统

（b）控制系统

图 6-9　YMD-B 型岩土工程地质力学模型试验装置

2）模板设计

模板在上模型时必须保证模型的表面平整，并且拆模必须方便，考虑到模型的大小，把模型分为 5 层，每层模板高 30 cm，长度为 160 cm。本次试验模板采用竹胶板（双层），强度足够，为了使模板更容易脱模，在模板表面钉了一层塑料薄膜，如图 6-10 所示。

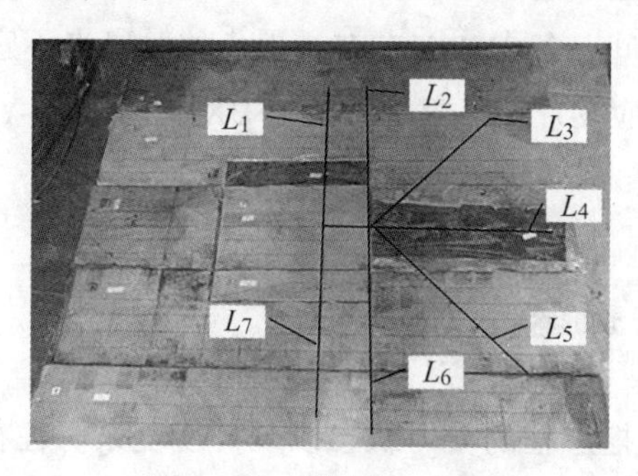

图 6-10　模板示意图

3）加载参数计算

根据之间的相似单值条件，隧洞的尺寸已经确定，现在模拟的是高地应力状态下，工程现场所处的最大主应力 σ_1 为 32 MPa，侧压力系数为 $\lambda = 0.826$，则隧洞模型所需施加的原始应力为 $\sigma_1^M = \dfrac{\sigma_1}{\alpha_L \alpha_\gamma} = 0.71$ MPa，侧向的水平应力 σ_3^M 为 0.586 MPa。

4）模型试验步骤

模型试验的工作内容较多，许多的环节需要严格控制，具体的分工及步骤如下：

（1）准备好试验所需的配比材料，在上模型之前进行加载装置的调试运行，看看是否正常。

（2）现场进行相似材料的拌和，根据材料的凝固时间，大致估算一次拌料的量，拌和直接使用自来水，加水拌和使用的混凝土自动搅拌机进行搅拌，单次拌料 25 kg，搅拌时间为 2 min。

（3）模型相似材料的填筑。填筑模型采用的是人工手动填筑，整个模型分为 5 层进行填筑，一层填筑 10 次料，通过每层进行夯实来控制密度，使材料紧密牢固，控制好模型的强度，随着填筑的高度逐步增加模板。

（4）模型的养护，模型的养护采用的是自然养护法，不做其他的处理，模板内侧面有塑料薄膜，具有一定的保水作用。

（5）模型拆除，将加载仪器两侧的固定钢梁拧松，保护好模板内的薄膜，防止撕破。

（6）布置散斑点，确定好开挖隧洞的尺寸之后，在观察面进行散斑点的布置。首先在观察面进行抛光打毛，使平面平整，然后喷漆处理，待白漆层凝固好之后，在白漆层用记号笔在上面点上散斑，散斑点必须要注意的是无规律性，且整个观察面黑白相间，各占50%左右，黑色的散斑点不宜大。

（7）观测面布置应变片，应变片的型号 BX120-20AA-Y3，电阻值为 120 Ω，灵敏度系数为 2.0±1%。

6.6 数字散斑基本原理

深部地下巷道开挖过程的受力状态以及环境复杂，往往导致巷道围岩的变形破坏的部位及过程具有不确定性。传统的变形测量一般采用应变片粘贴在被测物的表面或内置传感器，然后进行加载测量。但由于深部巷道围岩变形的复杂性，上述方法难以准确跟踪到巷道表面的变形破坏过程。数字图像相关技术（DIC 技术）测试具有大断面、全过程等优点，非常适用于深部巷道开挖变形的全程监测[15-19]。数字图像相关方法是 20 世纪 80 年代日本的山口一郎[20-21]教授和美国的南卡罗来纳大学的研究小组[22]同时独立提出的。后来该技术在算法与硬件设备上都得到的充分的发展，在物体表面的变形位移测量得到了良好的应用。数字散斑技术主要采用摄像机记录被测物体表面加载前后的激光散斑图，将图像存储于微机中，经过模数转换得到数字灰度场，然后通过相关系数计算加载前后的两幅图像的极值来实现物体的表面变形测量，相关测量系统如图 6-11 所示。

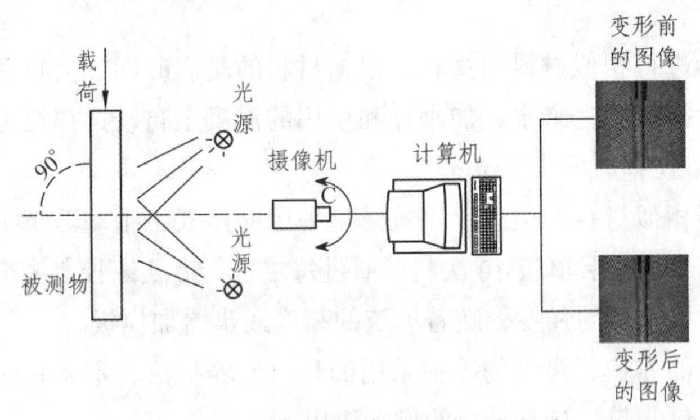

图 6-11　数字图像测量相关系统

图像采集系统一般包括 CCD 摄像机、图像采集设备、计算机。在进行试验的时候，需要拍摄物体变形前后的两幅散斑图，转换为灰度图像后，在变形前的图像中选定一个子区，利用子区中的灰度信息作为该子区中心的位移信息的载体，通过一定得搜索方法在变形后的灰度图像中，按照预先定义的相关函数来进行计算。通过两幅图之间子区的一一对应，从而可以得到该子区的位移量，从而计算该点发生的应变。通过一个一个小的子区迭代计算获得整个观察面的应力应变情况。

如图 6-12 所示，我们取物体变形前后图片上的两个散斑场，散斑点信息由一个两维分布的灰度场作为载体，也称之为数字化图像。变形前 $F_1 = F_1(i,j)$，变形后 $F_2 = F_2(i,j)$，假设数字散斑的样本列阵是 $M \times N$。

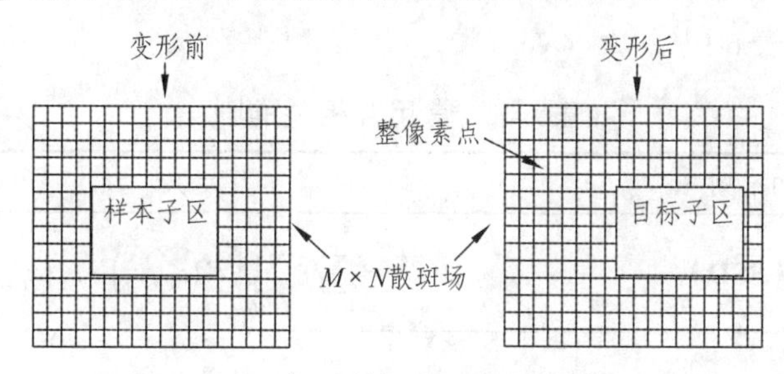

图 6-12　变形前后子区的几何变化

在变形后的图像中原先的参考子区的位置发生了一定的变化，假设变形前参考图像子区中心点附近的点在发生变形后只产生微小的移动，仍然在中心点附近。参考图像子区中的各点与变形后的目标图像子区可通过一定的函数关系进行一一对应，这个函数关系称之为形函数。

$$\begin{aligned} x_i' &= x_i + \alpha(x_i, y_j) \\ y_j' &= y_j + \beta(x_i, y_j) \end{aligned} \tag{6.6}$$

式中：$\alpha(x_i,y_j)$、$\beta(x_i,y_j)$ 分别为 x 和 y 方向上的形函数。

如果在参考子区和变形子区之间发生的是刚性位移变形，则中心子区各点的位移一样，那么变形前后两子区之间的形函数为零阶形函数。

$$\alpha(x_i, y_j) = \mu \quad \beta(x_i, y_j) = \nu \tag{6.7}$$

对于稍微复杂的变形，那么子区不仅本身发生平移，形状也会发生改变，那么零阶形函数不能满足对应，一阶形函数可以描述子区的平移、旋转、剪切变形等。

$$\left.\begin{aligned} x_i' &= x_i + \mu + \mu_x \Delta x + \mu_y \Delta y \\ y_j' &= y_j + \nu + \nu_x \Delta x + \nu_y \Delta y \end{aligned}\right\} \tag{6.8}$$

令 $\alpha_1(x_i, y_j) = \mu + \mu_x \Delta x + \mu_y \Delta y$，$\beta_1(x_i, y_j) = \nu + \nu_x \Delta x + \nu_y \Delta y$，则 $\alpha_1(x_i, y_j)$，$\beta_1(x_i, y_j)$ 分别为 x 和 y 方向上的一阶形函数。在进行相关计算时，把 F_1 和 F_2 通过形函数联系起来，通过一个相关函数计算比较他们的接近程度，若两个子区的散斑点一一对应，则认为两者完全相关，相关系数为 1，如果系数有偏差，则改变两者之间的形函数，即改变参数 $(\mu, \mu_x, \mu_y, \nu, \nu_x, \nu_y)$，通过试凑位移来确定真实位移。当相关系数达到极大值时，则可以得到两者之间的变形量。相关函数的选取非常重要，目前国内外提出的相关函数有多达近十种。主要分为两大种，一类是距离形式的平方和准则相关函数（表 6-8），一类是基于互相关准则的相关函数（表 6-9[23]）。

表 6-8　常用互相关准则

平方和准则	定义
平方和（SSD）	$C_{\mathrm{SSD}} = \sum_{i=-N}^{N} \sum_{j=-N}^{N} \left[F_1(x_i, y_j) - F_2(x_i, y_j)\right]^2$
归一化平方和（NSSD）	$C_{\mathrm{NSSD}} = \sum_{i=-N}^{N} \sum_{j=-N}^{N} \left[\frac{F_1(x_i, y_j)}{\overline{F_1}} - \frac{F_2(x_i, y_j)}{\overline{F_2}}\right]^2$
零均值归一化平方和（ZNSSD）	$C_{\mathrm{ZNSSD}} = \sum_{i=-N}^{N} \sum_{j=-N}^{N} \left[\frac{F_1(x_i, y_j) - F_N}{\Delta F_1} - \frac{F_2(x_i, y_j) - F_M}{\Delta F_2}\right]^2$

表 6-9　常用平方和准则

互相关准则	定义
互相关（CC）	$C_{\mathrm{CC}} = \sum_{i=-N}^{N} \sum_{j=-N}^{N} \left[F_1(x_i, y_j) F_2(x_i, y_j)\right]$
归一化互相关（VCC）	$C_{\mathrm{NCC}} = \sum_{i=-N}^{N} \sum_{j=-N}^{N} \left[\frac{F_1(x_i, y_j) F_2(x_i, y_j)}{\overline{F_1 F_2}}\right]$
零均值归一化互相关（ZNCC）	$C_{\mathrm{ZNCC}} = \sum_{i=-N}^{N} \sum_{j=-N}^{N} \left[\frac{[\ F_1(x_i, y_j) - F_N\ ] \times [\ F_2(x_i, y_j) - F_M]}{\Delta F_1 \Delta F_2}\right]$

在上述表中：

$$F_N = \frac{1}{(2N+1)^2}\sum_{i=-N}^{N}\sum_{j=-N}^{N} F_1(x_i, y_j)$$

$$F_M = \frac{1}{(2N+1)^2}\sum_{i=-N}^{N}\sum_{j=-N}^{N} F_2(x_i, y_j)$$

$$\overline{F_1} = \sqrt{\sum_{i=-N}^{N}\sum_{j=-N}^{N}[F_1(x_i, y_j)]^2}$$

$$\overline{F_2} = \sqrt{\sum_{i=-N}^{N}\sum_{j=-N}^{N}[F_2(x_i, y_j)]^2}$$

$$\Delta F_1 = \sqrt{\sum_{i=-N}^{N}\sum_{j=-N}^{N}[F_1(x_i, y_j) - F_N]^2}$$

$$\Delta F_2 = \sqrt{\sum_{i=-N}^{N}\sum_{j=-N}^{N}[F_2(x_i, y_j) - F_M]^2}$$

互相关准则与平方和准则相互有所关联，其中一些准则两者之间可以相互推导，平方和准则是最基础的准则，ZNCC 准则的抗噪声干扰性好，NCC 对光强的补偿性好，可以根据拍摄条件进行选择。

公式中 $F(x_i, y_j)$ 代表的是散斑点的灰度值，通常散斑图被处理为数字化图像，最小的单位是像素，而散斑点往往不能刚好落在整灰度值上，并且进行相关搜索时也只能以整像素点进行平移搜索，如果位移不是整像素，那么得到的位移值将会有偏差，而且由于 CCD 摄像机的像素有限，因此为了更加精密的计算出变形值，需要在整灰度值之间进行处理计算得到亚像素。目前计算亚像素的最常用的方法是灰度插值法：双线性灰度插值法，双三次样条灰度插值法等，插值点选取的越多，则精度越高，计算量也就越大；还有相关系数拟合法，根据应变场的位移进行估计的方法[24-26]。

在选取了合适的相关函数后，进行相关搜索迭代计算时也经历了很多的改进，搜索的方法不合适将会造成计算量大大增加。相关搜索方法有很多，随着数学理论的不断发展，搜索方法也越来越进步。有：双参数法[5]，对于六个迭代参数，每次迭代计算时，先变化两个参数其他参数不变，得到相关系数的极值，然后依次改变两个参数进行计算，直到最终结果满足极值条件；粗-细搜索法，首先进行整像素的平移迭代得到极值，然后在整像素计算的基础上进行亚像素的平移迭代计算；牛顿迭代法[5]是目前比较广泛使用的方法，能够比较快速的缩小迭代参数的范围，使得迭代次数减少，在计算速度上优化了许多。

6.7 模型试验及结果分析

6.7.1 第一组模型试验

1. 试验工况

第一组模型是根据方案 I 的内容进行的，模型的加载是在天然应力下进行逐步开挖的，开挖采用的是台阶式，考虑到开挖较为困难，且速度较慢，因此在填筑模型时预先在开挖位置预留硬泡沫板，利用分级拆除泡沫板来模拟开挖的过程，隧洞跨度是 26 cm，高 35 cm，模型填充后，竖向施加应力 0.71 MPa，水平施加应力 0.586 MPa。隧洞的开挖速度是 1 cm/min。

2. 试验过程

第一组试验考虑到天气较热，水分蒸发较快，因此要控制好模型填筑的时间，并且注意好模型的砸实，用木槌一层层夯实，具体的试验过程节点见表 6-10，试验过程可见图 6-13。

表 6-10 模型试验过程

试验节点	工作内容	注意事项
第一阶段	模型的填筑	每次填料 25 kg，用木槌慢慢砸实，控制每层的填料量，保证模型材料的容重
第二阶段	自然养护拆除模板	保护好模板内侧的塑料薄膜，以便下次模型使用
第三阶段	布置观察面的散斑点，在表面贴好应变片	抛光打毛观察面，保证平面的平整，散斑点大小适中，整个散斑图黑白相间均匀
第四阶段	按一定的速度开挖隧洞，进行断面的观测	保证观测设备的光源稳定，观测设备不能有任何的移动

（a）材料拌和

（b）模型填筑

（c）散斑布置

（d）模型测试准备就绪

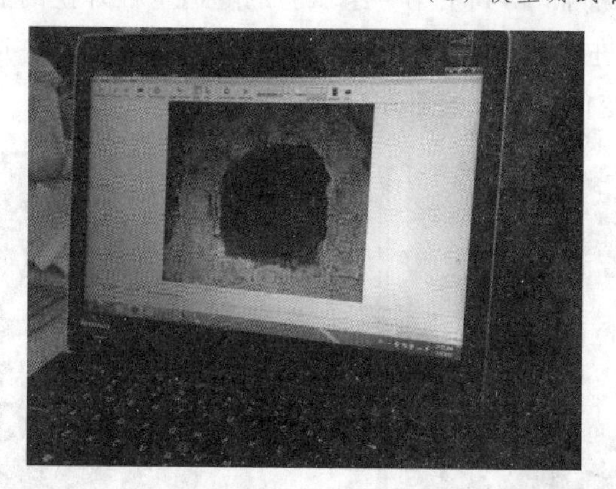

（e）变形过程监测

第 6-13　第一组模型试验成型过程

3. 试验结果分析

模型需要边开挖，边进行监测。每次隧洞开挖 2 cm，速度为 1 cm/min，在开挖过程中，利用 DIC 相机进行连续拍摄，速度为五秒一张，一次开挖过程拍摄 24 张。一次开挖 2 cm 后，模型静置 30 min，每隔 5 min 拍摄一张，等待隧洞的围岩变形稳定，再进行下次的开挖拍摄。模型厚 40 cm，分两次进行连续观测，一次连续观测 20 cm 厚度的全程开挖观测，直至模型巷道全部开挖完成，如图 6-14 所示。

图 6-14　开挖监测完毕

1）开挖断面的位移云图变化分析

通过两天的观测，得到了第一组试验的隧道全程开挖的散斑位移观测图，通过 vic-2D 软件进行计算，得到全部的位移以及应变云图，选取了 6 个代表性的竖直方向位移变化云图，如图 6-15 所示。

（a）开挖 4 cm 时位移变化云图

（b）开挖 12 cm 时位移变化云图

（c）开挖 20 cm 时位移变化云图

（d）开挖 28 cm 时位移变化云图

（e） 开挖 34cm 时位移变化云图

（f）开挖完成时位移变化云图

图 6-15　竖直方向位移云图

从图 6-15 中可以看到，在 6-15（a）中，竖向的位移云图两侧基本对称，在隧道的拱顶处的位移云图是逐层变化的，在稍远处的位移最大，向内侧慢慢递减，整体的变化比较均匀。隧道两侧的位移变形小于拱顶，在隧道的底部可以看到有发生底鼓的位移趋势。由图 6-15（b）、图 6-15（c）、图 6-15（d）三图可以看到，整个隧道围岩的位移变化不大，随着开挖深度加大，位移变形缓慢增加，靠近隧道周围的近处围岩的变形增大趋势更加明显。由图 6-15（e）、图 6-15（f）可以观察到，在隧道开挖最后阶段，隧道的拱顶部分整个位移处于一个水平，可能是拱顶上部的裂隙闭合，产生了非弹性的变形。在隧道内部可以看到围岩有一些微小的裂纹和碎渣剥离，如图 6-16 和图 6-17 所示。

图 6-16　拱肩处微小裂纹

图 6-17　边墙底部微小裂纹

2）开挖断面的应变云图变化分析

取 vic-2D 分析得到的全程应变云图进行分析，分别选取加载过程的前中后三张代表性的云图，图 6-18（a）、图 6-18（b）、图 6-18（c）为水平方向应变，图 6-18（d）、图 6-18（e）、图 6-18（f）为竖直方向应变。

（a）开挖初期水平应变

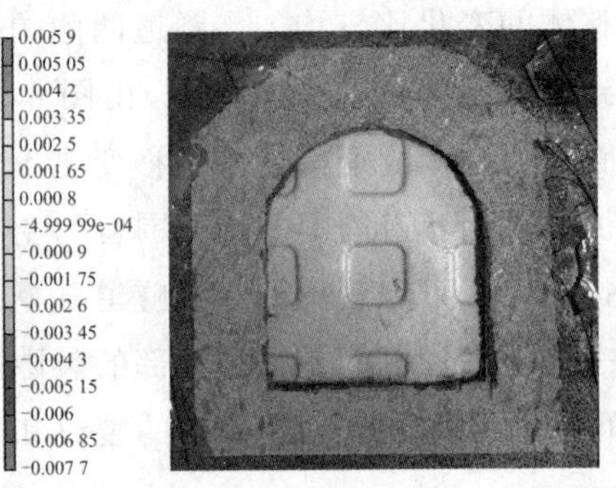

（b）开挖中期水平应变

0.014 2
0.011 537 5
0.008 875
0.006 212 5
0.003 55
0.000 887 499
0.001 775
0.004 4375
0.007 1
0.009 762 5
−0.012 425
−0.015 087 5
−0.017 75
−0.020 412 5
−0.023 075
−0.025 737 5
−0.028 4

（c）巷道破坏时水平应变

0.004 2
0.003 662 5
0.003 125
0.002 587 5
0.002 05
0.001 512 5
0.000 975
0.000 437 5
−9.999 98e−05
−0.000 637 5
−0.001 175
−0.001 712 5
−0.002 25
−0.002 787 5
−0.003 325
−0.003 862 5
−0.004 4

（d）开挖初期垂直应变

0.006 7
0.005 356 25
0.004 012 5
0.002 668 75
0.001 325
−1.875 08e−05
−0.001 362 5
−0.0027 062 5
−0.004 05
−0.005 393 75
−0.006 737 5
−0.008 081 25
−0.009 425
−0.010 768 8
−0.0121 125
−0.013 456 2
−0.014 8

（e）开挖中期垂直应变

0.007 2
0.004 487 5
0.001 775
−0.000 937 501
−0.003 65
−0.06 362 5
−0.009 075
−0.011 787 5
−0.014 5
−0.017 212 5
−0.019 925
−0.022 637 5
−0.025 35
−0.028 062 5
−0.030 775
−0.033 487 5
−0.036 2

（f）巷道破坏时垂直应变

图 6-18　竖向应变与水平方向应变云图

从图 6-18 可以看到，在开挖初期水平方向应变，整个隧道的围岩基本都处于受压状态，应变值为负值，且基本大小均匀，围岩状况稳定。当开挖到 12 cm 处时，围岩的应变值由负值转变为正值，此时围岩所受到的是拉应力，并且在左侧的围岩拉应力相比于右侧要大，说明此时左侧接近临空面的围岩内部可能出现微小裂缝，受到张拉破坏，整个围岩有向邻空处扩容的趋势。在竖向应变方向上，围岩在开挖初期整体应变为负值，受到的是压应力，随着开挖的进行，受到的压应力一直缓慢增加，在开挖的后半段，趋于平稳，说明开挖到后半段，对之前的开挖初始面的影响有限。

3）开挖断面监测点的应变曲线分析

在开挖的断面上，布置了 12 个应变片监测点，开挖示意图如图 6-19 所示。

竖直方向上为 Y，横向方向为 X，洞径方向为 J，在应变云图上，取应变片所对应点处的像素位移，换算出应变值，每个开挖阶段取五幅图，整个开挖全程取 100 副图，图片数为横坐标，绘制出开挖全程所对应的应变趋势图，如图 6-20 ~ 6-22 所示。

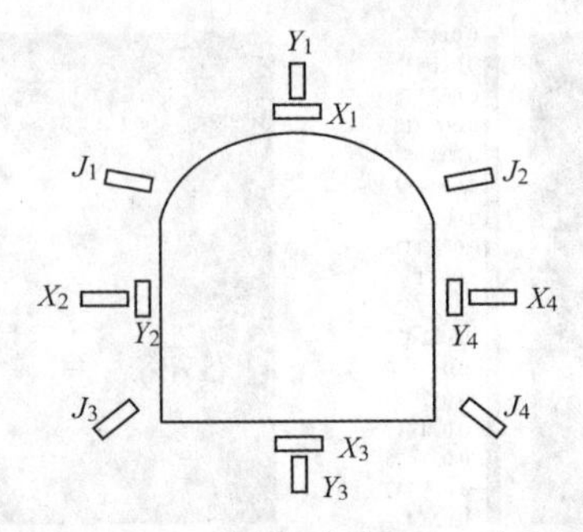

图 6-19 应变片布置示意图

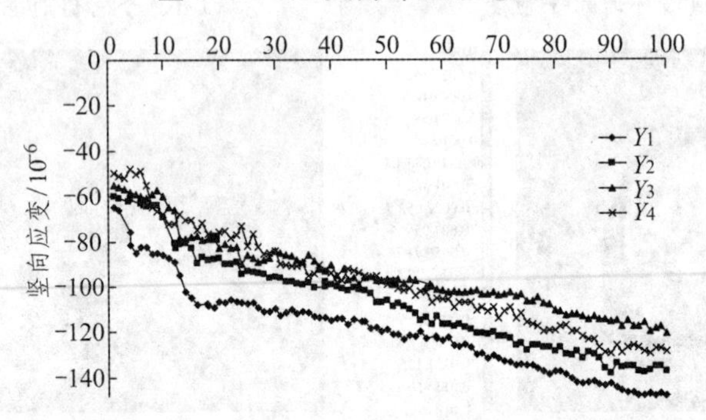

图 6-20 拱顶、边墙和底板竖向应变全程曲线

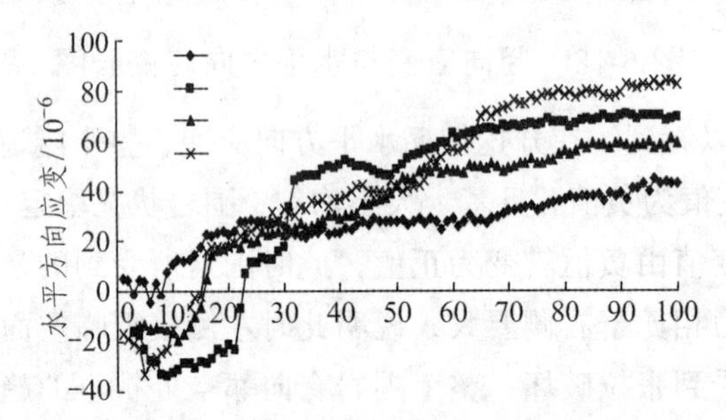

图 6-21 拱顶、边墙和底板水平方向应变全程曲线

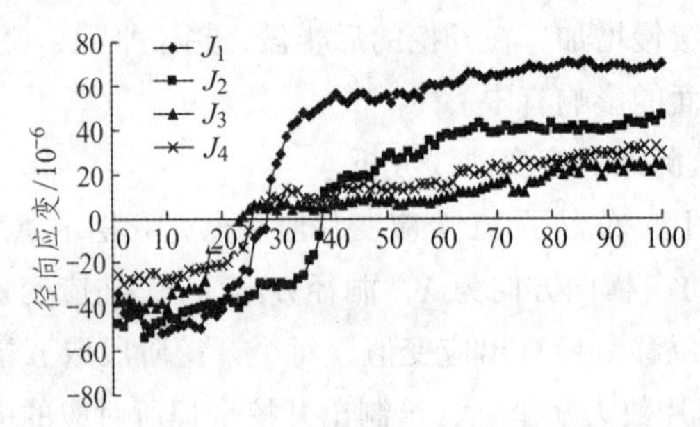

图 6-22 拱肩、底板两侧径向应变全程曲线

从图 6-20 可以看到，在天然应力状态下，随着隧洞的开挖，隧洞周边的围岩的竖向应变是一直是负值，随着开挖的推进，总体上一直减小。在拱顶部的应变减小趋势更加明显，在开挖的中半段应变值有小幅度的跳跃，后期应变趋于平稳，说明随着开挖的进行，前半段压应力较大，可能产生了缝隙的闭合，非弹性的变形，在后半段压应力慢慢减小。隧洞两边的围岩压力比拱顶要小，且两侧的应变曲线基本一致，在隧洞底部的应变与两侧所受压力基本相差不大，应变为负值，说明也是处于受压状态，随着开挖卸荷的进行，压力一直在增大。

从图 6-21 可知，随着隧洞的开挖，隧洞周边的围岩的水平方向应变总体开始是负值，随着开挖推进逐渐慢慢的由负值变化为正值，说明开挖初始阶段围岩在水平方向是受压的，开挖到一定深度后，围岩转变为受拉趋势。在拱顶部的水平方向应变相比于其他地方应变值更小，在开挖卸载的初始阶段，处于波动状态，开挖到 4 cm 处开始处于受拉，随着开挖深度增加，所受拉应力逐渐增大，开挖后期变化平稳。围岩两侧在开挖初始阶段，开始阶段受压，在开挖到 8 cm 处，两侧围岩的拉应力迅速的增大，开挖到 12 cm 深度时，左侧的围岩应变曲线突然上升，有一个小幅度的跳跃，此刻左侧围岩可能有微小的张拉破坏，但是比较微小，随着开挖深度越大，后期变化趋于平缓。右侧围岩整体应变由负值逐渐变为正值，一直处于受拉状态。在开挖结束后，左右两侧的围岩应变值基本相同。在底拱处，随着开挖进行一直受拉，有底鼓趋势。

从图 6-22 可知，随着隧洞的开挖，在两侧拱肩，初始开挖卸荷，开始时应变为负，随着开挖进行，应变总体上呈减小趋势。在开挖到 16 cm 处，拱肩的应变已由负值迅速变化为正值，并随着开挖一直在增大，说明此时拱肩已由开始的受压状态变为受拉状态，并且拉应力在一直增大。在底板两侧，开始也处于受压状态，在开挖到 20 cm 处，应变值由负值转变为正值，说明底板由受压转为受拉，变化幅度较小，底板两侧所受拉应力比两侧拱肩所受拉应力小。

取应变仪所监测的应变，每次开挖完成后，待围压变形稳定读取点的应变值，20 次开挖读取 20 个应变值，绘制出全程应变变化曲线，如图 6-23 ~ 6-25 所示。

从图中可知，应变仪所监测得到的应变与 vic-2D 软件计算得到的应变基本相符，只是在应变突发的时间点上，应变片所得到的数据不是十分明显，数据波动性更大。可能是由于相似材料的表面不像刚性材料表面那么平整，应变片贴合不够完全所引起的。开挖完成之后，仔细观察隧道内部围岩情况，并未出现宏观裂纹以及明显的破坏现象，只在拱肩处发现微小的裂纹，在原始应力条件下，围岩状况良好。

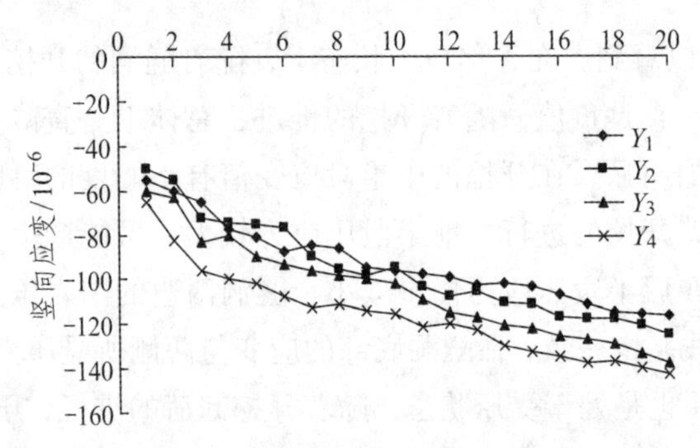

图 6-23 拱顶，边墙和底板竖向应变全程曲线

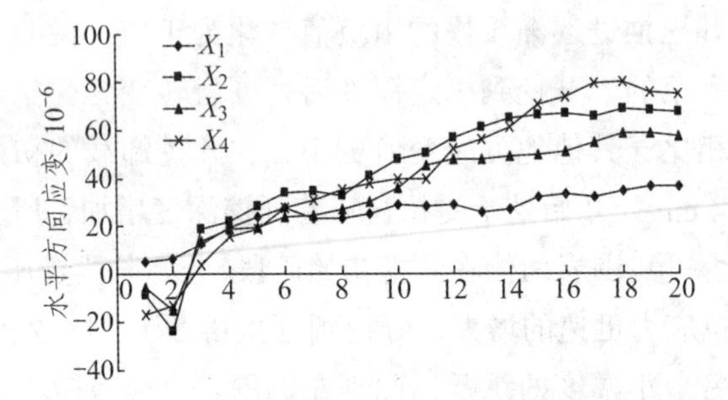

图 6-24 拱顶，边墙和底板水平方向应变全程曲线

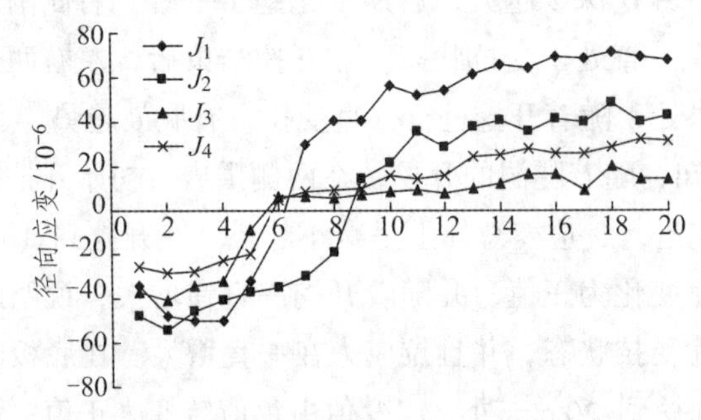

图 6-25 拱肩、底板两侧径向应变全程曲线

根据上述结果，总结第一组试验如下：

（1）通过隧道开挖的模拟，利用数字散斑技术进行断面观测，得到全程的断面应变云图，并且与应变片监测点位的数据对比，说明了数字散斑技术的可行性，并且无接触，全断面，适用性好，体现了数字散斑技术的优越性。

（2）通过对应变云图的分析，可以看到在断面的开挖初期，整个围岩的应变变化较为明显，随着开挖的进行，后半段所受的拉应力以及应变增量在减小，在应变方面，整个围岩的水平方向和径向上的应变为正，向临空侧扩容，产生一定的劈裂破坏，而在距离稍远处处于受压状态，可能是裂隙闭合产生的位移及应变变化，说明围岩的松动圈位于硐室周边一定范围内。在开挖中段，两侧围岩发生了不一样的应力变化，这可能是由于在模型填料的过程中，夯实程度不同，造成两侧材料强度等方面不一致所造成的，在下一次的模型试验中，要注意控制好其他一些影响材料性能的因素。

（3）在进行应变片的布置过程中，发现整个模型的平面有不同程度的一些麻面状况分布，麻面状况对散斑点的布置并无影响，但是个别应变片可能无法和监测面贴合完整，这在后期的试验当中会造成一些数据不准。初步分析，麻面可能是因为在上模型时，对模板内侧的材料夯实不够所造成的，一些粗大的颗粒没有被砸散。

（4）第一次模型试验，隧道的围岩完整性良好，隧道的内部没有明显的裂纹，开挖的初始断面处也没有破坏现象，说明在原始围岩状态下，隧道的开挖围岩自稳性良好，第二次及模型试验中将加大围压，观测破坏规律。

综上所述，在进行第二组试验时，一定要注意对相似材料的夯实，保证整个模型的各向同性，注意好整个模型填筑的过程控制。对于边角的材料应反复夯实，确保平面的平整。

6.7.2　第二组模型试验

1. 试验工况

在进行第二组模型试验前，针对第一组模型试验后的情况，增加了几个要求：首先，在混凝土搅拌机进行拌和时，拌和时间加长，防止拌料不均匀，造成的材料性能有所偏差。拌和好的相似材料从混凝土搅拌机中倒出后，确保没有残余剩料在里面，以免影响下一次的拌和。混凝土搅拌机拌和时，湿料容易附着在搅拌机筒壁内侧，每三次拌和用铁锹进行清理。其次，在模板内侧用记号笔做好刻度，随时注意填料的高度与所填料的质量，以此来控制好相似材料的容重，在模板的边角特别是观察面这一侧的模板内壁必须沿着边仔细的夯实，确保密实。最后，在容重这一指标控制好的前提下，相似材料的填筑时间也必须控制好，不能在空气中暴露太久，以免水分蒸发影响，每次填料的时间间隔不能超过 15 min，以免层与层之间的黏结力降低，破坏了模型的整体性。

第二组模型试验中，周围应力状态与第一组试验不同，两倍于自然应力条件的围压。开挖采用的是台阶式，隧洞跨度是 26 cm，高 35 cm，模型填充后，竖向施加应力 1.42 MPa，水平施加应力 1.172 MPa，隧洞的开挖速度是 1 cm/min，模型试验的过程同一组。

2. 结果及分析

数据采集同第一组试验相似，整个开挖过程设定自动拍摄，一次开挖过程拍摄 24 张。一次开挖 2 cm 后，模型静置 30 min，期间每隔 5 min 拍摄一张，等待隧洞的围岩变形稳定，再进行下次的开挖拍摄。

1）开挖断面的位移云图变化分析

通过两天的观测，得到了第二组试验的隧道全程开挖的散斑位移观测图，通过 vic-2D 软件进行计算，得到全部的位移及应变云图，本书选取了 6 个代表性的竖向位移变化云图进行分析说明，如图 6-26 所示。

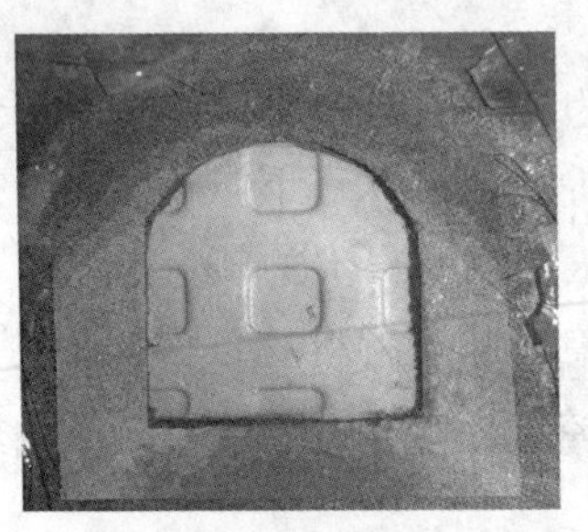

（a）开挖 4 cm 时位移变化云图

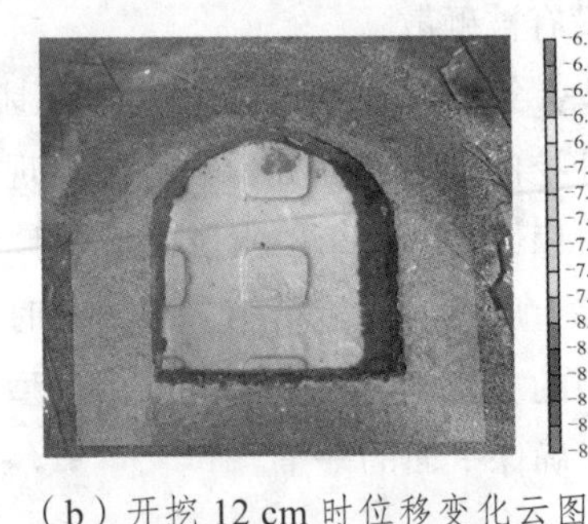

（b）开挖 12 cm 时位移变化云图

（c）开挖 22 cm 时位移变化云图

（d）开挖 28 cm 时位移变化云图

（e）开挖完成时位移变化云图

（f）开挖完成静置后位移变化云图

图 6-26　竖向位移变化云图

从图 6-26 中可以看到，在 6-26（a）中，竖向的位移云图两侧基本对称，在隧道的弧顶处的位移云图是逐层变化的，在围岩远端处的位移稍大，向内侧慢慢递减，整体的变化比较均匀。隧道两侧的位移变形小于顶部弧顶，在两倍天然应力情况下，隧道开挖时，围岩的位移变形明显要大于天然应力。在隧道的底部可以看到明显的有发生底鼓的位移趋势，底部两侧的位移变形大于中间，向中间靠拢。随着开挖的深度的增加，由图 6-26（b）、图 6-26（c）、图 6-26（d）三图可以看到，整个隧道围岩的应变规律没有改变，只是随着开挖深度加大，位移变形越来越大，靠近隧道周围的近处围岩的变形增大趋势更加明显。图 6-26（e）、图 6-26（f）可以看到，在隧道开挖完成阶段，整个围岩的位移变形有了较大的变化，右上角的变形要大，隧道左下角的变形最小，说明在隧道开挖完成后，应力发生了调整，整个围岩受到一定偏压作用，围岩整体的完整性应该是受到了破坏。可以看到左上角有较明显的分界，同一水平界面上，两侧位移不一样，受到剪切作用力，可能有内部的剪切破坏的趋势，同样，在右下角可以看到可能发生剪切破坏的界面。

2）开挖断面的应变云图变化分析

取 vic-2D 软件计算的全程应变云图进行分析，取水平方向应变和竖向应变的云图各三张，图 6-27（a）、图 6-27（b）、图 6-27（c）为水平方向应变，图 6-27（d）、图 6-27（e）、图 6-27（f）为直方向应变。

（a）开挖初期水平应变

（b）开挖中期水平应变

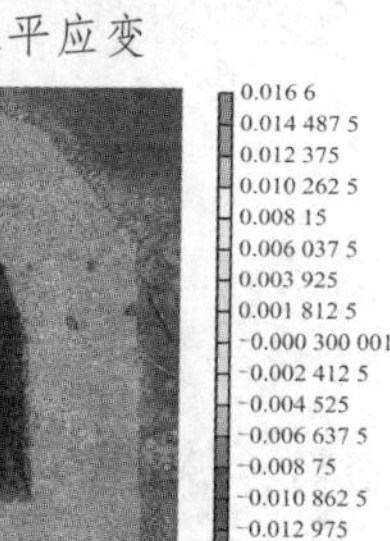

（c）巷道破坏时水平应变

（d）开挖初期垂直应变

（e）开挖中期垂直应变

（f）巷道破坏时垂直应变

图 6-27　竖向与水平方向应变云图

从图 6-27 可以看到，在开挖初期，在水平方向应变，整个隧道的围岩都是处于受压状态，应变值为负值，且基本大小均匀，围岩状况稳定。当开挖到 8 cm 处时，围岩的应变值由负值匀速转变为正值，此时围岩所受到的是拉应力，随着开挖的进行，拉应力一直在增大，开挖的后半段应变趋于平稳，在全部开挖后，应力调整完成，应变又发生了突变，从图 6-27（c）可以看到，在右下方的底板，有一条红色应变线，此处拉应变突变，破坏极有可能在此处发生，在左上方拱肩处可以隐约看到一条黄色的应变线，此处受到的拉应力也是整个拱顶应力异常的地方，可能产生裂纹破坏。通过图 6-27（d）、图 6-27（e）、图 6-27（f），在开挖初期，竖向的应变在开挖进行的初始阶段就由负值向正值跳跃，受到的是拉应力，之前在原始应力条件下，开挖卸荷的开始阶段，竖向所受的是压应力。而当两倍原始应力的条件下，开挖卸荷的开始阶段，受到拉应力，这说明在高地应力的情况下，开挖卸荷时，围岩更容易向开挖侧扩容，产生围岩松动圈，应及时加上支护。随着开挖的进行，整个围岩一直在慢慢受压，最后趋于平稳，后半段的开挖对前面的开挖断面影响不大。图 6-27（f）中，开挖完成，可以看到在左上角和右下角，云图上紫色和红色交错在一起，分别是拉应力和压应力的极值，此处受到剪切作用，可能产生破坏。与水平方向应变的分析相吻合。

3）开挖断面监测点的应变曲线分析

根据云图计算结果，取应变片对应处的像素点，绘制出全程开挖的应变变化曲线如图 6-28 ~ 6-30 所示。

取应变仪所监测的应变，每次开挖完成后，等 30 min，待围压变形稳定读取点的应变值，20 次开挖读取 20 个应变值，绘制出全程应变变化曲线，如图 6-31 ~ 6-33 所示。

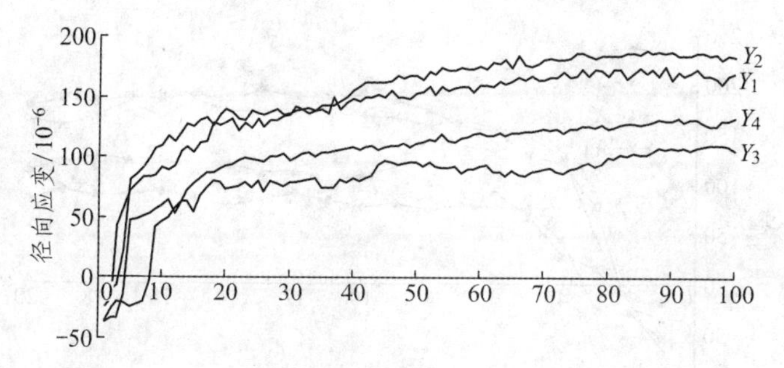

图 6-28　拱顶、边墙和拱底竖向应变全程曲线

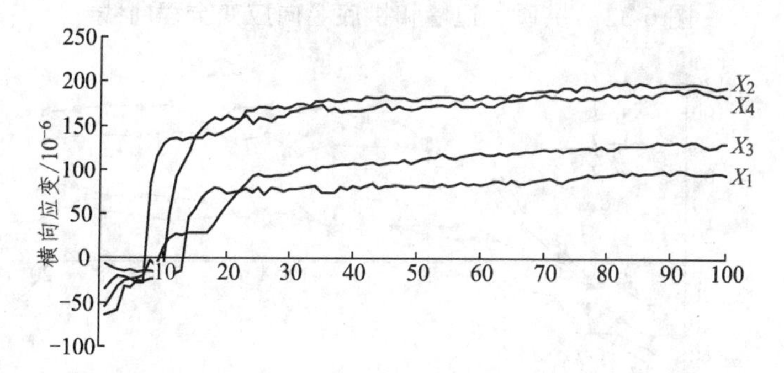

图 6-29　拱顶、边墙和拱底竖向应变全程曲线

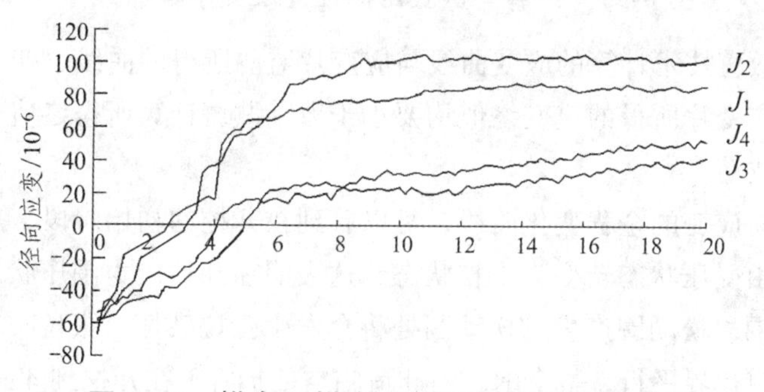

图 6-30　拱肩、拱底两侧径向应变全程曲线

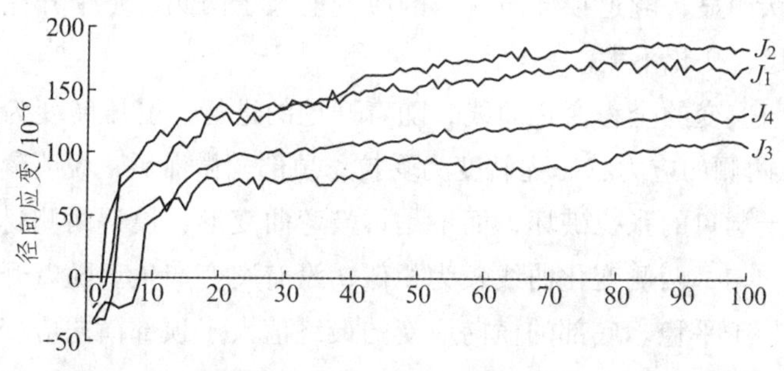

图 6-31　拱顶、边墙和拱底竖向应变全程曲线

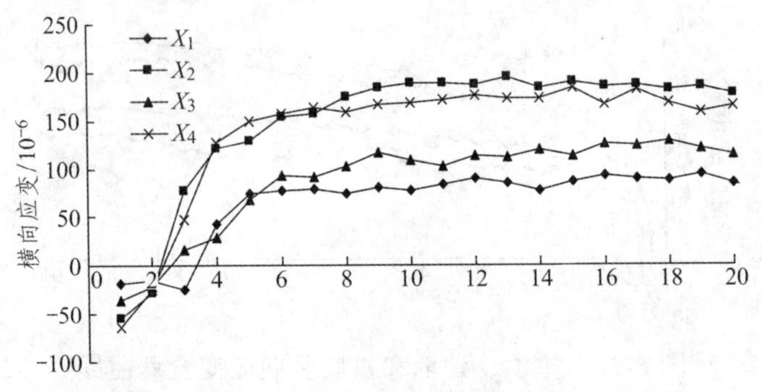

图 6-32 拱顶、边墙和拱底竖向应变全程曲线

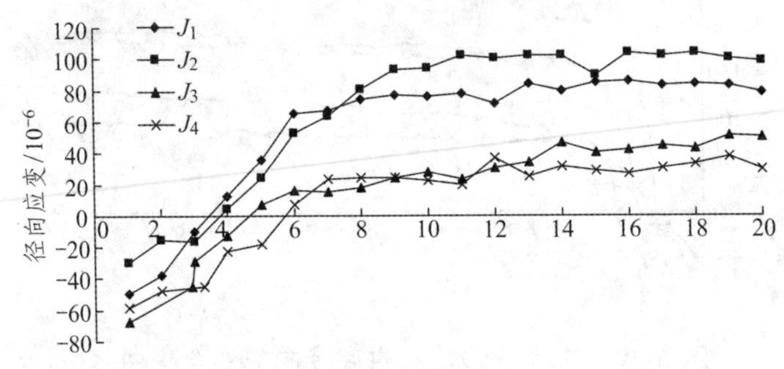

图 6-33 拱肩、拱底两侧径向应变全程曲线

由数字散斑技术计算的应变曲线与应变片监测所得的曲线，变化趋势两者基本相符，应变片所得的应变终值均要小于数字散斑计算所得终值，应变片所得曲线更为波动。

通过竖向应变的全程变化曲线，可以看到在开挖的初始阶段，应变迅速由负变为正，由受压状态转变为受拉状态，这表明在高地应力围压状态下，隧道开挖卸荷，围岩松动圈产生，松动圈处将会发生张拉破坏，张拉破坏产生的微小裂纹与洞口边界平行，整个围岩向卸荷临空处扩容。在开挖到 4 cm 处时，竖直的应变跳跃明显，隧道顶部与底部的应变值大于两侧，整个开挖的后半段，应变趋于平稳，变化不大。

观察横向应变的全程变化曲线，随着开挖的进行，受压转变为受拉，开挖到 6 cm 处，两侧的应力状态先转变为受拉，顶部稍微滞后，说明隧道顶部确实发生了平行于洞口的张拉破坏，而不是折鼓弯曲变形，模型两侧材料相比第一次填筑更为均匀，两侧变化曲线较为相似，没有突变产生。随着开挖的进行，后半程曲线趋于平稳。底部的横向应变的最终值大于顶部横向应变，这可能是由于隧道底部产生微小的底鼓，产生了一定的折鼓变形。

通过径向应变的全程变化曲线，可以看到在拱肩两侧的应变终值大于底侧的应变值，拱肩所受的拉应力和变形更大。径向的应变曲线的变化趋势相比于竖向与横向更为平缓，开挖到 12 cm 到 14 cm 处，应力由受压变为受拉，滞后与横向与竖向的开挖点。

开挖监测完成之后，对整个观测面和隧洞内部进行检查，可以看到在隧道的内侧，两侧的隧道拱肩位置有较大裂纹，在隧道边墙底侧也有细小的裂纹贯通。如图 6-34 ~ 6-36 所示。

由图 6-34 ~ 图 6-36 可以看出，在拱肩处出现的宏观裂纹位置于应变云图左上角应变破坏的发生处附近，符合数字散斑监测计算的结果。由于开挖完毕，隧道的围岩并没有较大的裂隙贯通，出现明显的破坏，而是处在破坏的边缘，因此第二组试验准备加大荷载，对开挖隧道进行拍摄观测。

图 6-34　拱肩宏观裂纹

图 6-35　拱肩处小碎块脱落

图 6-36　拱底宏观裂纹

4）加载破坏试验分析

第二组试验所加的模拟地应力荷载为竖向施加应力 1.42 MPa，水平施加应力 1.172 MPa。破坏试验准备缓慢逐级加载，竖向每级加载 0.1 MPa，水平施加应力每级加载 0.08 MPa，每一级加载进行连续观测，在加载过程中要时刻注意开挖面是否出现裂纹扩展延伸，内部围岩是否出现破坏。

当荷载加到第三级时，竖向应力 1.72 MPa，水平应力 1.412 MPa，在隧道开挖断面的右下角出现了微小的裂缝，荷载继续加到第四级，此时右下的裂纹扩展十分迅速，而在断面的左上角出现了较为明显的裂纹。在之前的断面位移云图当中，正是在左上角和右下角处有明显的位移变化的分界线，可能在此处发生剪切破坏。取四个加载阶段中，具有代表性的横方向应变云图进行分析，如图 6-37 所示。

（a）第一级加载

（b）第二级加载

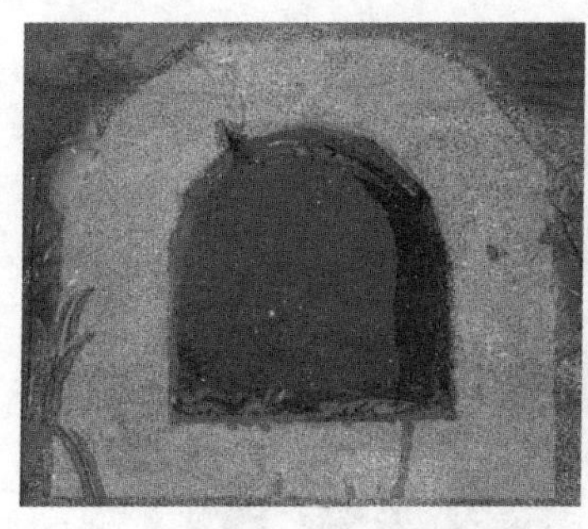

（c）第三级加载

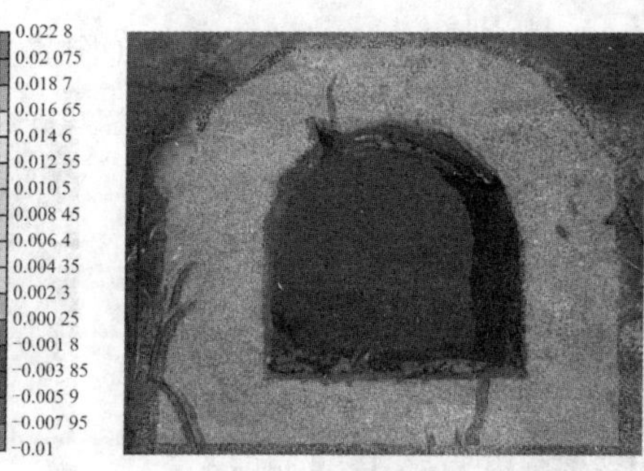

（d）第四级加载

图 6-37　模型水平方向应变云图

从图 6-37（a）可以看到，在第一级加载后，在云图中可以看到拉应变明显突变。在左上角处，裂纹的发生端上方出现了可能出现裂纹的位置。由图 6-37（b）、图 6-37（c）、图 6-37（d）三个云图结合分析，可以看到这两处裂纹的整个形成过程，首先在围岩的松动圈发生破坏，一些内部结构弱面萌生出微小的裂缝，原本已经存在的微小裂缝将会更加发育，随着隧道的开挖卸荷，这些微小的裂缝相互贯通，尤其是在一些应力集中的部位，受到的荷载将更大，在应力集中部位的围岩裂隙的发育贯通将会更加容易。当微小的裂缝发育，相互之间贯通便形成了宏观裂纹破坏，由宏观裂纹的尖端迅速向围岩松动圈处发展，围岩进一步发生变形、冒顶等灾害。通过四个应变云图的计算结果，发现在裂纹的发生开始阶段，贯通过程中，应变的增量变化不明显，当整个裂纹由松动圈贯通至围岩表面处形成宏观裂纹之后，应变增量迅速增大，裂纹的长度延伸迅速发育，宽度增大。

观测模型表面，如图 6-38 所示，可以发现裂纹所在位置与云图所示破坏位置一致，说明 DIC 技术的科学性和可靠性。

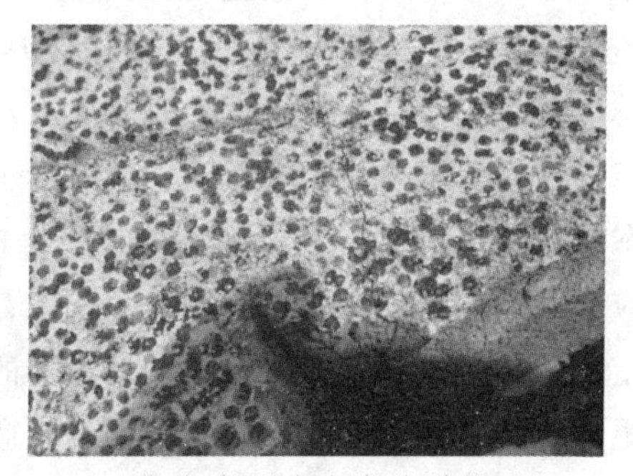

（a）断面左上角处裂纹

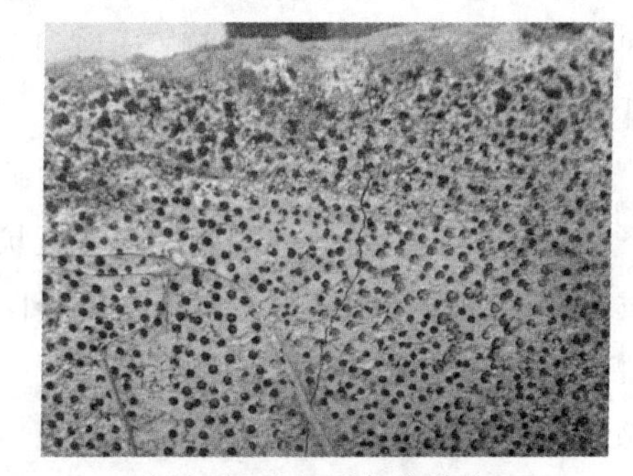

（b）断面右下角处裂纹

图 6-38　模型的局部破坏情况

取第一、三级加载的剪切应变云图（图 6-39）进行分析。

（a）第一级加载

（b）第三级加载

图 6-39　加载过程的剪切应力云图

通过剪切应变云图，可以看到在裂纹发生的地方，剪切作用明显，受剪切破坏造成的裂纹是由松动圈处的微小裂纹相互之间发生滑动，产生了塑性破坏，同时也说明，在卸荷过程中，裂纹的产生是张拉破坏与剪切破坏两者结合发生的产物，两者之间应该存在影响程度的主次关系。

根据上述结果，总结第二次的试验结果如下：

（1）第二次试验吸取了第一次试验的一些不足，在进行模型填筑时，更加注意了模拟材料的压实控制，对监测平面打磨得更加平整，保证了应变片的贴合。第二次试验是在两倍于天然应力的工况下进行的，相比于第一次试验，隧道在开挖过程中，应力和应变终值都更大。在应力由受拉转变为受拉的开挖时间点上，高围岩应力都明显提前于低围岩应力，说明在高地应力条件下，隧道在开挖卸荷过程中，应力变化更为迅速，受的应力更大。从应变曲线上讨论，水平方向应变和竖向应变在分别在开挖到 4 cm 和 6 cm 处，发生了跳跃，后期的开挖对开挖断面的应变影响不大，因此在高地应力状态下，要及时做好支护，开挖影响距离大约为 15 ~ 50 m。

（2）在高地应力状态下，围岩的破坏形式发生了变化。在低围岩应力状态下，竖向应变始终为负值，处于受压状态，位移为负值，隧道自稳性良好，未发生变形，在高围岩应力状态下，竖向应变由负值变为正值，处于受拉状态，说明顶部的围岩出现松动圈，发生了一定的张拉破坏，产生平行于洞口边界的微小裂纹。围岩水平方向所受的拉应力更大，向隧道内扩容。隧道底部发生微小的底鼓，产生折鼓变形。

（3）在第二次试验开挖完成后，为了观察更为明显的裂纹破坏，进行了加载。通过数字散斑技术计算分析得到的应变云图，记录了整个宏观裂纹的产生与发展，观察模型的断面，发现了云图所显示的裂纹，体现了数字散斑技术在监测变形方面非接触，全断面全程观测的准确与优越性。在卸荷破坏过程中，裂纹是由松动圈处的微小裂纹，相互之间贯通，发展到洞口边界，形成宏观裂纹，再向松动圈深部发展，造成宏观破坏。分析横方向与剪切应变云图，可以发现卸荷过程中发生了裂纹破坏，这是由张拉作用和剪切作用两种机制共同造成的。

综上所述，第二次试验取得较为满意的结果，但是围岩的破坏不明显，也没有明显的岩爆迹象，这可能是由于两次试验采用的是拆除泡沫板来模拟开挖。这种方法模拟开挖并不能很好地体现开挖这一过程，更多的是体现了卸荷这一作用，而实际的开挖肯定会对围岩的结构、完整性造成破坏。鉴于此，决定补充进行第三组试验，模拟的是仍然是两倍天然应力，模型整体填筑，进行真实开挖。

6.7.3　第三组模型试验

1. 试验工况

在前两次模型试验过程中，发现用搅拌机进行相似材料拌和过程中，经常有上一组的填料留在搅拌机中，导致下一组的填料混杂上一组或者多组之前的。因此在第三组模型试验当中不再使用搅拌机拌和，而是手动拌和。

第三组模型试验施加的围岩应力两倍于自然应力。开挖采用的是台阶式，隧洞跨度是 26 cm，高 35 cm，模型填充后，竖向施加应力 1.42 MPa，水平施加应力 1.172 MPa，由于手动开挖，隧洞的开挖速度是 0.5 cm/min。考虑到第三组试验采用人工拌和，为防止拌和不匀，每次的拌和质量相比之前的减少一半，一次拌和 12.5 kg，之前两组实验都采用了应变片对比数据，也印证了数字散斑技术的正确性，考虑到后期开挖的方便性，第三组试验没用采用应变片。

2. 试验结果及分析

数据采集同前两组试验相似，整个开挖过程设定自动拍摄，一次开挖过程拍摄 12 张。人工一次开挖 1 cm 后，模型静置 20 min，期间每隔 5 min 拍摄一张，等待隧洞的围岩变形稳定，再进行下次的开挖拍摄。

1）开挖断面的位移变化云图分析

通过两天的监测，得到了第三组试验的隧道全程开挖的散斑位移观测图，通过 vic-2D 软件进行计算，得到全部的位移云图，同样选取了 6 个代表性的竖直方向位移变化云图如图 6-40 所示。

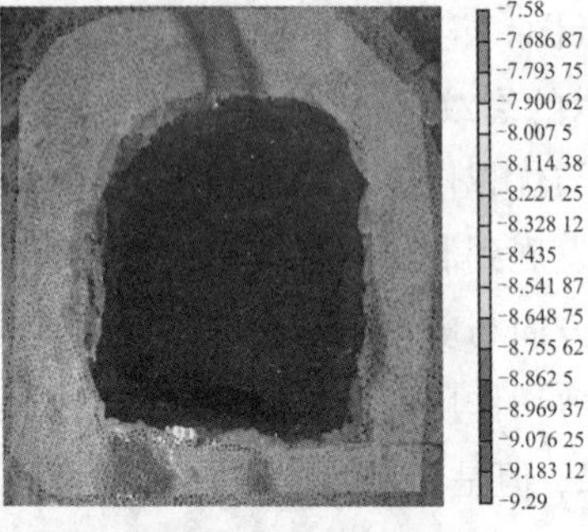

（a）开挖 4 cm 时位移变化云图

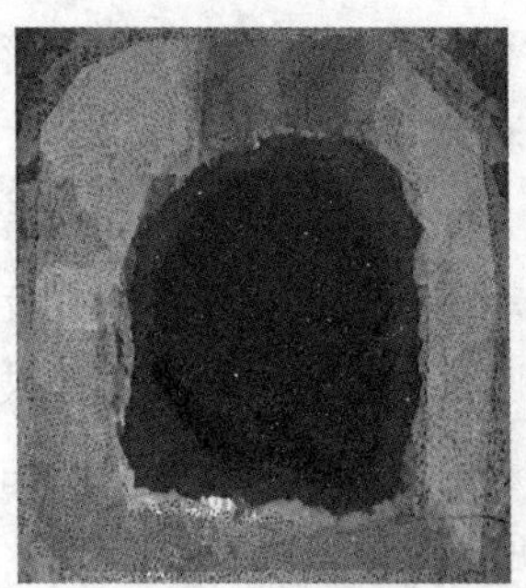

（b）开挖 10 cm 时位移变化云图

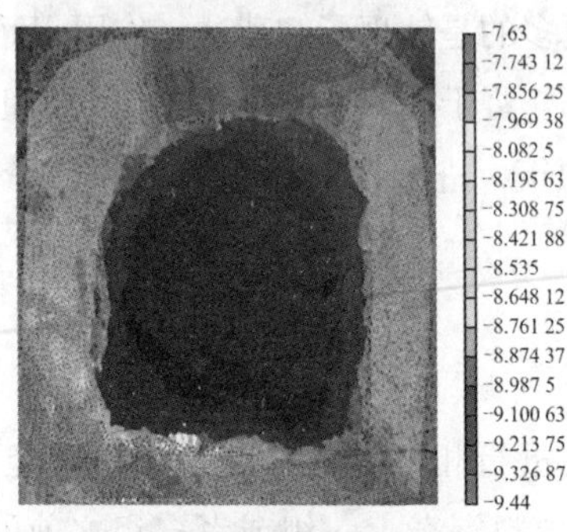

（c）开挖 16 cm 时位移变化云图

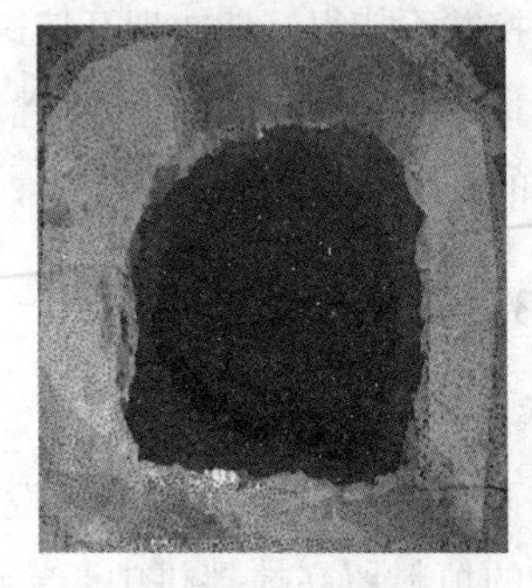

（d）开挖 22 cm 时位移变化云图

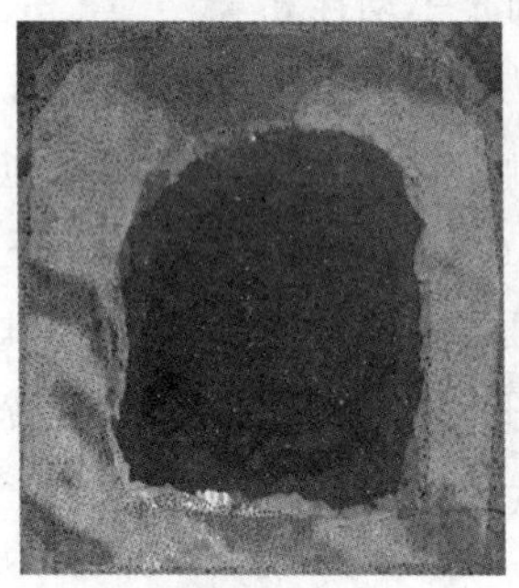

（e）开挖 28 cm 时位移变化云图

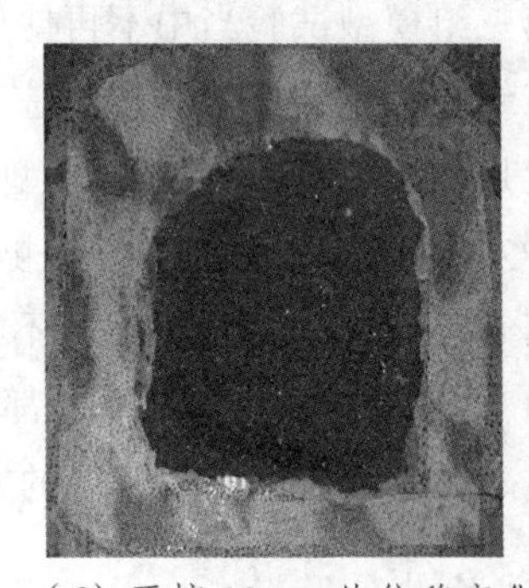

（f）开挖 32 cm 处位移变化云图

图 6-40　竖向位移变化云图

通过图 6-40，可以明显看到真实的开挖情况下，断面由于开挖对围岩完整性造成的破坏，位移不对称。在开挖的开始阶段，围岩的最顶端发生的竖向位移最大，两侧的位移基本相等，开挖到 12 cm 处时，围岩顶部松动圈处向下位移均变大，基本达到同步，位移底部的竖向位移量最小。因为，在开挖时，并不能达到两侧开挖同步，所以两侧变形量稍微有些不一致。随着开挖的进行，顶部围岩松动圈的位移变化量越来越大，当开挖快结束时，可以看到，围岩的正上方顶部围岩与拱肩两侧的位移量最大，开挖的隧道断面不能保证两侧圆弧一致，右上角的圆弧曲率更大，造成一些应力集中。围岩底部正下方的位移量大于底部两侧，可能产生底鼓，围岩的底脚两侧的位移量最小。

2）开挖断面的应变变化云图分析

取 vic-2D 分析得到的全程应变云图进行分析，分别选取前中后三张代表性的云图，图 6-41（a）、图 6-41（b）、图 6-41（c）为水平方向应变，图 6-41（d）、（e）、图 6-41（f）为竖直方向应变。

从图 6-41 可以看到，当开挖进行后，在横方向产生应变，整个隧道围岩基本都是处于受拉状态，应变值为正值。在隧道的顶端围岩处拉应力较其他处更大，开挖到中期，由于开挖对围岩完整性的破坏，在松动圈处可能会产生微小的新鲜裂纹，尤其是在围岩顶端及两侧拱肩位置，由图 6-41（b）可以看到在拱

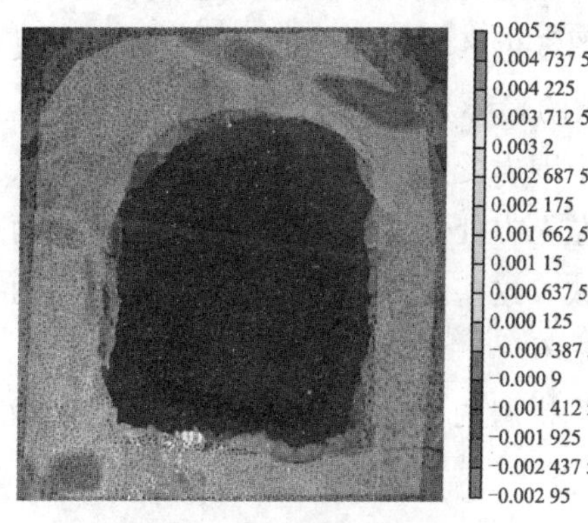

（a）开挖初期水平应变

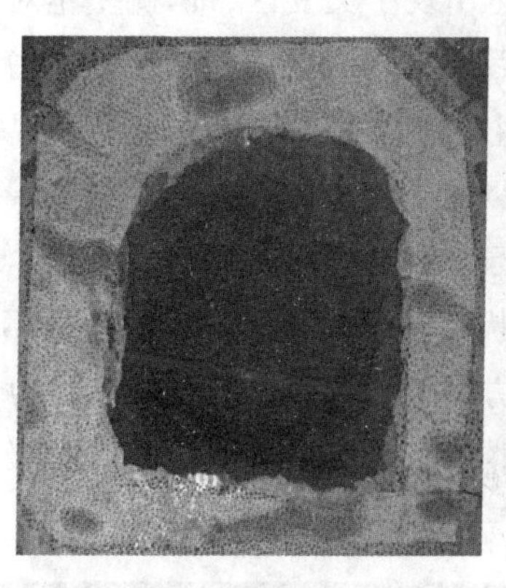

（b）开挖中期水平应变

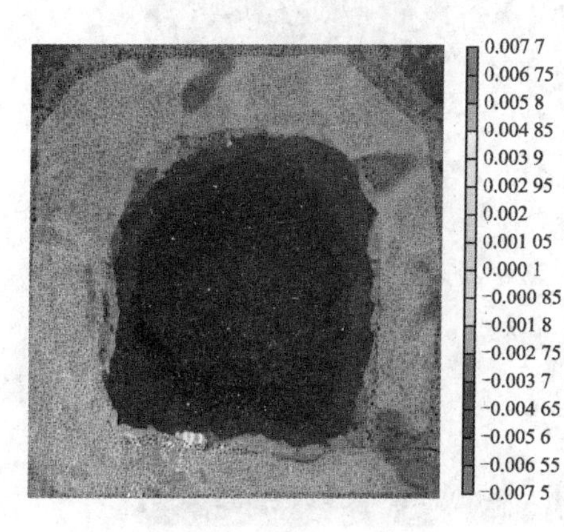

（c）巷道破坏时水平应变

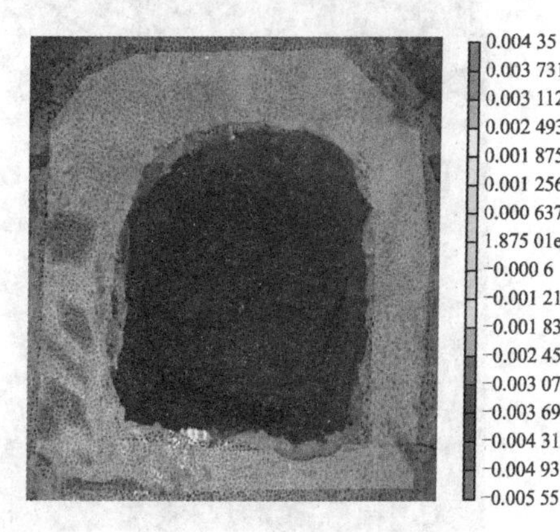

（d）开挖初期垂直应变

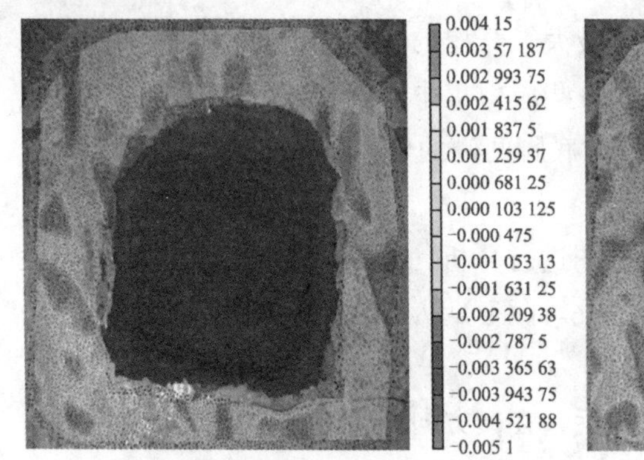

（e）开挖中期垂直应变

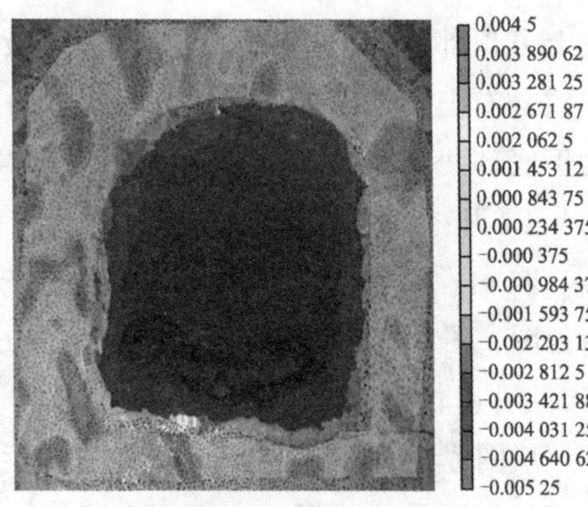

（f）巷道破坏时垂直应变

图 6-41　开挖过程竖向与水平方向应变云图

肩和两侧也出现了突变区，两侧基本对称，此处的围岩可能会发生张拉破坏，开挖到中后期，围岩顶端左上部的应力云图红色区域明显聚集，此处的裂纹很有可能发生了相互贯通，具有形成宏观裂纹的趋势。

分析竖向应变云图，在开挖初期，整个围岩受到的都是竖向拉应力，联系三个位移云图进行观察，可以发现围岩的左上方处应力更为集中，开挖造成两侧拱肩形状不一样，导致应力分布也不一致。这些地方也正是水平方向拉应力集中的地方，可能会发生张拉破坏与剪切破坏。

在开挖断面上观察，在围岩顶部及两侧拱肩的松动圈范围内出现了一些微小的裂缝，如图 6-42 所示。

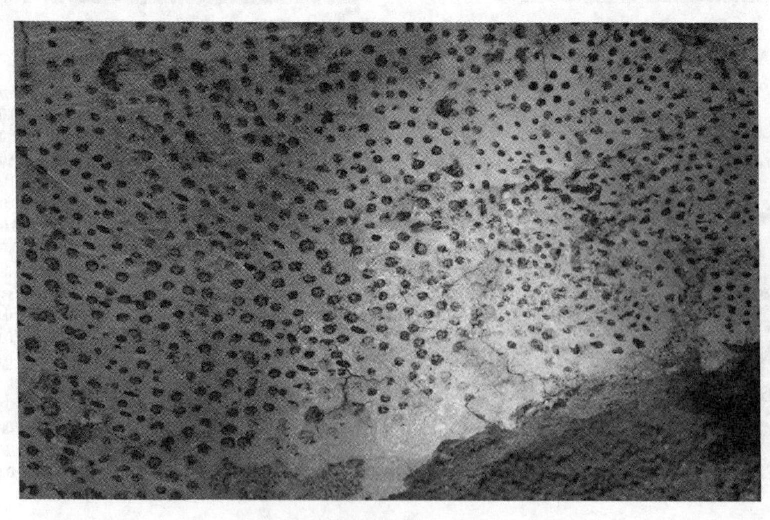

（a）拱肩处微小裂纹

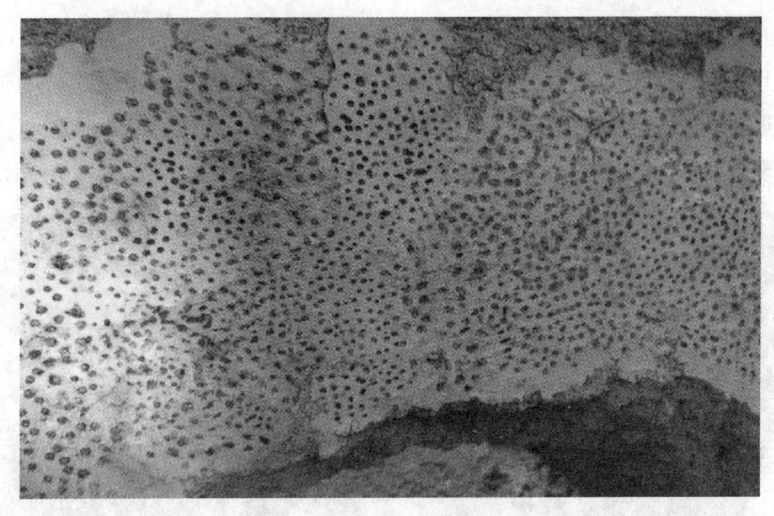

（b）拱顶处微小裂纹

图 6-42　模型实验裂纹扩展

从裂纹的分布来看，与应变云图颜色突变处位置一致，从裂纹的位置来看，大部分裂纹与洞口边界平行，或小角度的斜交，劈裂破坏优先产生，小部分的裂纹与洞口成较大的角度斜交，张拉破坏向剪切破坏过度。

取开挖过程中的代表性的剪切应变云图，如图 6-43 所示。

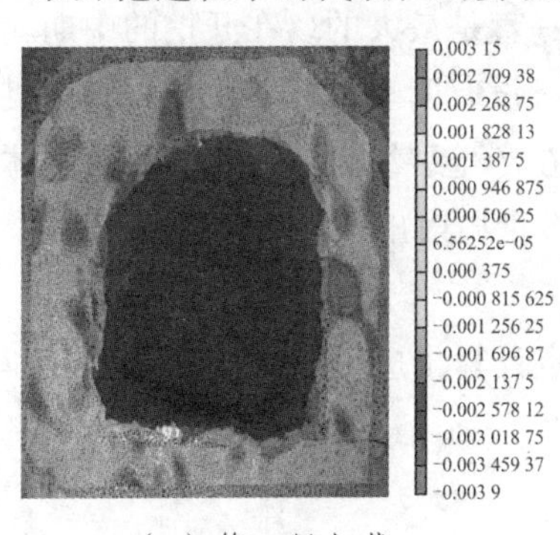

（a）第一级加载

0.004 2
0.003 412 5
0.002 625
0.001 837 5
0.001 05
0.000 262 5
−0.000 525
−0.001 312 5
−0.002 1
−0.002 887 5
−0.003 675
−0.004 462 5
−0.005 25
−0.006 037 5
−0.006 825
−0.007 612 5
−0.008 4

（b）第三级加载

图 6-43　剪切应变云图

通过分析剪切应变云图，可以看到在围岩周围都有不同程度的剪切应变集中区域，左上角围岩剪切作用明显，与水平方向应变云图显示的集中位置一样，反映出，当微小裂纹后，由张拉作用和剪切作用两种机制共同作用使它们相互之间贯通，形成宏观裂纹迅速发展。在围岩的右侧围岩受方向相反的剪切作用，极有可能发生破坏。

当开挖到 34 cm 处时，隧道突然出现坍塌，产生强烈的爆裂声，右侧上半部分靠近拱肩处的围岩整体向隧道内垮塌，大量的相似材料向内抛出，左上角围岩出现宏观的大裂纹，少量的块状相似材料掉落下来，如图 6-44 所示。

（a）垮塌实物图

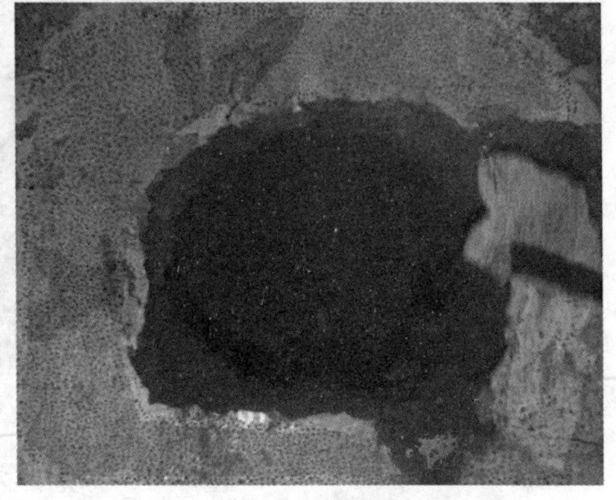

（b）DIC 监测的变形云图

图 6-44 相似模型的垮塌

在开挖过程中，多次对隧道内壁进行检查，并没有发现任何的裂缝或者是碎屑崩落，从应变云图上看，两侧虽然一直是应变集中的地方，而且并没有靠近顶端拱肩位置的应变大，左上角的应变量一直是最大的，在开挖的中期就出现了裂纹。说明岩爆的产生具有突发性，并且没有明显的征兆。从岩爆的机理上说，符合能量理论，大量积聚的变形能量在产生裂纹之后，产生块状整体脱落，多余的能量转化为动能，使之弹射或者大量抛射出来。

3） 开挖断面监测点的应变曲线分析

通过应变云图，取之前试验的应变计算点计算出应变曲线如图 6-45 ~ 6-47 所示。

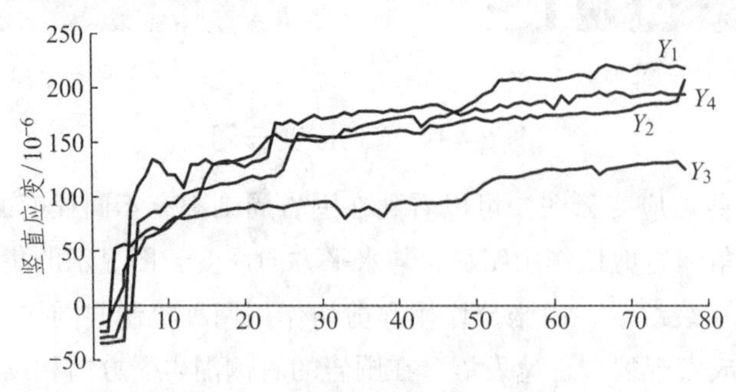

图 6-45 拱顶、边墙和拱底竖向应变全程曲线

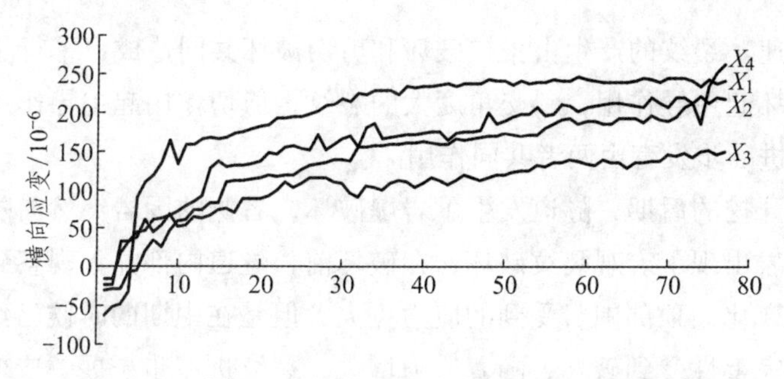

图 6-46　拱顶、边墙和拱底横向应变全程曲线

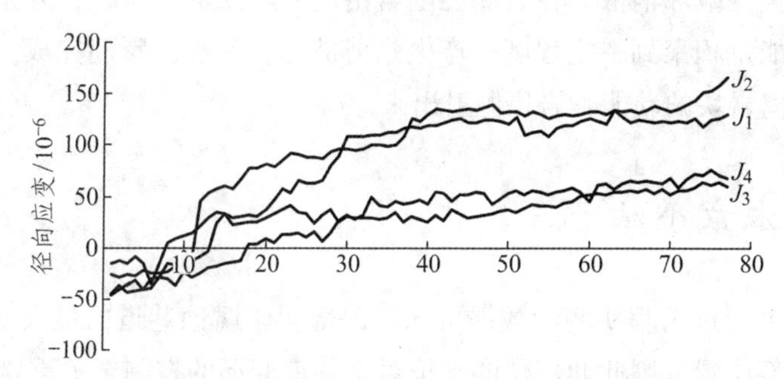

图 6-47　拱肩和拱底径向应变全程曲线

由于开挖到 34 cm 处，隧道发生了破坏，因此只取了 80 幅图，通过应变曲线，可以发现在开挖状态下，顶部的围岩松动圈的应变值是最大的，开挖扰动造成的影响顶部破坏比较明显。通过曲线的变化幅度，发现在应变的跳跃点上处在深度为 6 cm 处左右，在开挖到 16 cm 时，应变还有较为明显的增长，比起第二组的卸荷，扰动影响增加了开挖影响深度。比较第二次试验的应变曲线，可以看到隧道顶部和两侧的围岩应变都有所增加，扰动对底部变形影响不大，在径向应变方面，底脚两侧的径向应变变化最为平缓，也远小拱肩两侧。开挖到 32 cm 处，右侧的竖向和横向应变都有一定的增大，但是增长幅度不大，岩爆的破坏一瞬间完成。

综上所述，总结第三组模型试验结果如下：

（1）真实开挖状态下，对隧道的围岩扰动影响大，易产生微小裂缝，结构弱面容易发生破坏，这种影响尤其体现在隧道的顶部围岩，在高地应力作用下，更容易发生裂纹的自相似扩展，产生张拉破坏。隧道的开挖扰动造成的影响深度更大，因此在实际工程当中，即使做好了支护，随着开挖的进行，也要做好支护安全的监测。

（2）在高地应力条件下开挖，受到开挖扰动的围岩更容易产生裂缝，裂缝发育更加迅速。裂纹的产生由张拉破坏和剪切破坏共同造成，平行于洞边的裂纹，张拉破坏起主导作用，斜交角度大的裂纹，剪切作用起主导作用。裂纹的相互贯通和进一步发育由两者共同作用。

（3）在开挖的后期，隧道发生了岩爆破坏，右侧的围岩突然向隧道内抛射出，顶部围岩出现了宏观裂纹破坏，在破坏前，隧道内部并无观察到裂纹或者明显的形状变化。顶部围岩受到的应力更大，但是在中期的时候已经出现了裂纹，围岩的完整性受到破坏，随着应力增大，裂纹进一步扩展，应变积聚的能量随着裂纹扩展破坏消散。在右侧的围岩由应变积聚的能量，一开始不足以产生裂纹，当能量积聚到一定程度，产生张剪破坏，裂纹一瞬间完成，剩余的能量转化为分离岩块的动能，岩块抛射出来。

6.8 本章小结

（1）本书通过工程实测的数据可知，深部化学腐蚀巷道的最大变形出现在其顶部和底部位置，因此此部位的支护对于巷道变形的控制至关重要。

（2）本书采用 ANSYA 进行了化学腐蚀下巷道变形的模拟计算，根据计算结果可知，巷道的最大应力、应变及变形均出现在巷道的顶部和底部，这与工程实际结果相吻合。通过比较围岩在自然状态下和化学腐蚀下的巷道与围岩变形可知：化学腐蚀后，巷道的变形及应变均增大。这说明岩石的力学性质的改变导致了工程上的隐患，为此化学腐蚀对岩石的影响不容忽视。

（3）试验采用数字散斑技术进行全过程的监测，得到了开挖过程中断面的整体受力变形云图。分析云图与模型裂纹实际扩展过程吻合较好，从而有效地捕捉了巷道开挖卸荷过程围岩的变形破坏全过程。该测量技术非接触性、适用性好、全局性强、操作方便等优点，可广泛应用于岩土类工程材料的表面变形监测。

（4）试验发现首先是在巷道围岩的松动圈范围内产生微裂纹，然后相互贯通形成宏观小裂纹，并向开挖断面扩展。当该宏观小裂纹与开挖断面损伤汇合后，裂纹迅速扩展，并致使模型破坏。在低围压下裂纹更多表现为脆性劈裂破坏，高围压下自相似裂纹尖端受到抑制滑动摩擦加剧，裂纹的破裂角增大表现为剪切破坏。剪切破坏和张拉破坏两种机制共同作用下裂纹进一步发育，造成宏观破坏。

（5）通过分析对比第一组和第二组模型试验的开挖全程监测图片，发现在天然地应力状态下，围岩拱顶的位移变形更多的是裂隙闭合产生的变形与少量的弹性变形，应变为压剪性破坏，边墙受到张拉应力产生少量劈裂破坏。在两倍于天然地应力的高地应力状态下，隧道的围岩松动圈更容易形成，拱顶由压剪性破坏变为张剪性破坏，两侧边墙的水平应变终值相比天然地应力状态增加 1.4 ~ 1.5 倍，拱顶水平应变增加了 1.1 ~ 1.2 倍，两侧边墙由于张拉作用产生的劈裂破坏增多，卸荷使整个围岩向临空面强烈扩容变形。在高围压下围岩的脆性张拉劈裂破坏过渡到张剪破坏，在拱肩应力集中部位出现宏观裂纹。

（6）对比后两组试验模型的开挖全程监测图片，真实的开挖扰动相比于单一卸荷，围岩的扩容变形更大。在水平方向的应变终值增加 10% ~ 15%，竖直方向的应变终值增加 18% ~ 27%，开挖扰动更容易产生应力集中，尤其表现在拱顶与拱肩部位。第三次实验开挖产生岩爆，大量的相似材料抛射出，属于滞后岩爆，岩爆程度较强，在时间上具有非稳性的特点。高围岩压力产生能量积聚，开挖造成局部应力分布不均匀，围岩自身的脆性与完整性共同诱发岩爆，多为张剪作用破坏下产生的。

（7）试验发现巷道的初期开挖卸荷对巷道断面的变形破坏影响明显。开挖至一定距离后，随着开挖深度的增加，巷道变形趋于平缓。通过尺寸相似比换算，真实巷道开挖推进至 10 ~ 20 m 时，断面的变形基本达到开挖完成的最终变形的 80%。在巷道开挖的此阶段，必须做好巷道维护工作，以防安全事故的发生。

参考文献

[1] 蔡美峰，乔兰，于波，等．金川二矿区深部地应力测量及其分布规律研究[J]．岩石力学与工程学报，1999，18（4）：414-418.

[2] 张国峰，朱伟，赵培．徐州矿区深部地应力测量及区域构造作用分析[J]．岩土工程学报，2012，34（12）：2318-2324.

[3] 肖同强，支光辉，张志高．深部构造区域地应力分布与巷道稳定关系研究[J]．采矿与安全工程学报，2013，30（5）：659-664

[4] 王强．口孜东矿深部地应力分布与巷道布置关系研究[D]．淮南：安徽理工大学，2014.

[5] 黄达，黄润秋．卸荷条件下裂隙岩体变形破坏及裂纹扩展演化的物理模型试验[J]. 岩石力学与工程学报. 2010，29（3）：502-510.

[6] 杨淑清．隧洞岩爆机制物理模型试验研究[J]. 武汉水利电力大学学报，

1993，26（2）：160-166.
[7] 李天斌，王湘锋，孟陆波．岩爆的相似材料物理模拟研究[J]．岩石力学与工程学报，2011，30（1）：2610-2616.
[8] 董金玉，杨继红，杨国香，等．基于正交设计的模型试验相似材料的配比试验研究[J]．煤炭学报，2012（1）：44-49.
[9] 韩伯鲤，陈霞龄．岩体相似材料的研究[J]．武汉水利电力大学学报，1997，30（2）：6-9.
[10] 董金玉，杨继红，杨国香，等．基于正交设计的模型试验相似材料的配比试验研究[J]．煤炭学报，2012（1）：44-49.
[11] 刘瑞江，张业旺，闻崇炜，等．正交试验设计和分析方法研究[J]．实验技术与管理，2010（9）：52-55.
[12] 徐文胜．岩爆模拟材料的筛选试验研究[J]．岩石力学与工程学报，2000（19）：873-877.
[13] 陈章林．基于数字散斑技术的深部岩体开挖卸荷模型试验研究[D]．南昌：华东交通大学，2015.
[14] 刘旺．化学腐蚀作用下岩爆相似材料力学性能及开挖卸荷试验研究[D]．南昌：华东交通大学，2016.
[15] Peters W H，Ranson W F. Sutton M A，et al. Application of digital correlation Methods to rigid body Mechanics[J]. Optical Engineering，1983，22（6）：738-742.
[16] Sutton M A, Chen Mingqi, et al. Application of all optimized digital correlation method to planar deformation analysis[J]. Image and Vision Computing，1986，4（3）：143-150.
[17] 杨晓东，杨汉国，徐铸，等．用数字散斑相关法测量细观裂纹尖端位移场[C]//第八届全国实验力学学术会议论文集．1995：566-569.
[18] 高建新，周辛庚．数字散斑相关方法的原理与应用[J]．力学学报，1995，27（6）：724-731.
[19] 高建新．数字散斑相关方法及其在力学测量中的应用[D]．北京：清华大学，1989.
[20] Yamaguchi I. Speckle displacement and deformation in the diffraction and image fields for small object deformation[J]. Acta Optica Sinica，1981，28（10）：1359-1376.

[21] Yamaguchi I. A laser-speckle strain gage[J]. Joural of Physis E：Scientific Instruments，1981（14）：1270-1273.

[22] Peters W H，Ranson W F. Digital imaging technique in experimental mechanics[J]. Optical Engineering，1982，21（3）：427-431.

[23] PanB，Qian K，Xie H，et al. Two-dimensional digital image correlation for in-plane displacement and strain measurement：A review[J]. Measurement Science and Technology，2009，（20）：62-68.

[24] 洪宝林，徐铸，等. 数字散斑相关方法的数字模型及研究[C]//第八届全国实验力学学术会议论文集. 1995：554-557.

[25] 白顺科，徐铸. 图像位移场分析的变分法[C]//第八届全国实验力学学术会议论文集. 1995：562-565.

[26] 芮嘉白，金观昌，徐秉业. 一种新的数字散斑相关方法及其应用[J]. 力学学报，1994，26（5）：599-607.

第 7 章　深部地下工程围岩的破坏机理

7.1　化学腐蚀对深部岩石的作用机制分析

深部岩石与化学溶液中的反应粒子之间发生一系列复杂的物理化学作用，导致砂岩矿物溶蚀，空隙结构改变，从而孔隙度发生变化。深部岩石中的水岩反应不同于普通的无机化学反应，通常一个反应系统不仅只包含一类化学反应，而常常包含有全等非全等溶解反应、吸附解吸反应、氧化还原反应等多类化学反应的参与，而参加这些反应的离子均以对流、扩散的形式运动。化学腐蚀对岩石的作用物的粒子（原子、分子、离子）处在不同的相中，所以化学离子与岩石颗粒的反应中作用物的粒子之间的相互作用是在溶液相与矿物相的接触界面处，一般而言，岩反应可分为以下几步[1-2]：

步骤一：溶质中的离子从母液向水岩界面迁移。

步骤二：离子在水岩界面与矿物发生初步的相互作用。

步骤三：在水岩界面处溶质中离子与矿物发生化学反应。

步骤四：生成物离子在水岩界面处脱离接触。

步骤五：溶质中的离子发生扩散，迁移出岩石体内。

化学腐蚀对岩石的作用如图 7-1 所示。

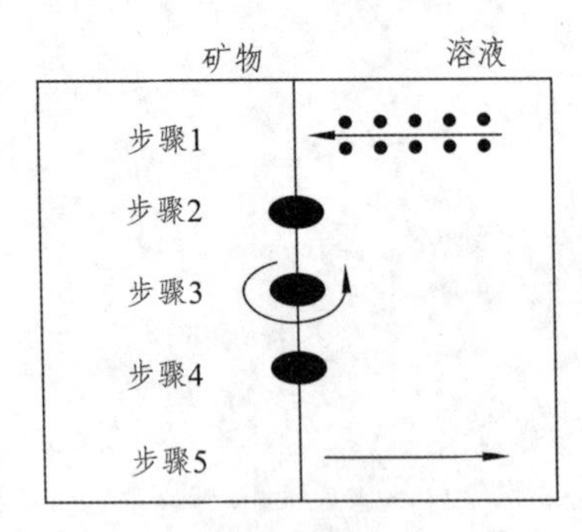

图 7-1　化学腐蚀岩石的过程分析

7.1.1　溶质迁移机制

当流动的溶质进入化学溶液与岩石的反应系统时，溶液中的离子一方面随着流溶质发生对流作用，另一方面它们在自身浓度梯度作用下进行分子扩散和弥散作用。对流作用溶液中的离子随运动着的水流移动的过程称为对流。对流是由于流体的流动和在其中发生流动的孔隙系统的存在，而产生的一种溶质运移的现象。对流引起的溶质通量与多孔介质水分通量和溶液的浓度有关，可用下式表示：

$$J_c = QC = -\frac{K\mathrm{d}H}{\mathrm{d}x}C \tag{7.1}$$

式中：J_c 为溶质的对流通量，单位为 $\mathrm{mol \cdot m^{-2} \cdot s^{-1}}$；$Q$ 为岩本水通量；K 为导水系数，$\frac{\mathrm{d}H}{\mathrm{d}x}$ 为梯度；C 为单位体积岩体水中溶质的量，即溶质浓度。

7.1.2　溶质的分子扩散

溶质的扩散是指离子或分子不规则运动引起的混合和分散作用[3]，它是由浓度梯度变化所引起的，分子依靠本身的热运动，从高浓度带扩散到低浓度带，最后趋于平衡状态，扩散作用即使在整个流体并无宏观流动的情况下也会发生。根据 FICK 第一扩散定律[4]：单位时间内通过单位面积参考曲面的质量流与法向浓度梯度成正比，其比例系数称为溶质在溶剂中的扩散系数。一般情况下，可认为扩散系数为常数，不随空间和时间发生改变，FICK 第一扩散定律可以写成如下形式：

$$J_s = -D_s\frac{\partial \varphi}{\partial x} \tag{7.2}$$

式中，J_s 为扩散通量，即物质通过垂直于法线方向单位面积的质量流，单位为 $\mathrm{mol \cdot m^{-2} \cdot s^{-1}}$；$D$ 为扩散系数，单位为 $\mathrm{m^2 \cdot s^{-1}}$；$\varphi$ 为溶液中离子浓度，单位为 $\mathrm{mol \cdot m^{-3}}$，即单位体积溶液中所含溶质的数量；$x$ 为长度量，单位为 m。

根据斯托克斯-爱因斯坦关系，D 的大小取决于温度、流体黏度与分子大小，并与扩散分子的平均速度平方成正比。

7.1.3　机械弥散作用

机械弥散是由于流体的流动和在其中发生流动的孔隙系统的存在而产生的

一种溶质运移现象，它是由于流速在孔隙中的分布不均引起的。水在多孔介质材料中运动时，位于孔隙中心的运动速度最大，而在孔壁上由于摩阻的影响，速度变小，同一孔隙的不同位置流速大小也不同，而且孔隙是弯曲的，流动方向也不断变化，因而使流进的溶液与原先的溶液发生了混合，与分子扩散一样，不同浓度的溶液混合，同样使溶质的浓度平均化，因此称为机械弥散。机械弥散是由于流速的大小和方向不同引起的，当流速适当时，机械弥散的作用大大超过分子的扩散作用，但当流速很小时，分子扩散是主要的。试验证明，机械弥散运动规律同样服从 FICK 定律，即：

$$J_{\mathrm{h}} = -D_{\mathrm{h}} \frac{\partial \varphi}{\partial x} \tag{7.3}$$

式中：弥散系数 D_{h} 为平均孔隙流速的函数，所以可写为：$D_{\mathrm{h}} = \lambda v^{n}$，其中 n 为经验因子，一般可视为 1，λ 为弥散度，v 为流体在孔隙中的平均流速，单位为 $\mathrm{m \cdot s^{-1}}$。

7.1.4 水岩界面的吸附机制

化学溶液中的离子在多孔介质迁移过程中，当接触矿物界面时，这些带有电荷的离子会附着在矿物表面，堵塞孔隙通道。矿物吸附能力的大小由两方面因素决定：首先是吸附质的比表面积及表面电荷数。吸附质比表面积越大，表面电荷越多，吸附能力越强；其次是被吸附离子所带的电荷数及离子半径。离子电荷数越多，离子半径越小，被吸附能力越大。矿物吸附能力的大小常用阳离子交换容量（CEC）和阴离子交换容量（AEC）表述，阳或阴离子交换容量是每 100 克吸附剂可吸附的毫克当量数。表 7-1 列出了常温常压下部分矿物阳离子交换容量的大小。

表 7-1 常见矿物阳离子交换容量值[5]

矿物名称	CEC（meq/100g）
蒙脱石	80 ~ 150
蛭石	100 ~ 150
高岭石	3 ~ 15
伊利石	10 ~ 40
绿泥石	10 ~ 40
氧化物及氢氧化物	2 ~ 6

在一定温度下达到吸附平衡时，溶质在液相中的浓度与其在固相中的含量之间的关系可用等温吸附方程来表示，常见的等温吸附方程有 Freundlich 等温吸附方程和 Langmuir 等温吸附方程。

1. Freundlich 等温吸附方程

Freundlich（1926）[6]经过试验发现，单位重量吸附剂所吸附的吸附量与吸附质在溶液中的浓度具有下述关系：

$$\frac{x}{m}=Kc^{\frac{1}{n}} \tag{7.4}$$

式中：m 为吸附剂的重量；x 为吸附剂所吸附的吸附质的重量；x/m 为达到吸附平衡后单位重量吸附剂所吸附的吸附质的量；c 为达到吸附平衡后溶液中吸附质的浓度；k、n 为常数。

2. Langmuir 等温吸附方程

等温吸附方程的基本假设是：

（1）吸附剂表面的吸附亲和力是均匀分布的。

（2）固体表面的每个吸附点只能吸附一个分子，且一个点上的吸附不与其他点上的吸附产生影响，吸附层的厚度为一个分子厚度。

（3）当固体表面上的所有吸附点被所吸附质所占据时，吸附达到饱和状态时吸附量达到最大。

根据上述假设，Langmuir 得到了下述的等温吸附方程：

$$\frac{x}{m}=b\frac{c}{a+c} \tag{7.5}$$

式中：m 为吸附剂的重量；x 为吸附剂所吸附的吸附质的重量；x/m 为达到吸附平衡后单位重量吸附剂所吸附的吸附质的量；c 为达到吸附平衡后溶液中吸附质的浓度；a、b 为与吸附剂的类型及温度有关的常数。

7.1.5　矿物溶解机制

岩石按其矿物成分分类，大体可以分为铝硅酸盐类、碳酸盐类、氧化物类等。通常条件下，这些矿物性质稳定，遇水不易发生化学反应，但当水溶液中酸碱度发生变化，尤其是当溶液呈酸性时，由于 H^+、OH^- 的量增多，多数矿物会发生化学反应，生成游离态的离子或黏土类矿物。以下是一些常见岩石矿物与水发生溶解反应的化学方程式[7]：

石英：$SiO_2 + 2H_2O = H_4SiO_4$

钾长石：$KAlSi_3O_8 + 4H^+ + 4H_2O = K^+ + Al^{3+} + 3H_4SiO_4$

方解石：$CaCO_3 = Ca^{2+} + CO_3^{2-}$

白云石：$CaMgCO_3)_2 = Ca^{2+} + Mg^{2+} + 2CO_3^{2-}$

钠长石：$NaAlSi_3O_8 + 4H^+ + 4H_2O = Na^+ + Al^{3+} + 3H_4SiO_4$

云母：$KAl_3Si_3O_{10}(OH)_2 + 10H_2O + 2OH^- = K^+ + 3Al(OH)_4^- + 3H_4SiO_4$

矿物发生化学反应的能力大小通常用化学反应速率方程来表示，对于一般矿物的溶解反应 $A^aB_{b(s)} \rightarrow aA^{\alpha}{}_{aq} + bB^{\beta}{}_{bq}$，其溶解速率方程可表示为：

$$\text{Rate} = -\frac{\mathrm{d}[A_aB_b]}{\mathrm{d}t} = \frac{1}{a}\frac{\mathrm{d}[A_{aq}]}{\mathrm{d}t} = \frac{1}{b}\frac{\mathrm{d}[B_{bq}]}{\mathrm{d}t} \tag{7.6}$$

式中：$[i]$表示第种组分的浓度；a、b 分别表示化学反应前的系数；α、β 分别为 A、B 离子的电荷数。

矿物与水的溶解反应属于多相反应。矿物溶解速率与接触界面面积大小、溶液 pH、反应物初始浓度、反应温度等有关。接触界面越大或者分散度越大，则越有利于溶解反应的发生；通常情况下矿物在水中很难溶解，但当水溶液的 pH 增加或者降低时，溶解度会增加，各矿物成分溶解速度与 pH 的关系如图 7-2 所示[3]。试验表明，对于通常的化学反应，当温度升高，反应速率增大，反应速率与温度之间的关系可用阿伦尼乌斯公式进行表示。阿伦尼乌斯公式：

$$\frac{\mathrm{d}\ln k}{\mathrm{d}T} = \frac{E}{RT^2}$$

式中：k 为反应速率常数；T 为绝对温度；R 为常数；E 为矿物的活化能。

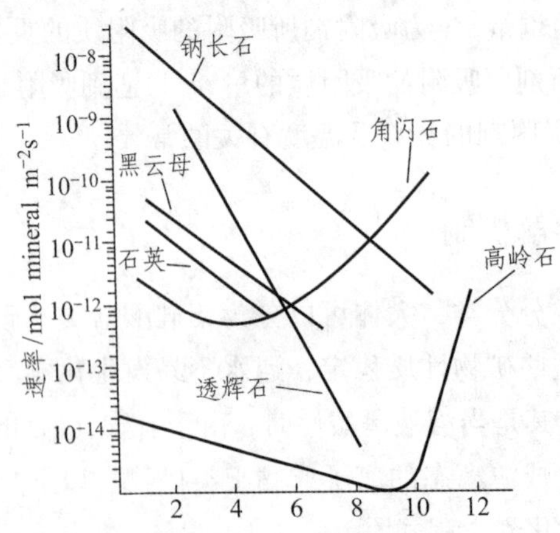

图 7-2 矿物溶解速度与溶液 pH 的关系

7.2　巷道开挖时围岩的能量演化机理

7.2.1　岩石变形破坏过程的能量转化

能量的转化由应变硬化机制和应变软化机制来驱动，应变硬化机制将外界输入岩石的系统的能量转化为岩石系统的应变能，应变软化机制将岩石的应变能转化为损伤能、热能等其他形式的能量，即将品质较高的能量转化为品质较低的能量[8-9]。

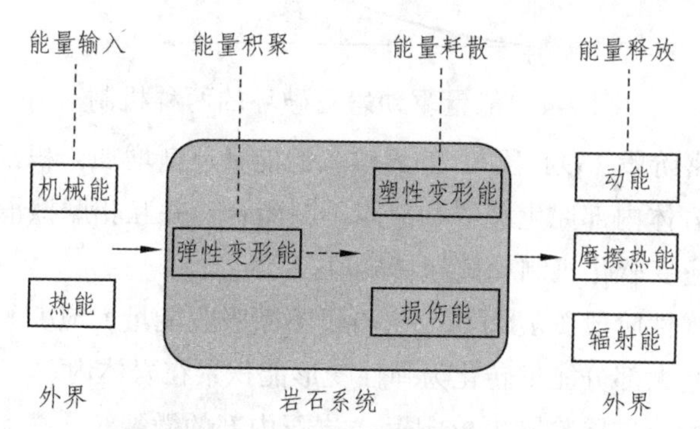

图 7-3　岩石破坏的能量转化过程

对于受载荷载的岩石体系，其能量转化大致可分为能量输入、能量积聚、能量耗散、能量释放四个过程，如图 7-3 所示。外界输入的能量主要包括机械能（外力做功）和环境温度带来的热能。输入的能量一部分以弹性变形的形式积聚在岩体内，是可逆的，卸载时可以释放出来；另一部分以塑性变形能、损伤能（主要为表面能）等形式耗散掉，是不可逆的。同时，也有少量的能量以摩擦能等的形式释放在外界。当弹性变形能存储在一定极限，超过岩石体系所能负载的极值，便会使岩石破裂失稳，并向外界释放，释放的能量包括岩块动能、摩擦热量、各种辐射能等。岩体在变形直到破坏失稳中的能量转化是一个动态的过程，表现为外载机械能、岩石应变能、损伤能等的转化与平衡，对于某一个特定变形状态，都有一个特定的能量状态与之对应。

能量驱动岩体变形破坏主要有两种机制，如图 7-4 所示[10]。一方面，外界的能量输入使得岩体内部产生损伤、塑性变形等能量耗散行为，能量耗散使得岩石强度降低，从能量的角度来说，岩石储存的弹性能的能力，即储能极限 E_c 降低；另一方面，岩体内积聚的弹性能的增加又使岩石整体破坏的能量源 E_e 增加。前者使岩体抵抗破坏的能力降低，后者使岩体的抵抗破坏能力增强，当两者相汇时，即当以单轴压缩为例，分析岩石在不同变形受力的能量演化。

$E_e = E_c$ 时，岩石便会发生整体破坏。

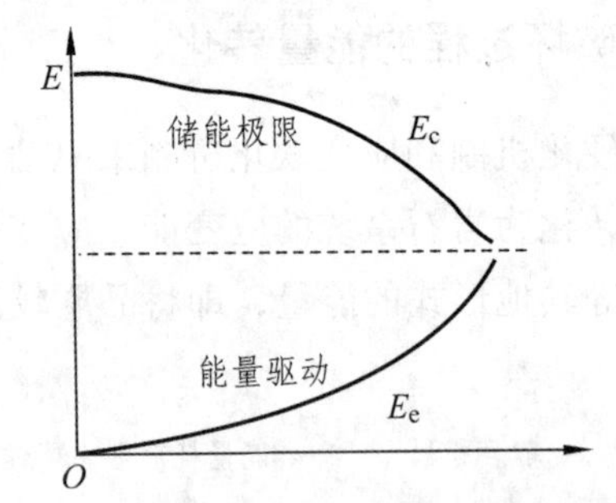

图 7-4　能量驱动岩石破坏的两种机制

（1）在压密阶段（*OA* 段），外界输入的能量逐渐增加，积聚的弹性变形能亦缓慢增加，岩体内部原生裂纹和缺陷不断闭合，并互相摩擦滑移，输入的能量中一部分被应变软化机制耗散和释放掉。

（2）在线弹性阶段（*AB* 段）。岩石仍不断吸收能量，应变硬化机制迅速占据绝对优势，绝大部分能量转化为弹性变形能积聚在岩体内。

（3）裂纹稳定扩展阶段（*BC* 段），岩石内部的微裂纹、微空隙逐渐萌生、扩展、电磁辐射、声发射、红餐辐射等逐渐增强，许多能量以裂纹表面能及各种辐射能的形式耗散掉，但弹性变形能依然占据主导地位。

（4）在不稳定破裂阶段（*CD* 段），微裂纹进一步扩展，贯通，表面能大幅增加，尖端因就应力集中形成塑性区，电磁辐射能和声发射急剧增加，弹性变形能积聚能力减弱，耗散能占比升高。

（5）在峰软段（*DE* 段），微裂贯通汇合成宏裂纹把岩石分割成大大小小的块状、颗粒状、粉末状固体，之前存储的弹性变形能释放出来，转化为岩块的动能、表面能、摩擦能及种辐射能。

因此，从能量的角度来看，岩石在外载作用下的变形破坏可分为 3 个阶段，如图 7-5 所示。第一阶段是能量积聚阶段，大致对应压密阶段、线弹性阶段和裂纹稳定扩展阶段，此阶段主要以外载做功和岩石弹性能的转化为主；第二个阶段是能量耗散阶段，大致对应不稳写破裂阶段，此过程经弹性能和损伤耗散能等的转化为主；第三个阶段是能量释放阶段，对于峰后软化阶段，些阶段弹性能大量释放，转化为碎块的表面表和动能等。

需要说明的是，应变硬化机制和应变软化机制共存于岩体的整个破坏阶段，峰前阶段应变硬化机制大于应变软化机制，所以宏观上呈现出应变硬化，能量积聚；而峰后阶段后者大于前者，宏观上表现为应变软化、能量释放。

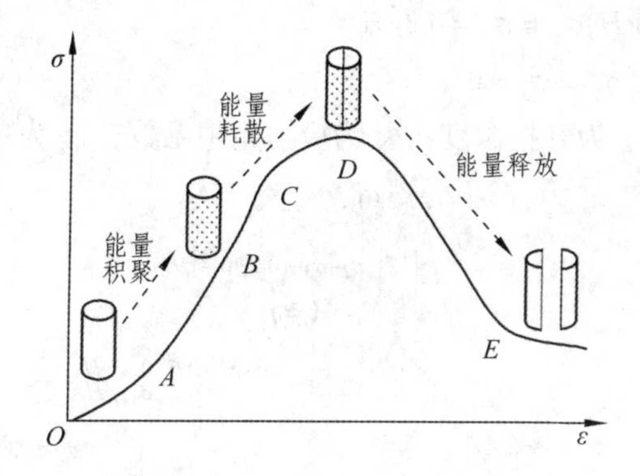

图 7-5　岩石能量演化与应力 – 应变状态的关系

7.2.2　巷道开挖卸荷的围岩应力路径

在工程实践中，岩石一般不会按实验室试验中的假三轴加载路径受载，而是非常复杂的应力路径[11-13]。就深部地下工程而言，工作面前方岩体先是处于地应力和构造应力叠加加载状态，而后随差工作历的推进，竖向应力（视为轴压）增高，水平应用（可视为围岩）降低，直至完全卸荷破坏，这一应力加载方式是典型的巷道开挖卸荷的应力路径，如图 7-6 所示。

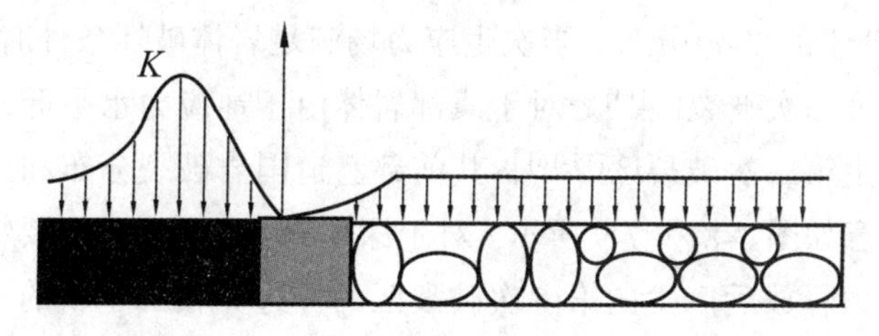

图 7-6　巷道开挖卸荷的应力分析

深部工程施工过程中，工作面前方岩体开挖扰动前视为 $\sigma_1 = \sigma_2 = \sigma_3 = \gamma H$ 的静水压应力状态，随着距工作面距离的缩短，水平应力逐渐减小，竖向应力逐渐升高至峰值，应力集中系数为 K（对于深部巷道开挖，应力集中系数 K 为 2.5 ~ 3.0），而后随着岩体开挖的破坏，水平应力逐渐卸压至 0，而竖向应力降低至开挖壁处的单轴残余强度状态，如图 7-7 所示。

取竖向应力（轴压）和水平压力（围压）分别对应于图 7-7 中所括号内系数范围的最大值和最小值，则可得到开挖岩体应力演化整个过程为：

① 点：$\sigma_1 = \sigma_2 = \sigma_3 = \gamma H$

② 点：$\sigma_1 = 1.5\gamma H, \sigma_2 = \sigma_3 = 0.6\gamma H$

③ 点：$\sigma_1 = K\gamma H, \sigma_2 = \sigma_3 = 0.2\gamma H$

④ 点：$\sigma_1 = \sigma_c^{'}, \sigma_2 = \sigma_3 = 0$

式中：γ 为容重；H 为开挖深度；K 为应力集中系数；$\sigma_c^{'}$ 为单轴残余强度。

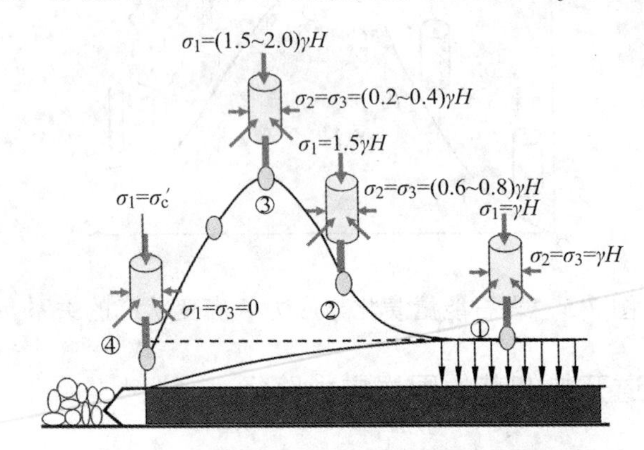

图 7-7　巷道开挖卸荷载岩体应力状态

7.3　深部地下工程围岩的分区破裂

巷道围岩内的分区破裂现象是深部高应力岩体内独特的现象，主要是由于深埋巷道开挖产生应力重分布，当次生应力场满足岩体破坏条件时，应力释放，深部岩体产生第一次破裂区[14]。对于浅部岩体由于地应力水平低，在应力释放后不可能再产生第二次破裂区[15-16]，其前部巷道围岩破裂分布和深部巷道围岩分区破裂化示意如图 7-8 和 7-9 所示。对于深部岩体，由于其主要特点是地应力高，因此，应力释放后产生的第一次破裂区的外边界相当于新的开挖边界，这样应力再一次重分布，并且当重分布应力场满足岩体破坏条件时，应力再一次释放，产生第二次破裂区。依次类推，直到应力释放后不能再产生破裂区为止。破裂区是原生共线裂纹在次生应力场作用下贯通、汇合后的结果，而且破裂区的位移不再连续，因而不能继续采用弹塑性力学知识进行求解。为了确定破裂区岩体的残余强度和破裂区形成的时间，将岩体视为存在许多原生裂纹的复合体，并将岩石母体视为均匀介质，采用断裂力学知识确定破裂区岩体在原生共线裂纹贯通、汇合后的残余强度和时间。这些科学现象的“新”在于浅部岩体工程中未曾发现过这些现象，并且这些现象用传统的连续介质弹塑性力学不能完全解释清楚。解释这些新现象发生的机制，定性以及定量地分析这些现象及其规律,数值仿真出这些科学现象正孕育形成新的岩石力学分支学科——深部非线性岩石力学。

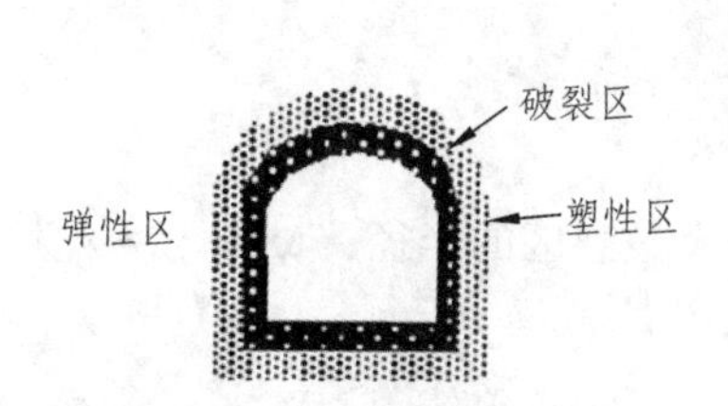

图 7-8　浅部巷道围岩破裂

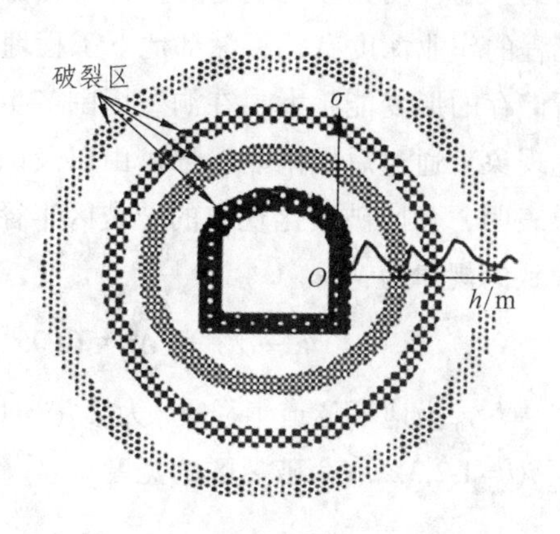

图 7-9　深部巷道围岩的分区破裂

目前，围岩的分区破裂测试的手段很多，主要有钻孔潜望镜法、电阻率法、超声波法和 γ 射线法等, E. I. Shemyakin 等[17]在 1 050 m 深度的 TALNAKHOKTYARBSKIG 矿进行了围岩破裂测试，使用 REP–451 潜望镜、直流低频率电流电测（电阻率）γ 射线、超声波和局部光学等方法，清楚地揭示了地下开采围岩的状态。钻孔潜望镜法比较直观，通过录像资料，肉眼判别钻孔内孔壁围岩的裂隙分布情况，但由于孔内雾气、灰尘等原因，往往单靠录像资料很难准确判别破碎程度。尤其对于细小裂隙，由于电视分辨率的限制，也很难判别，配合电阻率法测试钻孔内围岩电阻率的变化，进而判定围岩的破裂范围，为更准确确定围岩破裂区，提供了新的尝试，这是对钻孔潜望镜法测试结果的有效补充。钱七虎、李术才等[18-19]在淮南丁集煤矿近千米水平大巷进行了围岩电阻率探测，给出了围岩破裂分区，总结得到了破裂分区的半径随巷道半径变化的规律。

7.3.1　分区破裂化的基本规律

分区破裂化现象是一个与时间和空间密切相关的现象，需要考虑地下巷道或洞室在开挖后岩石峰值后的残余强度，通过野外现场观测与从实验室用相似材料进行的二维和三维的模拟试验以及通过有限元软件作数值模拟分析的过程中发现：深部岩体之所以会产生分区破裂化现象，主要取决于原岩的地应力水平与岩石的单轴抗压强度的比值即 $\sigma_{地}/\sigma_{c}$，随着 $\sigma_{地}/\sigma_{c}$ 地的增大，岩石破坏的趋势从脆性破坏逐渐向脆-延性破坏再向延性破坏的趋势发展，随之破裂区与非破裂区的条数增多，破裂区的破裂程度也相应增大；大量数据表明，$\sigma_{地}/\sigma_{c}$ 增加到一定程度，在地下隧道开挖后，围岩会“岩爆”现象，岩爆的发生与地下工程的作业深度有关，深部地下工程埋深较大，围岩的 $\sigma_{地}/\sigma_{c}$ 较大，围岩内部所储存的形变能越大，在洞壁周围产生卸荷波，由于波的叠加而产生分区破裂化现象。通过总结南非深部矿山以及国内深部地下工程中遇到的分区破裂化现象表明，分区破裂化现象的破裂区半径以及宽度的值是在一定范围变化的，其大致的规律为：

$$r_i = \alpha^i r_0\text{，}\quad \Delta r_i \in (0.05 \sim 0.11) r_i$$

式中：r_0 为地下隧道半径；r_i 为第 $i(i=1,2,3......)$ 个破裂区的半径；$\Delta r_i = r_{i+1} - r_i$ 为第 $i(i=1,2,3......)$ 个破裂区的宽度。

7.3.2　深部圆形隧道围岩的分区破裂化机理

深部地下工程中，由于地下隧道的开挖，会形成围岩分区破裂化现象，目前对于其形成机理虽然有一定成果[20-21]，但对其机理还没有达到非常成熟的地步。

对于深部岩体，地下隧道的开挖使得围岩的初始平衡状态被破坏，一旦破坏这种平衡状态，围岩内部所储存的形变能释放，应力重分布，产生第一次破裂区，由于深部岩体地应力水平很高，产生第一次破裂区后，并不能使围岩达到稳定，于是，第一次破裂区产生的外边界就成了新的开挖边界，为第二次破裂区的出现做准备，这样应力再重分布一次，产生第二次破裂区，如果深部岩体还不能达到稳定，将还会继续产生第三次破裂区，这样继续下去直到围岩所储的能量不能产生新的破裂区，围岩达到稳定。本书应用深部岩体破坏准则，基于平面应变模型研究深部隧道的分区破裂化产生机理，将开挖过程视为动态过程，用余弦函数曲线来模拟开挖卸荷并对运动方程进行拉普拉斯变换，进行简化计算；考虑局部化完成后的应力场，获得深部岩体分区破裂化现象的产生机理，计算出破裂区的半径以及宽度。

由于地层中初始应力的存在，地下洞室在开挖过程中，破坏了地层中原有的稳定状态，使得开挖的毛洞周边及附近的地层应力重分布，如果定义原始应力场为一次应力状态，那么，在隧道开挖以后，应力重分布，洞室周围的应力状态称为二次应力状态；衬砌施作以后，地层的变形收到衬砌的约束，二次应力就会有所改变，所以，将衬砌施作后地层的应力状态称为三次应力状态。在深部开挖一个半径为 R 的圆形洞室，如图 7-10 所示，可以分解成两个问题来求解：

（1）因地下隧道的开挖而产生的扰动应力场和扰动位移场。

（2）由原岩初始地应力产生的应力场和位移场。

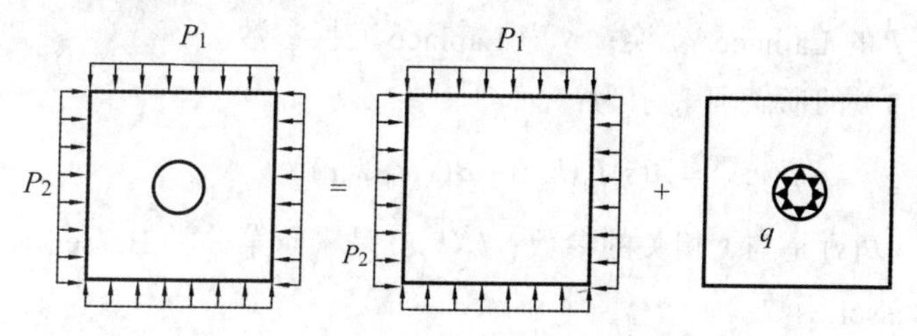

图 7-10　围岩二次应力场的叠加计算

围岩的初始应力场与开挖洞室引起的扰动应力场叠即上面两者之和为弹性区总的次生应力场。

7.3.3　围岩的扰动应力场

根据平面应变模型，非零的位移量为 $u_r = u(r,t)$，于是有：

$$u = \frac{\partial \varphi}{\partial r} \tag{7.7}$$

式中：φ 为标量势函数；r 远离隧道开挖表面的距离。

根据弹性力学的知识可知，隧道位移势表达的运动方程可表示为：

$$\frac{\partial^2 \varphi}{\partial r^2} + \frac{1}{r}\frac{\partial \varphi}{\partial r} = \frac{\partial^2 \varphi}{c_{\mathrm{d}}^2 \partial t^2} \tag{7.8}$$

式中：$c_{\mathrm{d}}^2 = \dfrac{\lambda + 2\mu}{\rho}$；$\lambda$、$\mu$ 为 Lame 常数。

将边界条件考虑后，就变成了解方程组：

$$\frac{\partial^2 \varphi}{\partial r^2} + \frac{1}{r}\frac{\partial \varphi}{\partial r} = \frac{\ddot{\varphi}}{c_{\mathrm{d}}^2} \quad (r > R, t > 0) \tag{7.9}$$

$$\varphi(r,0) = \dot{\varphi}(r,0) = 0 \quad (r \geq R) \tag{7.10}$$

$$\sigma_r(R,t) = P(t) \tag{7.11}$$

$$\lim_{t\to\infty} \varphi(r,t) = 0 \quad (t > 0) \tag{7.12}$$

对式（7.9）作 Laplace 变换，有：

$$\frac{\partial^2\varphi(r,s)}{\partial r^2}+\frac{1}{r}\frac{\partial\bar{\varphi}}{\partial r}=\frac{s^2}{c_{\mathrm{d}}^2}\bar{\varphi} \tag{7.13}$$

式中：$\bar{\varphi}$ 是 φ 的 Laplace 变换；s 为 Laplace 变换参数。

式（7.13）的通解可表示为：

$$\bar{\varphi}(r,s)=A(s)I_0(k_{\mathrm{d}}r)+B(s)k_0(k_{\mathrm{d}}r) \tag{7.14}$$

式中：$A(s)$、$B(s)$ 是与 s 相关的参数；$I_0(k_d r)$ 是零阶第一类 Bessel 函数；$k_0(k_d r)$ 是第二类 Bessel 函数。

$$I_0(k_{\mathrm{d}}r)\sim(2\pi k_{\mathrm{d}}r)^{-\frac{1}{2}}\exp(k_{\mathrm{d}}r) \tag{7.15}$$

$$k_0(k_{\mathrm{d}}r)\sim(\frac{\pi}{2k_{\mathrm{d}}r})^{-\frac{1}{2}}\exp(-k_{\mathrm{d}}r) \tag{7.16}$$

对式（7.12）进行 Laplace 变换有：

$$\lim_{t\to\infty}\bar{\varphi}(r,t)=0 \tag{7.17}$$

将式（7.15）、式（7.16）代入式（7.17）有：可得知 $A(s)=0$，于是有：

$$\bar{\varphi}(r,s)=B(s)k_0(k_{\mathrm{d}}r)=B(s)\frac{\pi}{2k_{\mathrm{d}}r}^{\frac{1}{2}}\exp(-k_{\mathrm{d}}r) \tag{7.18}$$

根据应力与势函数的关系，应力表达式经过 Laplace 变换后有：

$$\bar{\sigma}_r(r,s)=\frac{\lambda}{r}\frac{\partial\bar{\varphi}}{\partial r}+(\lambda+2\mu)\frac{\partial^2\bar{\varphi}}{\partial r^2} \tag{7.19}$$

$$\bar{\sigma}_\theta(r,s)=\frac{\lambda+2\mu}{r}\frac{\partial\bar{\varphi}}{\partial r}+\lambda\frac{\partial^2\bar{\varphi}}{\partial r^2} \tag{7.20}$$

将式（7.18）代入式（7.19），有：

$$\bar{\sigma}_r(r,s)=B(s)(\frac{\pi}{2k_{\mathrm{d}}r})^{\frac{1}{2}}\exp(-k_{\mathrm{d}}r)\left[\lambda+4k_{\mathrm{d}}{}^2r^2+6\mu+8k_{\mathrm{d}}r\mu(1+k_{\mathrm{d}}r)\right]/(4r^2) \tag{7.21}$$

令 $r=R$，有：

$$\bar{\sigma}_r(r,s)=B(s)(\frac{\pi}{2k_{\mathrm{d}}R})^{\frac{1}{2}}\exp(-k_{\mathrm{d}}R)\left[\lambda+4k_{\mathrm{d}}{}^2R^2+6\mu+8k_{\mathrm{d}}R\mu(1+k_{\mathrm{d}}R)\right]/(4R^2) \tag{7.22}$$

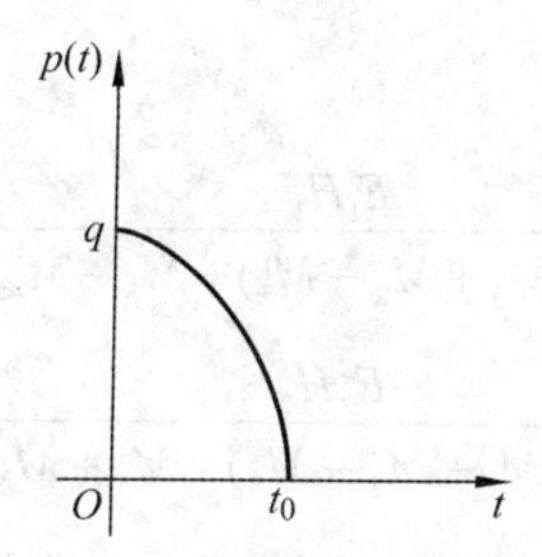

图 7-11　开挖卸荷应力与时间函数 $p(t)$

随时间而变化的开挖卸荷应力函数如图 7-11 所示，$p(t)$ 假设为：

$$p(t) = f_1 \cos(g_1 t + h_1) \tag{7.23}$$

式中：$f_1 = q, g_1 = \dfrac{\pi}{4t_0}, h_1 = 0$。

假设 t_0 为开挖完成的时间，q 则为洞室开挖前内边缘的最大应力，取 $q = p_1 = p_2$。

对式（7.22）做 Laplace 变换有：

$$\overline{p}(s) = \frac{s\cos h_1 + g_1 \sin h_1}{s^2 + {g_1}^2} \tag{7.24}$$

先对式（7.11）进行 Laplace 变换后，联立式（7.22）和（7.24），有：

$$B(s) = \frac{4R^3 s c_{\mathrm{d}} \exp(\frac{R_{\mathrm{s}}}{c_{\mathrm{d}}})\sqrt{\frac{2c_{\mathrm{d}}}{\pi R s}}(s\cos h_1 + g_1 \sin h_1)}{(s^2 + {g_1}^2)\left({c_{\mathrm{d}}}^2\lambda + 4R^2 s^2 \lambda + 6{c_{\mathrm{d}}}^2 + 8Rc_{\mathrm{d}} s\mu + 8R^2 s^2 \mu\right)} \tag{7.25}$$

将式（7.25）代入式（7.18）得：

$$\overline{\varphi}(r,s) = \frac{4R^3 c_{\mathrm{d}}^2 \exp\left[\dfrac{(R-r)s}{c_{\mathrm{d}}}\right](s\cos h_1 + g_1 \sin h_1)}{(s^2 + g_1^2)\sqrt{Rr}\left(c_{\mathrm{d}}^2\lambda + 4R^2 s^2 \lambda + 6c_{\mathrm{d}}^2 \mu + 8Rc_{\mathrm{d}} s\mu + 8R^2 s^2 \mu\right)} \tag{7.26}$$

对式（7.26）作 Laplace 逆变换得：

$$\varphi(r,t) = \frac{4R^3 {c_{\mathrm{d}}}^2}{\sqrt{Rr}}(A_1 + A_2 + A_3 + A_4) \tag{7.27}$$

式中：

$$A_1=\frac{E_1H_1}{i\sqrt{g_1}(M_5+M_2-M_1)+M_3-M_4}$$

$$A_2=\frac{E_2H_2}{i\sqrt{g_1}(M_1+M_2-M_5)+M_3+M_4}$$

$$A_3=\frac{E_3\left[f_1(G_2\cos h_1+g_1\sin h_1)\right]}{M_1G_2^{\ 3}+M_4G_2^{\ 2}+(M_2+M_5)G_1+M_3}$$

$$A_4=\frac{E_3\left[f_1(G_2\cos h_1+g_1\sin h_1)\right]}{M_1G_3^{\ 3}+M_4G_3^{\ 2}+(M_2+M_5)G_3+M_3}$$

$$E_1=\mathrm{Exp}\left[\frac{\sqrt{g_1}(R-r)i}{c_\mathrm{d}}\right]$$

$$E_2=\mathrm{Exp}\left[-\frac{\sqrt{g_1}(R-r)i}{c_\mathrm{d}}\right]$$

$$E_3=\mathrm{Exp}\left[\frac{(R-r)}{c_\mathrm{d}}\right]$$

$$H_1=f_1(i\sqrt{g_1}\cos h_1+g_1\sin h_1)$$

$$H_2=f_1(-i\sqrt{g_1}\cos h_1+g_1\sin h_1)$$

$$M_1=16(2R^2\mu+R^2\lambda)$$

$$M_2=2(4R\lambda g_1^{\ 2}+c_\mathrm{d}\lambda+3c_\mathrm{d}^{\ 2}\mu)$$

$$M_3=8Rc_\mathrm{d}\mu g_1^{\ 2}$$

$$M_4=24Rc_\mathrm{d}\mu g_1^{\ 2}$$

$$M_5=16R\mu g_1^{\ 2}$$

$$G_1=\lambda^2+4\lambda\pi+8\mu^2$$

$$G_2=\frac{-c_\mathrm{d}(2\mu+iG_1)}{2R(2\mu+\lambda)}$$

$$G_2=\frac{-c_\mathrm{d}(2\mu-iG_1)}{2R(2\mu+\lambda)}$$

将式（7.26）代入式（7.19）后，并进行 Laplace 逆变换，得到开挖后的径向应力，有：

$$\sigma_{r1}(r,t)=2\lambda c_{\mathrm{d}}(A_5+A_6+A_7+A_8)+\frac{\lambda+2\mu}{\sqrt{r}}(A_9+A_{10}+A_{11}+A_{12}) \tag{7.28}$$

式中：

$$A_5=\frac{rG_4E_1H_1}{i\sqrt{g_1}(M_5+M_2-M_1)+M_3-M_4}$$

$$A_6=\frac{rG_5E_2H_2}{i\sqrt{g_1}(M_1+M_2-M_5)+M_3+M_4}$$

$$A_7=\frac{(2G_2-c_{\mathrm{d}})rE_3\left[f_1(G_2\cos h_1+g_1\sin h_1)\right]}{M_1G_2{}^3+M_4G_2{}^2+(M_2+M_5)G_1+M_3}$$

$$A_8=\frac{(2G_2-c_{\mathrm{d}})rE_3\left[f_1(G_3\cos h_1+g_1\sin h_1)\right]}{M_1G_3{}^3+M_4G_3{}^2+(M_2+M_5)G_3+M_3}$$

$$A_9=\frac{G_6E_1H_1}{i\sqrt{g_1}(M_5+M_2-M_1)+M_3-M_4}$$

$$A_{10}=\frac{G_7E_2H_2}{i\sqrt{g_1}(M_1+M_2-M_5)+M_3+M_4}$$

$$A_{11}=\frac{G_8E_3\left[f_1(G_2\cos h_1+g_1\sin h_1)\right]}{M_1G_2{}^3+M_4G_2{}^2+(M_2+M_5)G_1+M_3}$$

$$A_{12}=\frac{G_9E_3\left[f_1(G_3\cos h_1+g_1\sin h_1)\right]}{M_1G_3{}^3+M_4G_3{}^2+(M_2+M_5)G_3+M_3}$$

$$G_4=2rG_{10}-c_{\mathrm{d}}$$

$$G_5=-2rG_{10}-c_{\mathrm{d}}$$

$$G_6=(8c_{\mathrm{d}}r^2i\sqrt{g_1}-2r^3i\sqrt{g_1}-3c_{\mathrm{d}}r^2+4c_{\mathrm{d}}{}^2r)$$

$$G_7=(-8c_{\mathrm{d}}r^2i\sqrt{g_1}+2r^3i\sqrt{g_1}-3c_{\mathrm{d}}r^2+4c_{\mathrm{d}}{}^2r)$$

$$G_8=(8c_{\mathrm{d}}r^2G_2-2r^3G_2-3c_{\mathrm{d}}r^2+4c_{\mathrm{d}}{}^2r)$$

$$G_9=(8c_{\mathrm{d}}r^2G_3-2r^3G_3-3c_{\mathrm{d}}r^2+4c_{\mathrm{d}}{}^2r)$$

$$G_{10}=i\sqrt{g_1}$$

将式（7.26）代入式（7.20），取 Laplace 逆变换得到巷道围岩的切向应力有：

$$\sigma_{\theta 1}(r,t)=2(\lambda+2\mu)c_{\mathrm{d}}(A_5+A_6+A_7+A_8)+\frac{\lambda}{\sqrt{r}}(A_9+A_{10}+A_{11}+A_{12}) \tag{7.29}$$

7.3.4 围岩的扰动位移场

根据式（7.7），将式（7.27）对 r 求偏导，得到围岩的次生位移场：

$$u_{r1}(r,t)=-\frac{2R^3c_{\mathrm{d}}^{\ 2}}{r\sqrt{rR}}\left[(A_1+A_2+A_3+A_4)-2r(-G_{10}A_1+G_{10}A_2-\frac{1}{c_{\mathrm{d}}}A_4)\right] \tag{7.30}$$

7.3.5 初始应力场

实际上，在地层中是存在初始应力场的，这样，地下巷道的开挖属于孔口应力集中问题，为方便求解，引进艾瑞应力函数 $\phi(r,\theta)$，使得：

$$\sigma_r=\frac{1}{r}\frac{\partial\phi}{\partial r}+\frac{1}{r^2}\frac{\partial^2\phi}{\partial\theta^2} \tag{7.31}$$

$$\sigma_\theta=\frac{\partial^2\phi}{\partial r^2} \tag{7.32}$$

$$\sigma_{r\theta}=-\frac{\partial}{\partial r}(\frac{1}{r}\frac{\partial\phi}{\partial\theta}) \tag{7.33}$$

轴对称情况下，开挖扰动应力场的一般表达式为：

$$\phi(r,\theta)A\ln r+Br^2\ln r+C'r^2+D'+(Cr^2+Gr^{-2}+F)\cos 2\theta \tag{7.34}$$

将式（7.31）、式（7.32）、（7.33）代入式（7.34）得到应力分量：

$$\sigma_r=\frac{A}{r^2}+B(2\ln r+1)+2C'-2(C+3Gr^{-4})\cos 2\theta \tag{7.35}$$

$$\sigma_\theta=-\frac{A}{r^2}+B(2\ln r+3)+2C'+2(C+6Dr^2+3Gr^4)\cos 2\theta \tag{7.36}$$

$$\sigma_{r\theta}=2(C+3Dr^2-3Gr^{-4}-Fr^{-2})\sin 2\theta \tag{7.37}$$

式中：A、B、C、D、G、F、C'、D' 由边界条件确定。

洞室开挖以后，洞室周边应处于零应力状态，但是，因为存在初始地应力，我们必须在洞室开挖轮廓周边施加与初始地应力方向相反的荷载，才能使洞室周边达到平衡状态，于是，对于开挖洞口的应力边界条件有：

$$\sigma_r\big|_{r=R} = \Delta\sigma_{r2} \tag{7.38}$$

$$\tau_{r\theta}\big|_{r=R} = \Delta\tau_{r\theta 2} \tag{7.39}$$

式中：$\Delta\sigma_r = -\frac{1}{2}(\sigma_z+\sigma_x)+\frac{1}{2}(\sigma_z-\sigma_x)\cos 2\theta\Big|_{r=R}$；$\Delta\sigma_{r\theta} = -\frac{1}{2}(\sigma_z-\sigma_x)\sin 2\theta\Big|_{r=R}$；$R$ 为孔口半径。

另外，隧道的开挖只对洞室周边一定范围的围岩有影响，是一个局部效应，而对远离洞室的围岩没有影响，于是有：

$$\sigma_r\big|_{r\to\infty} = 0 \tag{7.40}$$

$$\sigma_\theta\big|_{r\to\infty} = 0 \tag{7.41}$$

$$\sigma_{r\theta}\big|_{r\to\infty} = 0 \tag{7.42}$$

将式（7.35）、式（7.36）、式（7.37）分别代入式（7.40）、式（7.41）、式（7.42）可解得：

$$B = C = D = C' = 0 \tag{7.43}$$

由式（7.38）有：

$$\frac{A}{R^2} - 2\left(3\frac{G}{R^2}+2\frac{F}{R^2}\right)+\cos 2\theta = -\frac{1}{2}(\sigma_x+\sigma_z)+\frac{1}{2}(\sigma_z-\sigma_x)\cos 2\theta \tag{7.44}$$

由式（7.39）有：

$$-2\left(3\frac{G}{R^4}+\frac{F}{R^2}\right)\cos 2\theta = -\frac{1}{2}\left(\sigma_z-\sigma_x\right)\sin 2\theta \tag{7.45}$$

联立式（7.44）、式（7.45），有：

$$A = -\frac{R^2}{2}(\sigma_z+\sigma_x) \tag{7.46}$$

$$A = -\frac{R^2}{2}(\sigma_z-\sigma_x) \tag{7.47}$$

$$G = \frac{R^2}{4}(\sigma_z-\sigma_x) \tag{7.48}$$

将各常数项即式（7.43）、（7.46）、（7.47）、（7.48）代入应力分量式（7.35）、

（7.36）、（7.37），可得到巷道洞室开挖后 $r=R$ 处的扰动应力表达式：

$$\sigma_r(r,\theta)=-\frac{1}{2}(\sigma_z+\sigma_x)\frac{R^2}{r^2}-\frac{1}{2}(\sigma_z-\sigma_x)(3\frac{R^4}{r^4}+4\frac{R^2}{r^2})\cos 2\theta \tag{7.49}$$

$$\sigma_\theta(r,\theta)=\frac{1}{2}(\sigma_z+\sigma_x)\frac{R^2}{r^2}+\frac{1}{2}(\sigma_z-\sigma_x)3\frac{R^4}{r^4}\cos 2\theta \tag{7.50}$$

$$\sigma_{\tau\theta}(r,\theta)=-\frac{1}{2}(\sigma_z-\sigma_x)(3\frac{R^4}{r^4}-2\frac{R^2}{r^2})\cos 2\theta \tag{7.51}$$

极坐标下的任一点围岩初始地应力为：

$$\sigma_r(r,\theta)=\frac{1}{2}(\sigma_z+\sigma_x)-\frac{1}{2}(\sigma_z-\sigma_x)\cos 2\theta \tag{7.52}$$

$$\sigma_\theta(r,\theta)=\frac{1}{2}(\sigma_z+\sigma_x)+\frac{1}{2}(\sigma_z-\sigma_x)\sin 2\theta \tag{7.53}$$

$$\sigma_{\tau\theta}(r,\theta)=\frac{1}{2}(\sigma_z-\sigma_x)\sin 2\theta \tag{7.54}$$

将式（7.49）、（7.50）、（7.51）分别与式（7.52）、（7.53）、（7.54）相叠加，即可得到围岩的二次应力场：

$$\sigma_{r2}(r,\theta)=-\frac{1}{2}(\sigma_z+\sigma_x)(1-\frac{R^2}{r^2})-\frac{1}{2}(\sigma_z-\sigma_x)(1+3\frac{R^4}{r^4}+4\frac{R^2}{r^2})\cos 2\theta \tag{7.55}$$

$$\sigma_{\theta 2}(r,\theta)=\frac{1}{2}(\sigma_z+\sigma_x)(1+\frac{R^2}{r^2})+\frac{1}{2}(\sigma_z-\sigma_x)(1+3\frac{R^4}{r^4})\cos 2\theta \tag{7.56}$$

$$\sigma_{\tau\theta}(r,\theta)=\frac{1}{2}(\sigma_z-\sigma_x)(1-3\frac{R^4}{r^4}-2\frac{R^2}{r^2})\sin 2\theta \tag{7.57}$$

此处，仅考虑静水压力情况下，即垂直应力和水平应力相等，问题变为轴对称，即 $\sigma_x=\sigma_y=P_1=P_2=q$，则式（7.55）、（7.56）、（7.57）简化为：

$$\sigma_{r2}=q(1-\frac{R^2}{r^2}) \tag{7.58}$$

$$\sigma_{\theta 2}=q(1+\frac{R^2}{r^2}) \tag{7.59}$$

$$\sigma_{\tau\theta 2}=0 \tag{7.60}$$

7.3.6　初始位移场

由弹性力学的解答可知，初始地应力条件下，因开挖产生的围岩的径向位移 μ 为：

$$\mu = \frac{1+\mu_0}{E_0 r}\left[R^2(q-P_i)+qr^2(1-2\mu_0)\right] \tag{7.61}$$

式中：P_i 为巷道的支护反力。

在 $r=R$ 处，由初始地应力引起的径向位移 u_R 为：

$$u_R = \frac{R(1+\mu_0)}{E_0}\left[-P_i+2q(1-\mu_0)\right] \tag{7.62}$$

在 $r=R$，当洞室未开挖即围岩未扰动时 $P_i=q$，代入式（3.55）得到围岩的初始径向位移 u_0：

$$u_0 = \frac{qR(1+\mu_0)}{E_0}(1-2\mu_0) \tag{7.63}$$

根据式（7.62）、式（7.63）可得到洞室周边 $r=R$ 处在洞室开挖过程中的弹性位移场：

$$u_{r2} = u_R - u_0 = \frac{R(1+\mu_0)}{E_0}(q-P_i) \tag{7.64}$$

7.3.7　总的次生应力场与位移场

总的次生应力场以及位移场为：

$$\sigma_r^e = \sigma_{r1} + \sigma_{r2} \tag{7.65}$$

$$\sigma_\theta^e = \sigma_{\theta 1} + \sigma_{\theta 2} \tag{7.66}$$

$$u_r^e = u_{r1}(r,t) + u_{r2} \tag{7.67}$$

$$u_r^e = u_{r1}(r,t) + u_{r2}$$

7.4　深部化学腐蚀围岩分区破裂的形成

7.4.1　分区破裂的形成机理

分区破裂化分别在深部岩体中，深部岩体与浅层岩体最大的区别在于：深部岩体存在高应力，储存了大量的形变能。深埋洞室在开挖卸荷过程中会出现应力集中，应力重分布，在洞壁围岩内产生卸载波，当重分布应力场满足围岩屈服条件时，围岩产生的能量被释放，形成第一次破裂区，而应力释放后的第一次破裂区的外边界则形成了新弹性区的内的边界，应力得到进一步的重分布，为第二次的破裂提供了必要条件，当围岩的重分布应力满足破碎条件时，应力得到进步的释放从而得到了第二次破裂区。这样循环下去，直到重分布应力条件不能满足围岩的破坏条件时为止。

深埋洞室开挖以后，对洞室围岩进行弹塑性应力场分析后发现在一定深度下弹性区和塑性区交界的地方存在峰值应力，取出该处岩体单元进行力学研究发现，该处岩体的径向应力降低了，而切向应力却增大了许多。在较大主应力与较小侧压力的条件下，发生了劈裂破坏，于是形成了第一次破裂区破裂区，释放了部分能量，应力重分布，进一步存在峰值应力，从而发生劈裂破坏形成第二次破裂区。

通过数值分析可以发现，破裂区离新开挖边界有一定距离，这个区域为非破裂区。随着能量的不断释放，破裂区的宽度不断减少，直至围岩达到稳定。这样破裂区被非破裂区间隔，从而形成了破裂区与非破裂区交替出现即分区破裂化现象。

而对于浅层岩体，由于地应力水平较低，围岩所储的能量较少，开挖后产生第一次破裂以后，产生破坏区、塑性区与弹性区，围岩即可达到自稳状态。区别于浅层围岩，深埋洞室围岩储存了大量的能量，第一次破裂区形成以后，能量并不能完全释放，在开挖卸荷应力场和初始应力场作用下，会继续产生新的破坏，由此可以看出分区破裂化现象是岩体走向稳定的一个过程。因此，高应力是洞室开挖而产生分区破裂化现象的根本原因。

7.4.2 破裂区半径以及宽度

根据断裂力学的知识可知，ν 取 0.5，主应力之间的关系为：

$$\sigma_2 = \nu(\sigma_1 + \sigma_3) \tag{7.68}$$

式中：ν 为各主应力之间的关系系数。

取 $\sigma_1 = \sigma_\theta^e$，$\sigma_3 = \sigma_r^e$，联立摩尔-库伦准则和式（7.67）和式（7.68）可得到的破裂区的宽度：$R_1 - R_0$，其中 R_1 为破裂区的外边界，R_0 为破裂区的内边界。

第一个破裂区产生后，应力重分布，该破裂区的外边界应力与原岩应力组成新的应力场，同样可计算出新的破裂区半径以及宽度，依次类推，可得出每个破裂区的位置的宽度，而破裂区所夹的区域为非破裂区，可以通过破裂区的位置以及宽度来确定。

当岩体发生第一个破裂区后，应力进行重分布，第一个破裂区的外边界变成第二个破裂区弹性区的内边界，边界上随时间而变化的开挖卸荷应力函数 $p(t)$ 假设为：

$$p(t)=f_2\cos(g_2t+h_2) \tag{7.69}$$

式中：$f_2=m\sigma_0$，$g_2=\dfrac{1}{t_0}\left[\arccos\left(\dfrac{\sigma_R}{m\sigma_0}\right)-\arccos\left(\dfrac{1}{m}\right)\right]$，$h_2=\arccos\left[\dfrac{1}{m}\right]$；$\sigma_0$ 为新的弹性内边界形成是初始时刻的径向应力值；m 为新破裂区内边缘最大应力与初始应力 σ_0 之比。

开挖卸荷函数 $p(t)$ 的边界条件为，$t=0$ 时，$p(t)=\sigma_0$；$t=t_0$ 时，$p(t)=\sigma_R$；$t=\dfrac{h_2}{g_2}$ 时，$p(t)=m\sigma_0$。

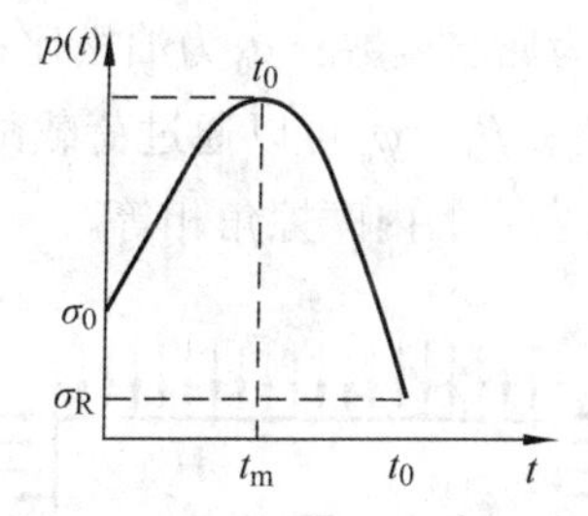

图 7-12 第二次破裂化弹性区内边界开挖卸载函数

图 7-12 中有三个未知数 p_{m}、σ_{R}、t_0。将 t_{m} 代入总的次生应力场公式即式（7.65）和式（7.66）可求出 p_{m}。t_0 为变形局部化完成时间，σ_{R} 为第一变形局部化完成时的应力。当岩石中的应力状态符合深部岩体强度准则时，岩石将发生局部化破坏，应力也同时下降至残余应力水平（σ_{R}），在变形局部化区域，位移也将发生不连续，因此，不能采用厚壁筒理论来求解。

对于平面应变，变形局部化区域的本构关系可表示为：

$$\sigma_{ij}=D_{ikl}\varepsilon_{kl} \tag{7.70}$$

式中：D_{ikl} 为变形局部化时的岩石刚度矩阵；ε_{kl} 为变形局部区域的应变。

变形局部化情况下的应变可表示为[22]：

$$\varepsilon_{kl}=\frac{1}{2}(c_kn_l+c_ln_k) \tag{7.71}$$

式中：
$$n_1^2 = \frac{c_1}{c_1 - c_3}, \quad n_3^2 = \frac{c_3}{c_1 - c_3}$$

$$c_1 = f_{11}(g_{11} - g_{33}) + g_{11}(f_{11} - f_{33}) + \mu_0 h$$

$$c_3 = f_{33}(g_{11} + g_{33}) + g_{33}(f_{11} - f_{33}) + \mu_0 h$$

$$h = f_{22}(g_{11} - g_{33}) + g_{22}(f_{11} - f_{33})$$

$$f_{ij} = \frac{\partial F}{\partial \sigma_{ij}}(i, j = 1,2,3)$$

$$g_{ij} = \frac{\partial Q}{\partial \sigma_{ij}}(i, j = 1,2,3)$$

$$F = \frac{1}{2}(\sigma_1 - \sigma_3) + \frac{1}{2}(\sigma_1 + \sigma_3)\sin\beta_d$$

$$Q = \frac{1}{2}(\sigma_1 - \sigma_3) + \frac{1}{2}(\sigma_1 + \sigma_3)\sin\varphi_d$$

式中：Q 为塑性势函数；F 为屈服函数；μ_0 为泊松比；β_d 动荷载下的内摩擦角；φ_d 为动荷载下的剪胀摩擦角；β_d、φ_d 可以通过荷载试验进行确定，采用相关联流动法则，即剪胀摩擦角与岩石的内摩擦角相等。

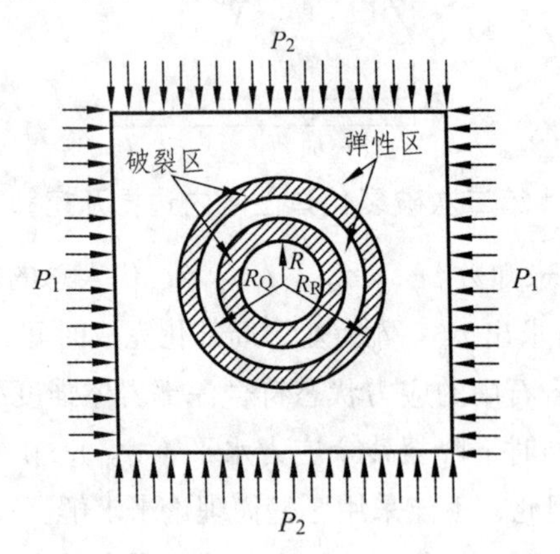

图 7-13　弹性区外边界对弹性区的支反力

岩石在变形局部化情况下的刚度为：

$$D_{ijkl} = D_{ijkl}^e - \frac{k}{A} D_{ijrs}^e g_{rs} f_{mn} D_{imnkl}^e \tag{7.72}$$

式中：弹性刚度矩阵 $D_{ijkl}^e = 2G\left[\frac{1}{2}(\delta_{ik}\delta_{jl} + \delta_{il}\delta_{jk}) + \frac{\mu_0}{1-2\mu_0}\delta_{il}\delta_{kl}\right]$。

变形局部化情况下，$k=1$，于是有：

$$A = H + f_{ij} D^e_{ijkl} g_{kl}$$

其中：软化模量

$$H = 2G\left[\frac{\mu^2(1-\sin\beta_d \sin\phi_d)^2}{4(1-\mu_0)(1+\sin\beta_d)(1+\sin g\phi_d)} - \frac{(1-\sin\beta_d)(1-\sin\phi_d)}{4(1-\mu_0)}\right]$$

μ_0 为泊松比；G 为剪切模量。

变形局部化的方向：

$$\tan\theta^2 = \frac{n_1^2}{n_3^2} = -\frac{c_1}{c_3} \tag{7.73}$$

根据平面应变问题的本构关系有：

$$\begin{bmatrix}\sigma_{11}\\ \sigma_{33}\end{bmatrix} = \begin{bmatrix}D_{1111} & D_{1133}\\ D_{3311} & D_{3333}\end{bmatrix}\begin{bmatrix}\varepsilon_{11}\\ \varepsilon_{33}\end{bmatrix} \tag{7.74}$$

式中：

$$A = H + f_{11} D^e_{1111} g_{11} + f_{11} D^e_{1133} g_{33} + f_{33} D^e_{3311} g_{11} + f_{33} D^e_{3333} g_{33}$$

$$D^e_{1111} = D^e_{3333} = \frac{2G(1-\mu_0)}{1-2\mu_0}, \quad D^e_{1133} = D^e_{3311} = \frac{2G\mu_0}{1-2\mu_0}$$

$$f_{11} = \frac{1}{2}(\sin\beta_d + 1), \quad f_{33} = \frac{1}{2}(\sin\beta_d - 1)$$

$$g_{11} = \frac{1}{2}(\sin\phi_d + 1), \quad g_{33} = \frac{1}{2}(\sin\phi_d - 1)$$

$$c_1 = \frac{1}{2}\left[1-\mu_0 + \sin\beta_d + \sin\phi_d + (1+\mu_0)\sin\beta_d \sin\phi_d\right]$$

$$c_3 = -\frac{\mu_0}{2}(1-\sin\beta_d \sin\phi_d)$$

因为有 $\sigma_{11}=\sigma_\theta$，$\sigma_{33}=\sigma_r$，由此可以解出 σ_r 和 σ_θ，从而可以得到 $r=R$ 的局部化完成时间后的应力场 σ_R：

$$\sigma_R = \frac{E_0\mu_0(A_{13}+A_{14})}{A_{15}} \tag{7.75}$$

式中：

$$A_{13} = 2c_1 A_{17}\mu_0(\mu_0 - 1)(\sin\beta_d \sin\phi_d - 1)^2$$

$$A_{14} = A_{18}(1-\sin\beta_d \sin\phi_d)(2\mu_0 - 1 - \mu_0{}^3 \sin\beta_d \sin\phi_d - A_{16})$$

$$A_{15} = 2(1-\mu_0 - \sin\phi_d)^2(-1+\mu_0+2\mu_0^2) + A_{19} - A_{20}$$

$$A_{16}=\sin\phi_d(2-2\mu_0^2+\sin\phi_d)+\sin^2\beta_d\left[1-2\mu_0+\sin\phi_d(2-2\mu_0+\sin\phi_d-\mu_0^3\sin\phi_d)\right]$$

$$A_{17}=\sqrt{1+\frac{\mu_0(\sin\beta_d-1)}{1+\sin\phi_d}}$$

$$A_{18}=\sqrt{-\mu_0+\frac{\mu_0(\sin\beta_d+1)}{1+\sin\phi_d}}$$

$$A_{19}=(1+\mu_0)\sin^2\phi_d[2\mu_0-1+\sin\beta_d(\mu_0-1)(2+\sin\beta_d+\mu_0\sin\beta_d+2\mu_0^2\sin\beta_d)]$$

$$A_{20}=2(1+\mu_0)\sin\phi_d[2(\mu_0-1)+(\mu_0-1)+\sin\beta_d(2-4\mu_0+\mu_0^2+2\mu_0^3+\sin\beta_d-\mu_0\sin\beta_d)]$$

7.5 本章小结

本章结合化学腐蚀对岩石的作用机理、巷道开挖时卸荷的能量转化和深部巷道的分区破裂特征出发，研究了深部化学腐蚀下围岩的破坏机理：

（1）化学侵蚀作用下，化学溶液中的离子与岩石颗粒的作用包括矿物溶解、离子吸附、溶质迁移等多项物理、化学过程，其中岩石的组成矿物的溶解使得砂岩体内析出大量游离态的离子，而这些离子会随着溶质迁移出岩体内，从而在岩石内部形成溶蚀空洞，孔隙结构发生变化。离子的吸附作用会堵塞空洞，使得砂岩渗透特征及孔隙结构发生改变。

（2）加载过程中，岩石的能量转化大致可分为能量输入、能量积累、能量耗散和能量释放四个过程。能量驱动岩石的变形破坏主要有两种机制，一方面外界能量的输入使得岩石内部产生损伤、塑性变形等能量耗散行为，使岩石抵抗破坏的能力下降；另一方面岩石体内积聚的弹性能的增加也使岩石抵抗破坏的能力增加，当两者相汇时，岩石发生破坏。

（3）阐述了巷道开挖卸荷过程中围岩的应力路径，分析了开挖卸荷过程中围岩应力状态的演化过程。

（4）应用深部岩体破坏准则，基于平面应变模型研究深部隧道的分区破裂化产生机理，将开挖过程视为动态过程，构建开挖面卸荷形函数——余弦函数，来研究开挖卸荷过程，并对开挖面卸荷形函数和运动方程（围岩位移势函数）进行拉普拉斯变换，简化计算得到与半径有关的围岩位移势函数；考虑深部岩体破裂局部化完成后的应力场，揭示深部岩体分区破裂化现象的产生机理。基于上述机理，计算了深部巷道围岩分区破裂区的半径和宽度。

参考文献

[1] Lasaga A C. Atomic treatment of mineral-water surface reaction[J]. Mineral-Water Interface Geochemistry Reviews in Mineralogy，1990（23）：17-85.

[2] Mangld D D，Tsang C. A summary of subsurface hydrological and hydro-chemical models[J]. Review of Geophysics，1991（29）：51-79.

[3] Brantley，Susan L，Kubicki，et al. Kinetics of Water-Rock Interaction[M]. New York：Springer，2008.

[4] 王振峰. 材料传输工程基础[M]. 北京：冶金工业出版社，2008.

[5] 钱会，马致远. 水文地球化学[M]. 北京：地质出版社，2005.

[6] Freeze R A，Cherry J A. Groundwater [M]. Prentice-Hall Inc，1979.

[7] 崔强. 化学溶液流动-应力耦合作用下砂岩的孔隙结构演化与蠕变特征研究[D]. 沈阳：东北大学，2008.

[8] 赵忠虎，谢和平. 岩石变形破坏过程中的能量传递和耗散研究[J]. 四川大学学报，2008，40（2）：26-31.

[9] 郑在胜. 岩石变形中的能量传递过程与岩石变形动力学分析[J]. 中国科学（B 辑），1990（5）：524-537.

[10] 张志镇. 岩石变形破坏过程中的能量演化机制[D]. 徐州：中国矿业大学，2013.

[11] 何满潮，谢和平，彭苏萍. 深部开采岩体力学研究[J]. 岩石力学与工程学报，2005，24（16）：2803-2813.

[12] 徐婕. 煤矿深部砂岩卸荷特性及岩爆预测方法研究[D]. 武汉：武汉大学，2016.

[13] 高速. 不同加卸荷应力路径下大理岩破坏过程的能量演化机制与本构模型研究[D]. 青岛：青岛理工大学，2013.

[14] 钱七虎，李树忱. 深部岩体工程围岩分区破裂化现象研究综述[J]. 岩石力学与工程学报，2008，27（6）： 1278–1284.

[15] 顾金才，顾雷雨，陈安敏，等. 深部开挖洞室围岩分层断裂破坏机制模型试验与分析[J]. 岩石力学与工程学报，2008，27（3）：433-438.

[16] 唐鑫，潘一山，章梦涛. 深部巷道区域化交替破碎现象的机制分析[J]. 地质灾害与环境保护，2006，17（4）：80-84.

[17] Shemyakin E I, Fisenko G L, Kurlenya M V, et al. Zonaldisintegration of rocks around underground workings, part I: data of in-situ observations[J]. Journal of Mining Sciences，1986，22（3）：157-168.

[18] 李术才，王汉鹏，钱七虎，等. 深部巷道围岩分区破裂化现象现场监测研究[J]. 岩石力学与工程学报，2008，27（8）：1545-1553.

[19] 许宏发，钱七虎，王发军，等. 电阻率法在深部巷道分区破裂探测中的应用[J]. 岩石力学与工程学报，2009，28（1）：111-119.

[20] 宋韩菲. 深部岩体分区破裂化机理研究[D]. 重庆：重庆大学，2012.

[21] 黄林华. 深部隧道围岩分区破裂化机理研究与数值模拟[D]. 湘潭：湖南科技大学，2012.

[22] Kenneth, Nielsso, Dunjap. Discontinuous bifurcates of elastoplastic solutions at plane stress and plane strain[J]. International Journal of Plasticity，1991，7（1/2）：99-121.

第 8 章　化学腐蚀下巷道围岩稳定性控制

8.1　引言

围岩的稳定性取决于围岩体的强度和变形性质（统称力学性质）及其所受的应力状态。巷道围岩是由完整岩石骨架和结构面组成，经历了 2 ~ 3 亿年的长期地质年代的高压作用，岩石骨架致密而坚硬，所以岩体的强度和变形性质主要取决岩体结构层理。在围岩力学性质中，有不受应力状态影响的固有属性，如黏结力、内摩擦角等；而另一些力学性质则受应力状态的影响，如拉压强度、变形模量、泊松比等，为非固有属性。控制围岩的稳定性应从改善围岩力学性质和应力状态两方面入手。由于围岩体的非固有属性受应力状态影响，所以可以通过改善围岩应力状态而达到改善围岩非固有属性的目的。根据岩石力学理论[1-4]，任何岩石在三向应力状态下的强度高于二向应力状态和单向应力状态下的强度；当岩石处于三向应力状态时，随着侧限压力（即围压）增大，其峰值强度和残余强度均都会得到提高，并且峰值以后的应力-应变曲线由应变软化逐渐向应变硬化过渡，呈现出由脆性向延性转化的特性。

深部巷道围岩开挖过程中岩体由长期稳定状态转向非稳定状态正是由于围岩所受的应力状态发生显著改变的结果。巷道开挖前，尽管围岩受到很高的地应力作用，但处于高围压的三维应力状态，因而抗压强度很高，远大于最大偏应力，所以围岩处于弹性状态。开挖卸荷导致一定范围内的围岩侧压降低，近表围岩的侧压降为零，同时，应力向巷道周向转移调整，引起应力集中，使得周向应力升高 2 ~ 3 倍。而对于 – 800 m 左右深部的巷道而言，近表围岩的围压卸荷幅度达到 20 MPa 以上，巷道周向的应力将增加 40 ~ 60 MPa，使得最大剪应力（$\sigma_1 - \sigma_3$）达到 60 ~ 80 MPa。深部巷道开挖的应力场重分布形成过程中产生如此大的偏应力是深部地下工程安全隐患的根源。这两个方向应力的一降一升导致了围岩的高应力与低强度之间的突出矛盾，必然导致围岩开挖后的快速劣化，裂隙由表及里快速萌生与扩展，很快导致一定范围内的围岩破坏失稳进入峰后或残余强度阶段，超出围岩强度的应力向深部转移，导致开挖扰动引起的二次应力影响区和围岩破裂损伤区的范围远远超过浅部巷道，因此，要维护巷道的稳定，首先必须在巷道开挖后尽快恢复和改善围岩的应力状态，将巷道开挖后因二次应力场形成出现的近表围岩二向应力状态恢复到三向应力状态。改善和恢复应力状态的措施越及时，围岩破裂扩展的程度越轻，围岩的完整性保持得越好，变形越小，围岩越稳定；巷道自由面上的压应力恢复得越高，围岩强度越高，自承载能力越高，围岩越稳定。

8.2 化学腐蚀下巷道围岩稳定性分析

8.2.1 巷道围岩稳性分类

巷道围岩体中存在着随机变化的大小裂隙，既不能视为连续体，但也并非松散体，因为被裂隙分割的岩块之间尚存在着一定的黏结力。因此，巷道围岩体只能当作部分受到破坏的物体。这个物体具有相当大的抗压强度和较小的抗拉强度和抗剪强度，并处于某种应力状态。既然巷道围岩体被视为地下结构的一部分，而且与巷道支架共同承受外力，因此，巷道围岩体的稳定性决定了巷道的稳定。为了了解围岩抗荷载能力，从而采取相应的支护措施，非常有必要对围岩稳定性进行分类，目前的分类方法有：

（1）模糊分类法：模糊分类法是根据 1988 年颁布的《我国缓倾斜、倾斜煤层回采巷道围岩稳定性分类方案》进行修改而成。采用巷道顶底板、煤层单轴抗压强度、护巷煤柱大小、直接顶与采高比值，顶板初次来压步距、巷道埋藏深度等七项指标作为评价指标，结合回采工作面的煤层类型、巷道类型（煤层上下山、煤层上下顺槽）煤层倾角等影响巷道围岩稳定性的多种因素，利用模糊数学聚类分析及综合评判方法，确定巷道围岩稳定类型。

（2）稳定判别式法：该分类法的基本原理是，使巷道趋于变形的作用力与阻止巷道围岩变形的作用力的特性对比关系可通过表达式表示为：

$$m(1+\rho)\sigma_{\mathrm{c}} \rightarrow k\gamma H / f_{\mathrm{T}} \tag{8.1}$$

式中：m 为岩石强度折算系数；ρ 为巷道支护参与形成阻止围岩变形力的份额（%）；σ_{c} 为巷道围岩强度，为巷道顶板、底板、两帮强度的加权平均值（加权系数可根据文献[5]选取）；k 为巷道所处的围岩应力场的应力集中系数；γ 为巷道上覆岩层的比重；H 为巷道埋藏深度；f_{T} 为巷道围岩断裂破坏系数。

分析公式（8.1）知，$m(1+\rho)\sigma_c$为抵抗巷道变形的围岩抵抗力；$k\gamma H/f_T$为使巷道趋于变形的外部作用力。当$m(1+\rho)\sigma_c > k\gamma H/f_T$时，围岩稳定，否则围岩为不稳定状态。

根据公式（8.1），巷道围岩不稳定时，其公式可变形为：

$$\frac{\gamma H}{m f_T \sigma_c} \geq \frac{(1+\rho)}{k} \tag{8.2}$$

因此，可定义围岩稳定差别式：

$$K_y = \frac{\gamma H}{m f_T \sigma_c} \tag{8.3}$$

根据巷道围岩参数，计算巷道围岩的K_y，便可以确定巷道围岩稳定性状况。围岩稳定性分类指标范围如表 8-1 所示，其中稳定类型来自模糊分类法。

表 8-1　围岩稳定性判别式分类指标

围岩类别	Ⅰ类	Ⅱ类	Ⅲ类	Ⅳ类	Ⅴ类
K_y值	$K_y \leqslant 0.1$	$0.1 < K_y \leqslant 0.2$	$0.3 < K_y \leqslant 0.4$	$0.4 < K_y \leqslant 0.5$	$K_y > 0.5$

（3）综合分析法：巷道围岩稳定性的综合分析法是上述两种方法有机结合起来相互校核形成的一种方法。该方法考虑的围岩稳定因素比较全面，除采用的巷道顶底板、煤层单轴抗压强度、护巷煤柱大小、直接面与采高比值，顶板初次来压步距、巷道埋藏深度等七项指标外，还增加了巷道涌水量、巷道服务年限、围岩地质构造特性等影响巷道围岩稳定性的指标，因此是值得推荐的一种回采巷道围岩稳定性分类方法。其实现方法是：分别根据模糊分类法及稳定判别式法进行分类计算，当两种方法分类结果相差不超过两个等级时，可取平均值，否则对巷道参数进行调整，再进行分类计算，直至二者结果相差不超过两个等级为止。

8.2.2　深部巷道围岩塑性区分析

巷道开挖后，围岩应力状态发生重新分布，在巷道内表面附近形成一定范围的塑性区，导致巷道围岩稳定性下降。塑性区外圈虽然会发生一定程度的塑性破坏，但是在三向应力的作用下，岩体承载能力仍然较大，应力高于原始应力；而塑性区内圈由于最大主应力与最小主应力的差值较大，围岩变形破坏极为严重，岩体承载能力较低，应力低于原始应力。巷道围岩塑性区大小和围岩变形量是反映巷道围岩稳定性的主要指标。由于硐室围岩变形量$u^p = B_0(\frac{R}{r})^\eta R$（$r$ 为巷道半径，η 为变形系数）[6]，与塑性区半径相关，因此可以用巷道围岩塑性区半径 R 的大小判断判断围岩的稳定性，R 值越大，巷道就越不稳定。根据巷道围岩塑性区半径计算公式：

$$R = a[\frac{2}{k+1}\frac{\sigma_c + (k-1)p}{\sigma_c + (k-1)p_i}]^{\frac{1}{k-1}} \tag{8.4}$$

可以得知塑性区半径 R 的影响因素分为两类：一是不可控因素，如原岩应力 p、岩体单向抗压强度 σ_c、岩体内摩擦角等；二是可控制因素，如支护阻力 p_i、塑性区内岩体的残余强度 σ_c^* 等，因此，为了保证巷道围岩的稳定性，必须要求对巷道周边围岩有足够高的支护阻力和塑性区内岩体有较高的残余强度，如锚网喷联合支护等[7]。根据巷道锚杆支护的围岩强化强度理论，通过施加初锚力（预紧力）的锚杆、金属网和喷混凝土层与围岩形成相互作用的统一体（即锚固体）。一方面可以共同承载，提高支护阻力；另一方面能够改善塑性变形状态下岩体的力学性能，相应地提高锚固区内岩体的峰值强度、峰后强度和残余强度，如此才能够减小塑性区范围，保证巷道的围岩稳定性。

8.2.3 巷道围岩稳定验算

根据围岩松动圈理论计算围岩稳定性系数 N：

$$N = \frac{L_0}{c+b+0.1} \tag{8.5}$$

式中：L_0 是锚杆的设计长度；c 为锚杆的间排距；b 为组合拱厚度，$b = h - c$；h 为松动圈厚度。

按组合拱理论锚杆支护参数计算稳定性系数：

$$N = \frac{L_0}{1.1 + W/10} \tag{8.6}$$

式中：W 为巷道跨度。

按上述两种理论计算得到的围岩稳定性系数都应该大于 1.1，即巷道围岩稳定。

8.2.4 化学腐蚀对围岩稳定性的影响

岩体是由结构体和结构面共同组成的特殊地质体，在漫长的地壳运动和温度、地应力、地下水等地质环境共同作用下，完整岩石不但被节理、裂隙、断层和褶皱等各种软弱面切割成形态、尺寸不一的岩块（结构体），就连岩块内部都出现或多或少的孔隙、微裂隙等初始缺陷。地下水腐蚀是地质环境中的一个重要组成部分，它通过结构面和岩体内部孔裂隙与岩石接触，能发生复杂的物理化学作用和水力学作用，造成岩体表面和内部损伤，弱化岩体宏观上的力学性能[8]。大量的研究成果表明[9-14]，地下水及其化学腐蚀对岩石造成的损伤有时比外力作用下造成的岩石损伤更为严重。

国内外工程岩体由于水化学腐蚀作用，导致其长期稳定性受到影响的案例很多，如我国的洛阳龙门石窟、浙江龙游石窟的水物理化学腐蚀变形，法国的 Malpasset 拱坝溃塌事故（图 8-1），意大利的 Vajont 拱坝左岸滑坡事故。另外，世界各地海滩均会因海水腐蚀岩石而形成奇观，因此也往往造成安全威胁（图 8-2）。据事故原因分析，上述工程事故皆是因为化学腐蚀改变了岩石内部结构，削弱了岩体的力学性能，从而影响岩体工程的安全性和工程围岩的稳定性，导致岩体边坡破坏、矿井事故和水电工程大坝失事等。

图 8-1　Malpasset 拱坝溃塌

图 8-2　岩体的海水腐蚀

在矿山开采工程中，岩体深部开掘的井巷工程所处环境复杂，井巷围岩中存在大量的随机分布的节理裂隙，使得岩体结构呈现明显的各向异性和不均质性，加之深部处于地下水位以下，较高水头压力和复杂水体环境的物理化学作用进一步恶化岩体质量，与此同时，存在的高地应力使深部岩体更容易处于与时间相关的流变变形状态，致使保证巷道的稳定性难度更加大。本书通过数值模拟技术，计算了巷道在化学腐蚀作用下的受力和变形，并将有、无化学腐蚀的情形进行对比，如图 8-3、图 8-4 所示。模拟结果表明，酸性能削弱岩体的力学性能，开挖过程中产生更大的破坏应力、增加巷道的变形。在巷道的底角和腰线及顶角设置 5 个监测点，则通过模拟得到有、无化学腐蚀作用下该监测点的最应力如图 8-5 所示。从图中可以得到：化学腐蚀对 Mises 应力的影响很明显；且不同腐蚀程度对巷道围岩的 Mises 应力有所降低，降低的程度是重度腐蚀>中度腐蚀>轻度腐蚀。

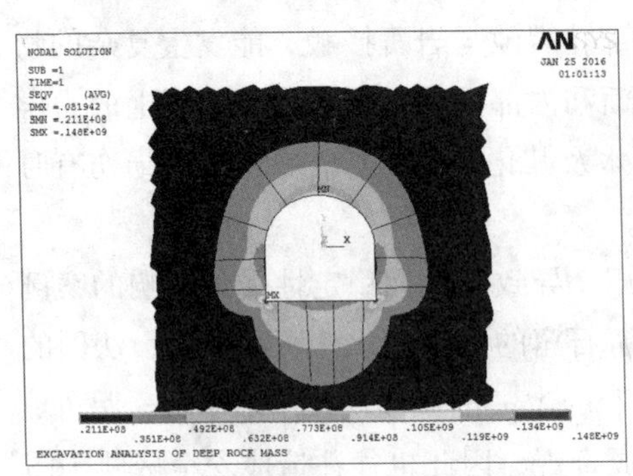

（a）无腐蚀工况　　（b）酸性溶液腐蚀

图 8-3　巷道的 Mises 应力分析

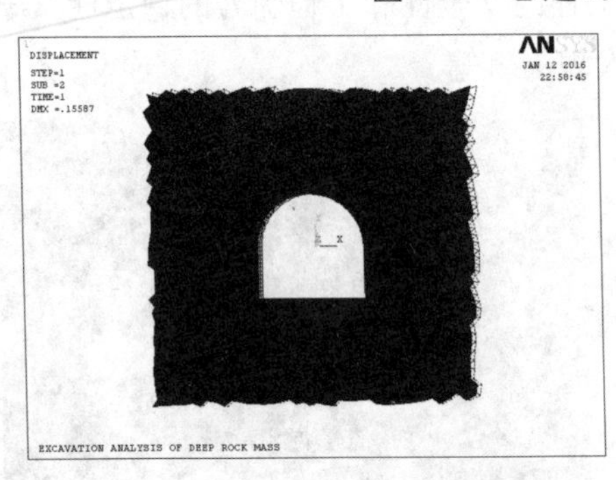

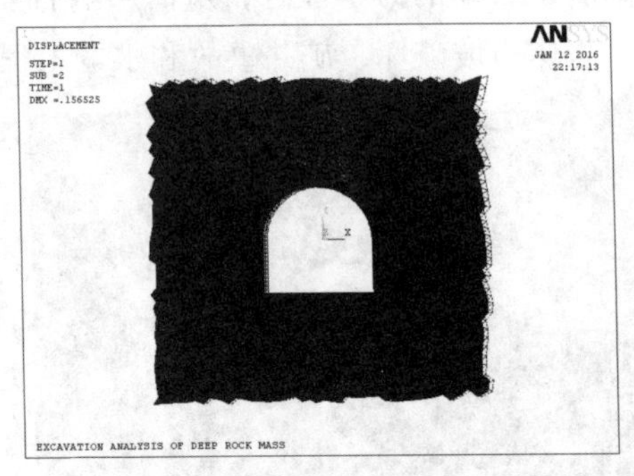

（a）无腐蚀工况　　（b）酸性腐蚀

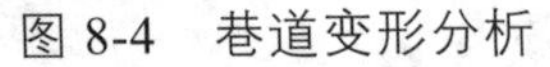

图 8-4　巷道变形分析

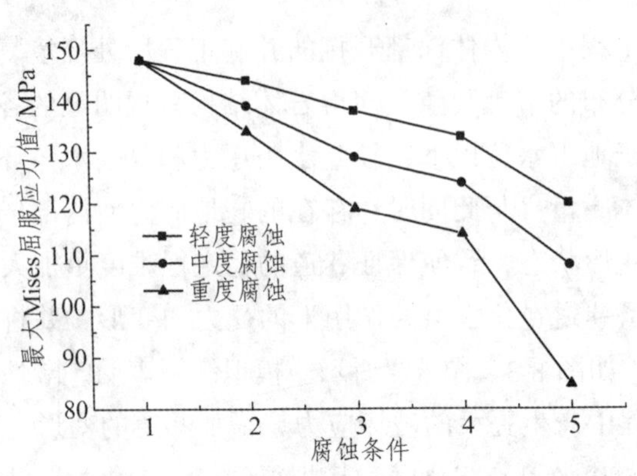

图 8-5　不同工况的监测点应力

8.3　化学腐蚀下巷道围岩支护设计

目前，我国的巷道支护无论从形式还是理论都有了长足的发展，形式上从简单支护到联合支护，理论上从新奥法支护理论到围岩强化支护理论。目前锚杆支护是使用最广泛的支护形式，但是有时单一锚杆支护并不能控制围岩变形，还需要其他形式进行强化支护，如通过施加锚索、棚、网、注浆或者喷浆等形式。锚杆支护效果好坏主要和三方面因素有关。首先是支护方式，支护方式选取应该与支护区段的地质条件密切相关，如果巷道围岩比较完整，则采用单体锚杆就足以保证围岩强度；反之，围岩比较松散破碎，则需要采用金属网等其他形式配合锚杆进行强化支护。其次是锚固形式，锚杆可以通过机械式和粘结式两种锚固形式与围岩接触，对于粘结式锚固，又可以根据胶结材料锚固长度分为端锚、全锚和加长锚，锚固形式选取既要考虑支护效果还要考虑经济性。最后是锚杆本身特性，包括锚杆长度、杆体几何形状、杆体材料特性以及托盘尺寸和形状等。这些部件直接影响着锚杆屈服强度、抗拉强度、抗剪强度、延伸率等力学特性。所以应该保证锚杆各部件间达到最优组合，避免锚杆因个别部件破坏而影响锚杆整体的支护效果。一般情况下，支护设计过程是动态的，并不是一次性完成。需要掘进工作面帮顶超前支护、一次支护和二次支护，以及喷锚注等多种手段的联合。对于化学腐蚀作用下的深部巷道，由于围岩的性能已经被弱化，需要掘进工作面帮顶超前支护、一次支护和二次支护，以及喷锚注等多种手段的联合[15-17]。图 8-6 为化学腐蚀作用下围岩支护设计方案，从

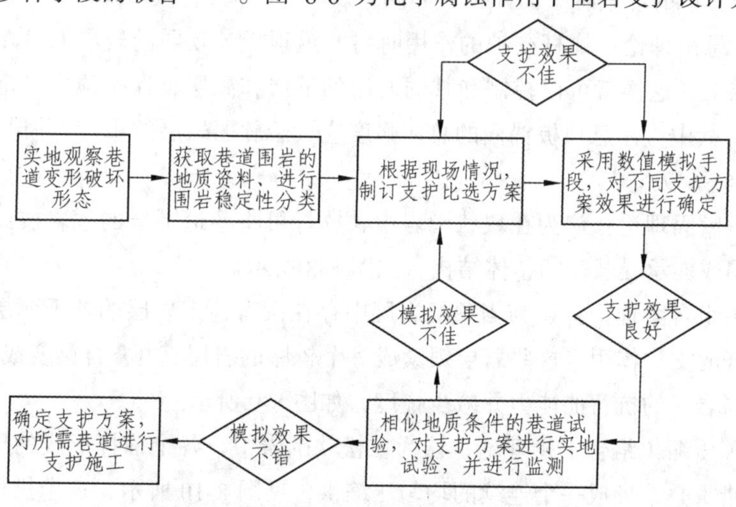

图 8-6　化学腐蚀下巷道支护设计方案

图 8-6 可以看出，深部化学腐蚀作用下巷道围岩的支护方案设计和确定过程比较复杂。目前，应用最广泛的支护方式是耦合支护，这种支护关键在于支护体结构与围岩之间相互作用达到最优，方法包括采用性能优秀的支护结构以及采用多种支护共同支护。

8.4 化学腐蚀下围岩支护技术

8.4.1 锚杆加固技术

锚杆加固技术在世界上产煤大国中具有相当广泛的应用。该技术已成为美国煤层埋深较浅、地质结构简单巷道的唯一支护方式，在美国，几乎所有的煤层巷道内均采用锚杆加固技术[18]。澳大利亚煤层巷道围岩条件好，结合自身条件，以现场实测地应力数值为基础，以计算机数值模拟为核心，应用高强度、超高强度锚杆支护，巷道锚杆支护比例接近 100%。随着煤矿开采深度的加大，欧洲一些产煤国家，也摒弃了以前以金属支架为主的巷道维护方式，积极发展锚杆加固技术，以降低支护成本。目前锚杆支护比例达到一半以上 U 型钢支架支护最为成熟[19]，并占支护方式比重达 90%以上的德国，在增加 U 型钢重量和减小棚距的措施下，也难以维护由于巷道断面和开采深度的加大的围岩应力。

深部岩体开挖后，岩体应力重新分布，巷道开挖或，需要立即支护，其中锚杆支护以快速、安全、经济的优点成为当今世界巷道支护方式的只要发展方向。锚杆支护的理论有下面几种[20]：

（1）悬吊理论：锚杆支护的作用时将巷道顶板较软弱的岩层悬吊在上部坚硬定岩层上，这样就可以控制和减弱岩层的下层和离层，保持顶板稳定，如图 8-7 所示，其中应注意顶板锚固的总体强度应大于软弱岩层的重量，并保持 1.3 ~ 3.0 的安全系数。

（2）紧固理论：认为在块状围岩中，锚杆可将巷道围岩的危岩彼此挤紧，从而加固成能承受载荷的整体结构，如图 8-8 所示。

（3）组合梁理论：认为当顶板岩层中存在没有稳定岩层的若干薄层状时，通过锚杆的支护作用将这些岩层锁紧成一个较厚的岩层，由叠合梁变成组合梁，显著提高岩梁的抗弯曲能力并减少挠度，如图 8-9 所示。

（4）压缩（组合）拱理论：认为在松软围岩中，各个锚杆形成的压应力圆锥体交错重叠，形成一个连续的均匀压缩拱，见图 8-10 所示，这个拱可以承受其外部破碎岩石施加的径向荷载。

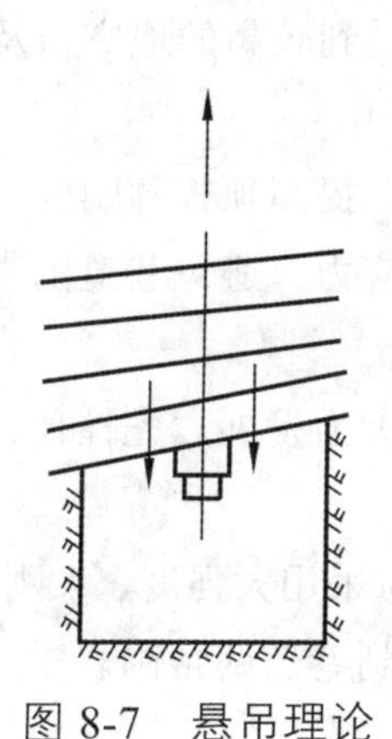

图 8-7　悬吊理论

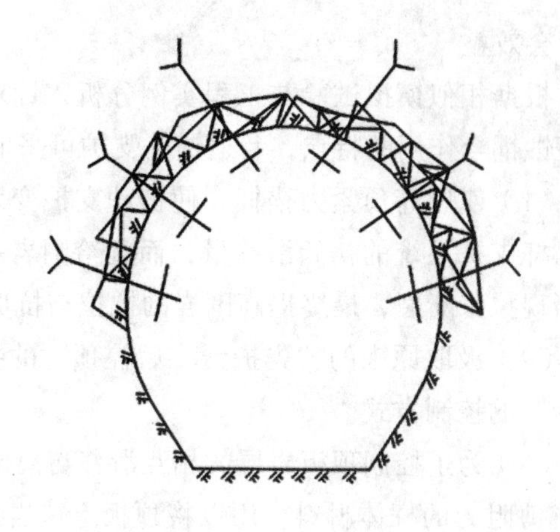

图 8-8　紧固理论

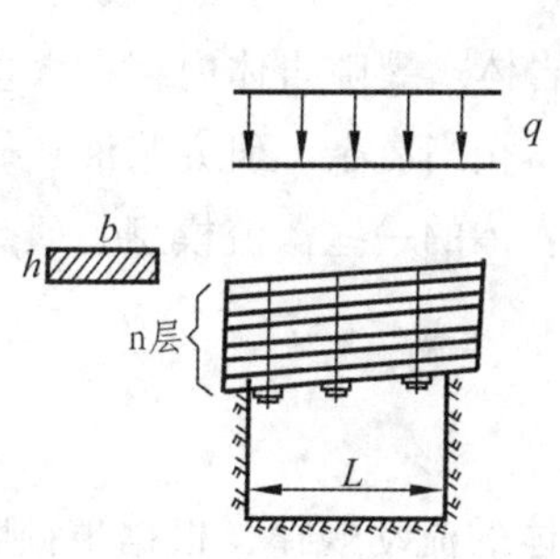

图 8-9　组合梁理论

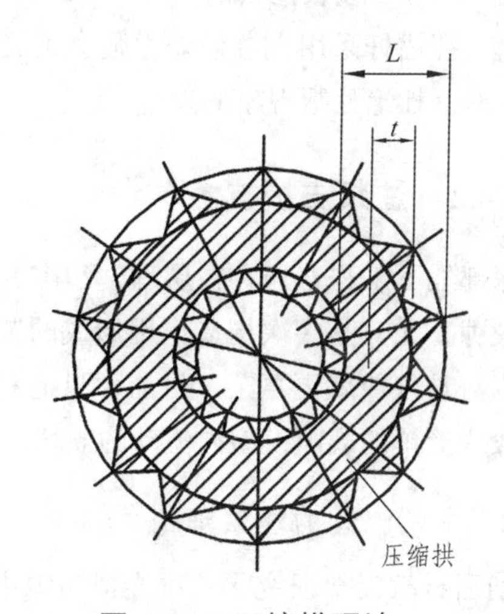

图 8-10　压缩拱理论

我国煤层地质条件复杂，影响因素多，巷道变形量大，锚杆支护理论和设计方法等不完善，锚杆支护技术发展缓慢。从 1996 年国家启动“九五”计划开始，煤炭部一直大力推广锚杆支护技术，将其列为重大工程项目组织攻关。经过近 20 年的发展，现在锚杆支护已成为煤巷支护的主要形式，相关技术水平也有大幅的进步[21]。

本书中研究了复杂深部地质环境中巷道围岩的变形失稳特性，研究表明化学腐蚀弱化了岩石的力学性能，降低了深部岩体稳定性。为此我们探索具有针对性的锚杆加固原理，改进锚杆支护技术，有效地提高深部开采巷道支护的效果，降低支护成本和劳动强度，加强巷道的安全稳定性，从而获得巨大的经济和社会效益。

根据相似模拟试验与工程实例分析，针对深埋巷道受到较高的地应力及化学腐蚀耦合作用的特点，巷道锚杆支护可采取的措施有[22]：

（1）使用高预紧力锚杆，使被动支护变为主动支护，提高顶板的刚度，减小锚杆支护系统的初始滑移量，而且给围岩一定的预压应力，避免巷道围岩过早出现拉张断裂，最终提高围岩的抗拉与抗剪能力。

（2）汲取原来的“先护帮，后控顶”的技术要点，大力发展“先控顶，后护帮”的控制方式。

（3）为了控制顶板岩层的相互滑移与离层，顶锚杆应采用大强度、大刚度、大抗剪阻力的杆体材料，用以将顶板上覆岩层的压力转到巷道两帮围岩中，达到形成“刚性”顶板的目的。

（4）帮锚杆采用抗拉伸能力强、延展性大的杆体材料，以约束两帮煤体的塑形变形，杜绝片帮现象的发生[23]。

8.4.2 注浆支护技术[24-25]

深部地下工程普遍存在层理、裂隙，即裂隙岩体。裂隙岩体内存在大量的节理裂隙，尤其是多次构造作用形成的节理，分布相当复杂。研究浆液在岩体裂隙内流动规律就更复杂。目前，只能利用裂隙岩体的一些渗流模型，研究浆液在较为简单的裂隙模型内流动的规律。

1. 牛顿流体的注浆理论

刘嘉材教授[26]研究了二维光滑裂隙中牛顿流体的流动规律，根据牛顿摩阻力定律，推导出了扩散半径与注浆时间的表达式。

$$R = 2.21\sqrt{\frac{0.093(P-P_0)Tb^2 r_0^{0.21}}{\eta}} + r_0 \tag{8.7}$$

$$T = \frac{1.02\times10^{-7}\eta(R^2 - r_0^2)\ln(\frac{R}{r_0})}{(P-P_0)b^2} \tag{8.8}$$

式中：R 为浆液扩散半径；P 为注浆孔内压力；P_0 为裂隙内静水压力；T 为注浆时间；b 为裂隙宽度；r_0 为注浆孔半径。

该式可用来计算浆液的扩散半径和灌浆时间，也可根据扩散半径求所需的注浆压力，该理论在我国得到了推广和应用。但该公式将注浆流量 Q 假定为一个常数，而实际上浆液流量是随注浆时间的变化而变化的，不应是常数，同时该公式的推导没有考虑裂隙粗糙度的影响，对地下水阻力的影响考虑也不够，难以用来正确地计算浆液的渗透距离和评价裂隙的可灌性。

Baker[27]针对牛顿流体在裂隙内的辐射流动，采用平直、光滑、等开度的平行板裂隙模型，并假定注浆压力 P_0 和流量 Q 恒定不变，导出了如下层流关系式：

$$P_0 - P = \frac{6\mu Q}{\pi b}\ln\frac{r}{r_0} + \frac{3\rho Q^2}{20\pi^2 b^2}\left(\frac{1}{r_0^2} - \frac{1}{r^2}\right) \tag{8.9}$$

式中：P_0 为半径为 r_0 的钻孔内的压力；P 为距离为 r 处的压力；Q 为浆液的体积流量；μ 为浆液的动力粘度；ρ 为浆液的密度；b 为裂隙开度；r 为浆液的扩散半径；r_0 为钻孔半径。

上式推导过程中同时假定注浆压力 P_0 和浆液流量 Q 恒定不变的条件是不成立的，因在灌浆裂隙入口处的压力不变的情况下，随着浆液在裂隙内扩散距离 r 的不断增大，r 处的压力梯度不断减小，浆液的粘度也在不断变化，随着时的不断延长和扩散距离的不断加大，浆液流量是不断减小的。

张良辉[28]考虑粗糙度和地下水黏性阻力的影响推导了牛顿流体灌浆时间与扩散半径关系的公式：

$$t = \frac{12K_g}{gb^2(h_0 - h_e)}\left\{v_g[\frac{r^2}{2}\ln(\frac{r}{r_0}) - \frac{r^2 - r_0^2}{4} + v[\frac{r^2}{2}\ln(\frac{r_r}{r}) - \frac{r_0^2}{2}\ln(\frac{r_e}{r_0}) + \frac{r^2 - r_0^2}{4}\right\} \tag{8.10}$$

式中：t 为注浆时间；b 为裂隙开度；K_g 为粗糙度系数；g 为重力加速度；h_0 为注浆孔孔底压头；h_e 为地下水静水压头；v_g 为浆液的运动黏性系数；v 水的运动黏性系数；r_0 为注浆孔半径；r 为浆液在任意时刻的扩散半径；r_e 为地下水的影响半径。

上述公式考虑了粗糙度和地下水的影响半径，更接近于实际情况，但公式只考虑了水平裂隙，不具有代表性，未考虑浆液的黏度时变性，只考虑了牛顿流体，且裂隙隙宽的取值也不明确。

2. 宾汉流体的注浆理论

多数黏土浆液、黏度很大的化学浆液及水灰比小于 1 的水泥浆液等均属于宾汉流体。由于宾汉流体比牛顿流体具有更高的流动阻力，因而两种浆液要达到相同的扩散距离，宾汉流体便需要较高的注浆压力。与牛顿流体模型相比，宾汉模型能更好地反映悬浊浆液存在内聚力的特征，因而自 80 年代以来许多研究者都采用了这一模型。

G. Lombardi[29]根据力的平衡，推导了在开充为 b 的裂隙中浆液的最大扩散半径：

$$R_{\max} = \frac{P_{\max} b}{2C}$$

式中：$P_{\max}$ 为最大灌浆压力；C 为浆液的内聚力。

葛家良[30]针对隧道围岩结构面注浆，建立了浆液在二结构面中扩散的 GJL 模型。并假定水泥浆动力黏度和动切力服从杨晓东提出的公式，忽略惯性力的影响，考虑了黏度时变性的影响，提出的公式为：

$$R = r_0 \exp\frac{(p_0 - p_{sw})\pi\delta^3 e^{-\frac{a}{c}}}{18\mu_s T q_r}\sum T \tag{8.11}$$

式中：R 为最大注浆扩散半径；r_0 为注浆孔半径；p_0 为注浆孔同人浆液的压力；δ 为结构面开度；a、c 分别为浆液常数和浆液水灰比的平方；μ_s 为浆液塑性黏度；T 为整个注浆过程的时间；q_r 为整个注浆过程中的浆液平均流量；$\sum T$ 为与注浆起始时刻、浆液停止流动时刻有关的一个累加值。

3. 注浆加固施工技术

灌注工艺可分单液注浆和双液注浆两类，注浆材料又分为水泥类、水泥-水玻璃类、化学材料类。注浆设备有单液注浆泵、双液注浆泵等。施工工艺、设备和材料由工程条件、围岩破碎程度及渗透性等决定，必要时可与锚杆、喷射混凝土等支护方式配合。

注浆工艺主要有分段后退式注浆、分段前进式注浆以及全孔一次性注浆。分段后退式注浆优点：不需要重复扫孔，浆液利用效率比较高，能实现控域注浆。缺点：封孔比较困难，存在浆液绕过止浆塞将其抱死的情况。分段前进式注浆优点：工艺比较简单，适应性强，反复加固地层，易保证注浆效果。缺点：重复扫孔，施工效率较低，靠近掌子面方向重复注浆。全孔一次性注浆具有工艺简单，效率高等优点，但其只适合于孔深较小的孔内注浆。深部化学腐蚀下岩体的注浆主要采用分段前进式注浆，辅以全孔一次性注浆。分段前进式注浆示意图如图 8-11 所示。

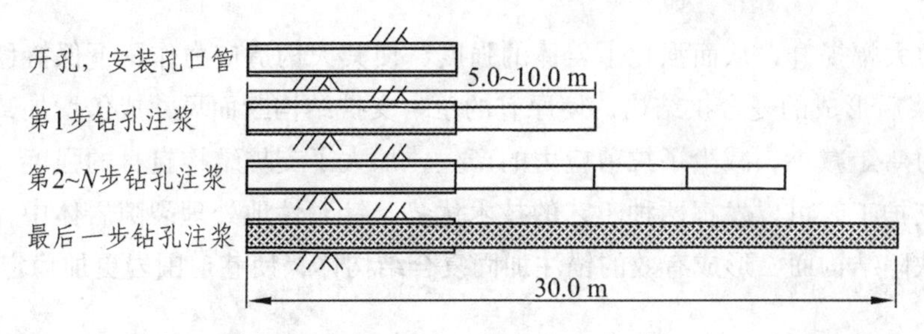

图 8-11　分段式前进式注浆示意图

8.4.3　锚注联合支护技术

该技术将锚杆支护技术和注浆加固技术的优点集于一体，利用特别种类的中空锚杆支护并同时作为注浆管，将浆液注入节理、裂隙或破碎区等待连接处，使待连接处的岩体填充加固，并形成一个外锚杆内注浆的完整体的巷道加固方式。

该联合支护技术同时实现了锚杆支护和注浆加固的双保险能力，对岩体破裂区进行主动支护并加固，使围岩的自身承受载荷的能力大幅提升，强度也大幅提高，保证岩体的安全稳定性；使用注浆材料对岩体中的断续节理面进行充填，堵住了渗流水运移的通道，提高围岩的安全稳定性。

多年研究总结[31-32]，锚注联合支护技术可应用于以下两种情况：① 围岩特别破碎，常规锚固技术难以承载围岩应力，一般需在锚喷支护的基础上，使用锚注联合支护技术；② 围岩破碎，无法实施积极支护时，可以在巷道支护之后实行及时加固。锚注联合支护技术是一种主动加固的支护方式，以联合支护为主，从基础上弱化破碎岩体结构，改善其力学性质，最大限度地加强岩体本身的承载能力。因此，相对于锚杆支护或注浆加固技术，锚注联合支护大大提高了深埋巷道支护效果和围岩稳定性，主要表现在以下几个方面：① 在中空锚杆内注浆，使巷道周围的软弱结构面固结强化，断续节理被封堵，提高围岩自身强度，减小渗流水侵蚀的影响；② 锚杆中浆液固化使其联成一个整体，加强了支护结构的强度，锚固能力提高；③ 通过锚喷支护和注浆充填，使原有破碎结构面形成一个具有多层组合的复合拱结构，极大地提高了支护结构的整体性、承载能力及承载范围；④ 注浆后结构面更加紧实，减小了其非均匀程度，可减小非均匀性对巷道失稳的影响，如应力集中的范围被弱化；⑤ 使原来单一作用在拱顶上的压力得到合适的分配，将拱顶压力通过两墙传递到底板，减小荷载集中度和杜绝应力集中的出现，使底板的失稳变形和发生“底鼓”现象的概率大幅降低；⑥ 注浆后形成的具有多层组合的复合拱结构，使岩体的内摩擦角和内聚力大幅提升，从而强化了岩体的强度，使其大构造应力作用下保持稳定；⑦注浆后形成的复合拱结构，使原有的单一支护结构断面尺寸成倍增加，载荷的施力弯矩减小，减少了拉剪应力的产生，加大了支护结构自身的强度。锚注联合支护工艺可以发挥两种工艺的技术优势，针对性地处理裂隙岩体中存在的软弱缺陷结构面，形成有效的锚注加固复合结构体，使巷道围岩更加稳定。

8.5　本章小结

本章针对化学腐蚀对深部岩体的弱化的状况，分析了巷道围岩稳定性分类，进行了巷道围岩破坏区的计算，并探讨其支护技术。

（1）巷道围岩稳定性决定着整个巷道及地下工程的安全与稳定，本章对深部巷道围岩稳性进行了分类，得到了围岩稳定性计算方法和不同稳定程度的取值范围。

（2）通过实例和数值计算的方法说明了化学腐蚀对巷道围岩的影响。计算结果表明化学腐蚀对巷道围岩的变形和受力有较大的影响，能削弱岩体的力学性能，开挖过程中产生更大的破坏应力、增加巷道的变形。

（3）化学腐蚀作用下的深部巷道，由于围岩的性能已经被弱化，巷道支护设计时需要根据围岩破坏情况采取掘进工作面帮顶超前支护、一次支护和二次支护，以及喷锚注联合等多种手段。

（4）锚注联合加固这种组合支护技术，适用于深部化学腐蚀下的巷道和硐室的加固施工，该虽然工序较多，但技术成熟可行，施工工艺简单，不需要专门的技术人员指导，是目前化学腐蚀巷道围岩支护行之有效的支护措施。

参考文献

[1] 李世平. 岩石力学简明教程[M]. 北京：煤炭工业出版社，1996.

[2] 周维垣. 高等岩石力学[M]. 北京：水利水电出版社，1990.

[3] 李夕兵，古德生. 岩石冲击动力学[M]. 长沙：中南工业大学出版社，1994.

[4] 周小平，钱七虎，杨海清. 深部岩体强度准则[J]. 2008，27（1）：117-123.

[5] 刘玉堂，等. 我国缓倾斜、倾斜煤层回采巷道围岩稳定性分类的研究[J]. 煤炭学报，1989,（3）：1-5.

[6] 马念杰，侯朝炯. 采准巷道矿压理论及应用[M]. 北京：煤炭工业出版社，

1995.

[7] 李伟，白光超，王玉和. 锚网索联合支护在大断面托顶煤切眼中的应用[J]. 煤炭科学技术，2010，38（2）：22-25.

[8] 张向阳. 金川二矿区深部岩石力学性及岩石流变损伤分析[D]. 长沙：中南大学硕士论文，2010.

[9] Dunning J，Douglas B，Miller M，et al. The role of the chemical environment in frictional deformation：Stress corrosion cracking and commission[J]. Pure and Applied Geophysics，1994，143（1/3）：151-178.

[10] Feucht L J，Logan J M. Effects of chemically active solutions on shearing behavior of a sandstone[J]. Tectonophysics，1990，175（1/3）：159-176.

[11] 仵彦卿. 地下水与地质灾害[J]. 地下空间，1999，19（4）：303-316.

[12] Kaczmarek M. Chemically induced deformation of a porous layer coupled with advective-dispersive transport：analytical solutions[J]. Int J Numer Anal Meth Geomech，2001，25（8）：757-770.

[13] 冯夏庭，赖户政宏. 化学环境侵蚀下的岩石破裂特性——第一部分：试验研究[J]. 岩石力学与工程学报，2000，19（4）：403-407.

[14] N Li，Y zhu，et al. A chemical damage model of sandstone in acid solution[J]. Int J Rock Mech Min Sci，2003，40（2）：243-249.

[15] 陆丹峰. 深部多场耦合环境下的巷道变形规律与支护方法研究[D]. 徐州：中国矿业大学，2014.

[16] 郑厚发，王家臣，朱红杰. 锚网喷联合支护大断面硐室围岩稳定性分析[J]. 煤炭科学技术，2005，33（11）：68-71.

[17] 刘泉声，卢超波，刘滨，等. 深部巷道注浆加固浆液扩散机理与应用研究[J]. 采矿与安全工程学报，2014，33（3）：333-339.

[18] 郭兰波. 美国锚杆支护的应用和发展[M]. 1984.

[19] P Williams. The development of rock bolting in UK coal mining[J]. Mining Engineer，1994，（4）： 67-70.

[20] 朱浮声. 锚喷加固设计方法[M]. 北京：冶金工业出版社，1993.

[21] 张颖. 深部断裂节理岩体中渗流对巷道稳定性的研究[D]. 贵阳：贵州大学，2015.

[22] 黄丽，赵玉成，王明. 深部多场耦合环境下支护方法研究[J]. 煤炭技术，2015，34（12）：46-49.

[23] 鲁岩. 构造应力场影响下的巷道围岩稳定性原理及其控制研究[D]. 徐州：中国矿业大学，2008.

[24] 郑玉辉. 裂隙岩体注浆浆液与注浆控制方法的研究[D]. 长春：吉林大学，2005.

[25] 战玉宝，宋晓辉，陈明辉. 岩土注浆理论研究进展[J]. 路基工程，2010（2）：20-22.

[26] 刘嘉材. 裂缝灌浆扩散半径研究[C]//中国水利水电科学院科学研究论文集（第 8 期）. 北京：水利出版社，1982：186-195.

[27] Baker C. Comments on paper Rock Stabilization in Rock Mechanics[M]. Muler：Springer-Verlag NY，1974.

[28] 张良辉. 岩土灌浆渗流机理及渗流力学[D]. 北京：北方交通大学，1996.

[29] G Lombardi. 水泥灌浆浆液是稠好还是稀好？[C]//现代灌浆技术译文集. 北京：水利电力出版社，1991：76-81.

[30] 葛家良. 注浆技术的现状与发展趋向综述[C]//首届全国岩石锚固与灌浆技术学术讨论会. 北京，1995.

[31] 康红普，冯志强. 煤矿巷道围岩注浆加固技术的现状与发展趋势[J]. 煤矿开采，2013，18（3）：1-7.

[32] 魏树群，张吉雄，张文海. 高应力硐室群锚注联合支护技术[J]. 采矿与安全工程学报，2008，25（3）：281-285.